互联网下一站

5G与AR/VR的融合

安福双 钟建辉 | 编著

电子工业出版社

Publishing House of Electronics Industry

北京·BEIJING

内 容 简 介

3G 改变社交，4G 改变生活，5G 改变的则是整个世界！

电脑带我们进入数字时代，手机带我们走进移动时代，AR/VR 则让我们进入空间互联网时代！

那么，5G 和 AR/VR 融合后，将会发生哪些更惊人的变化呢？

本书以 5G+AR/VR 融合产生的下一代互联网为主题，介绍了 5G+AR/VR 的融合方式和相关案例，详细介绍了 5G+AR/VR 在各行业的应用，深度分析了 5G+AR/VR 在全球发展的现状与趋势，并说明企业应当如何应对这场巨大变革。

本书深入浅出，案例丰富，可以帮助大家了解 5G+AR/VR 的重要意义和价值，明白 5G+AR/VR 具体如何落地，如何与自身所处的行业进行结合。

图书在版编目（CIP）数据

互联网下一站：5G 与 AR/VR 的融合 / 安福双，钟建辉编著. —北京：电子工业出版社，2020.6

ISBN 978-7-121-38639-8

Ⅰ. ①互⋯ Ⅱ. ①安⋯ ②钟⋯ Ⅲ. ①互联网络—发展—研究 Ⅳ. ①TP393.4

中国版本图书馆 CIP 数据核字（2020）第 035372 号

责任编辑：刘志红（lzhmails@phei.com.cn）
印　　刷：三河市鑫金马印装有限公司
装　　订：三河市鑫金马印装有限公司
出版发行：电子工业出版社
　　　　　北京市海淀区万寿路 173 信箱　邮编　100036
开　　本：787×980　1/16　印张：23.75　字数：608 千字
版　　次：2020 年 6 月第 1 版
印　　次：2020 年 6 月第 1 次印刷
定　　价：98.00 元

推 荐 语

《互联网下一站：5G 与 AR/VR 的融合》，充分描绘了我们对未来的憧憬。

—— 梁浩辉　HTC，中国区投资区负责人

在 5G 搭建的宽广大道上，将彻底放飞 AR/VR 从业者们的思想和灵魂，推荐阅读《互联网下一站：5G 与 AR/VR 的融合》，为起飞蓄势待发。

—— 陈星　新浪 VR+ 总经理

AR 对于人类未来生活有着重大意义，它可以增加人类与世界的沟通效率，《互联网下一站：5G 与 AR/VR 的融合》带我们提前看到即将到来的未来。

—— 蚂蚁特工 CEO　林志坚

未来已来，只是尚未流行。《互联网下一站：5G 与 AR/VR 的融合》将奏响流行序章。

—— 陈德辉　北京我的天科技有限公司　创始人 CEO

4G 缩短了人与人的距离，5G 开启了物与物的联系。5G 下的虚拟现实打破了时间与空间的局限，将呈现给我们更美好的未来！

—— 张振流　深圳市恒悦数字科技有限公司　CEO

5G 与 VR 融合，是人类最自然的交互方式革命，让追梦者在下个时代的 VR 世界中不期而然。

—— 飞蝶 VR 教育　CEO　王亚刚

现实世界中的画面都将拥有对应的数字版本，而这变化的速度将比想象快，《互联网下一站：5G 与 AR/VR 的融合》将开启你的想象。

—— 朱文臻　深圳市博乐信息技术有限公司　董事长/CEO

5G+AR/VR 是 5G 的十大应用场景之一，依托于 5G 的超高速传输能力，AR/VR 将在教育、医疗、社交、娱乐、设计等多个领域迎来大爆发，成为 5G 第一波"杀手级"应用！

—— 北京大学深圳研究院副研究员、
深圳市 5G 产业联盟专家委员会副主任胡国庆博士

VR/AR 给世界带来了想象力，而 5G 让每个人都可以更好地体验到 AR/VR 的美妙，推荐《互联网下一站：5G 与 AR/VR 的融合》。

—— 陈焱磊　深圳市中视典数字科技有限公司　CEO

5G 为 AR、VR 带来了更多可能，这将带来 AR、VR 硬件和软件领域的突破性发展。5G 加持下，AR、VR 将会逐渐融入每一个人的生活，未来，它们无处不在。本书将带领你一起探索 5G 产业环境下 AR、VR 的新姿态。

——范威洋　深圳市摩登世纪科技有限公司　创始人/CEO

5G 通信升级为 AR/VR 应用导入优质内容。《互联网下一站：5G 与 AR/VR 的融合》通商惠工。

郭楚其　台湾交通大学科技管理研究所　博士候选人/米菲多媒体　营运长/
台湾物联网协会　AR/VR 专业委员会执行长

更多应用场景，更多实现的可能。一个 AR/VR 高速增长的明天即将到来！《互联网下一站：5G 与 AR/VR 的融合》告诉我们如何让 AR/VR 插上 5G 的翅膀。

—— 梁晓静　聚象数字科技（深圳）有限公司　创始人&CEO

5G 在商用之前，就有各种垂直行业的合作伙伴把 5G VR/AR 的创新应用搞得有声有色，而《互联网下一站：5G 与 AR/VR 的融合》更是让这种创新达到了一个高度。

—— 宋强　陕西青柠互动网络科技有限公司　总经理

运营商一直是互联网革命的推动者，互联网进入了内容时代！《互联网下一站：5G 与 AR/VR 的融合》将见证这一时刻！

—— 马骥　全景客　CEO

5G 技术创新将为 AR/VR 行业生态圈插上智慧的翅膀，《互联网下一站：5G 与 AR/VR 的融合》集行业内丰富的案例助力行业突破壁垒，迎接智能空间时代的到来。

—— 汤琼　浪潮集团有限公司　产品运营总监

5G 与 AR/VR 的结合，将为双方产业的发展带来更大的想象空间，《互联网下一站：5G 与 AR/VR 的融合》是挡不住的趋势。

—— 睿悦信息 Nibiru　创始人/CEO　赖俊菘

随着 5G 技术、AR/VR 技术应用的不断成熟，人类生活方式将发生颠覆式的变化。推荐《互联网下一站：5G 与 AR/VR 的融合》一书，未来已来。

—— 吴迪　湖畔光电科技（江苏）有限公司　创始人 董事长

人的一生非常短暂，还没准备好，就已经过去了。5G 的到来，AR、VR 的应用，为人类开了一扇门，为全球视觉交织系统奠定了基础。《互联网下一站：5G 与 AR/VR 的融合》一书为我们描述了这一切。

—— 苗竞平　环视天下　创始人

4G 服务于人，而 5G 服务于各行各业。5G 低时延、大带宽、大连接的特点将为 AR/VR 整个行业带来巨大的商业想象空间。

—— 马千里　中国联通塘厦分公司总经理

看电影是我的兴趣爱好之一。电影院里热映的大片，我基本都看过。10 年、20 年前的很多经典老片，我也从网上看过。剧情片、动作片、科幻片、恐怖片，各种类型的电影，我来者不拒。其中，科幻片是我的最爱。

科幻片中通常有各种匪夷所思的奇特场景，这非常适合以大银幕的形式来呈现。很多曾经在科幻片中出现的场景，最后成为我们日常的现实。未来有无数种可能，而科幻片就展示了其中之一。这就是我热爱科幻片的原因。

我对两部科幻片印象深刻，因为我觉得这两部电影是对未来社会的精确预言。

一部是史蒂文·斯皮尔伯格执导的《头号玩家》，2018 年上映。电影的设定是在 2045 年，大部分人们为了逃避现实世界的混乱而投入一款 VR 社交游戏：绿洲。游戏发明者哈利迪弥留之际，宣布将巨额财产和绿洲的所有权留给第一个闯过三道谜题的人。最后，少年韦德·沃兹历经重重困难，最终找到隐藏在关卡里的三把钥匙。

这部电影可以说是对虚拟现实技术未来发展和应用的畅想，而不是天马行空的臆想，相当靠谱。电影里面的大部分 VR 技术现在已经有了原型，比如可以感受真实触觉的力反馈衣服，只是还没有特别成熟。我相信，随着 VR 技术的快速发展，再加上 5G 高速网络的支持，绿洲这样的 VR 游戏终将成为现实。到那时，我们可以戴上 VR 眼镜，穿上体感衣，进入一个高度逼真的 VR 世界。在这个虚拟世界，你将成为任何你想成为的人，做任何你想做的事。

另一部是《看见》，英文名是 Sight，它只是一部几分钟的短片，在 2012 年上传到网络。在不远的未来，人人都可以戴着一副 AR 隐形眼镜，在家中的健身毯上玩逼真的高空跳伞游戏，打开冰箱会看到欢迎信息和物品的存放时间，切黄瓜时会有虚拟的线条来指示，电影直接显示在虚拟的 AR 屏幕中，可以放到任何一个地方……

它大概的剧情是这样的：男主人公在 AR 眼镜中安装了一个约会应用，可以评估表白成功的可能性，可以显示出约会对象的兴趣、爱好等信息。AR 约会应用读取了女主角的肢体语言，给男主角提供了点酒等建议，让女主角对男主角产生好感。不过，在女主角发现男主角使用 AR 约会应用后，感到被冒犯，于是生气离开。在她准备走的时候，男主角黑了她的 AR 眼镜。电影到此结束。

《看见》对未来 AR 的细节描写非常到位，充分展现了 AR 的广泛用途。现在最先进的 AR 眼镜还非常笨重，体积大，续航时间短，但电影中轻薄如同隐形眼镜一样的 AR 设备正是技术发展的方向。先进的 AR 技术加上高速网络，让我们仿佛拥有魔法一样，生活便利到无以复加。

这两部电影，生动直观地展现了 5G+AR/VR 给我们生活带来的巨大变化。5G 与 AR/VR 融合，将掀起新一轮信息技术革命，如同手机+4G 带来的移动互联网一样。

这场新革命会带来哪些变化？产生哪些影响？目前进展如何？未来趋势如何？我们又如何应对？这一切的答案，就在本书中。

安福双

2020/4/30

目/录

第 3 章　5G+AR/VR 对各行各业的影响与改变

第 4 章　5G+AR/VR 的发展现状与趋势

第 5 章　迎接未来

第 1 章

三代互联网的演进，
5G+AR/VR 成为下一站

现代社会，科技越来越成为推动生产力发展的强大力量。从大的技术周期角度看，人类经历了农业革命、蒸汽和电力的两次工业革命、信息革命等重大技术革命。目前，我们仍处在信息革命阶段。

信息革命肇始于 20 世纪 80 年代的计算机，崛起于 1990 年互联网的诞生。互联网是信息革命的核心。

伴随着半导体、计算机、互联网的发明，信息革命的来临，让人们提高了信息的交换速度，诞生出新的生产力，那就是数据生产力。

信息时代，数据生产力=数据量×通信速度^2。

数据量由各种硬件终端产生，例如计算机、服务器、手机等，核心是计算系统。硬件还需要依附于操作系统，例如微软的视窗、苹果计算机的 MacOS、谷歌的安卓、苹果手机的 iOS 等。然后是基于系统的软件及应用，例如微博、微信、抖音、淘宝网等。

通信速度取决于构建连接的通信网络，网络先后经历了互联网诞生和普及，以及移动互联网时代移动通信沿着 2G-3G-4G-5G 的演绎，每一次通信时代的更替都带来通信速度的变化。

信息革命时代可以分为三次技术浪潮：PC 互联网、移动互联网、空间互联网。

PC 互联网

PC 互联网的发展时间主要在 1990～2010 年。

20 世纪 80 年代中后期，Intel 芯片和 Windows 操作系统紧密绑定，撇开 IBM，开始在新的领域 PC 端发力，通过打造稳定、可靠的桌面端 CPU+OS 计算平台，支持大量的电子制造企业和初创 PC 公司，在短短的 10 年内建立了基于 Wintel 的 PC 计算技术标准架构，开启了全球 PC 时代。在主导 PC 端后，Wintel 开始反攻服务器端市场，Intel 在 1998 年推出至强服务器高性能芯片，微软也配套推出了 Windows NT Server 操作系统，目前 Intel 在全球服务器芯片市场份额超过 90%，Windows Server 全球市场份额也超过 70%，而 IBM 仅在高端服务器市场有一定的份额。

Wintel 能够引领 PC 时代，建立百万级应用生态的方法和关键是构建了一套基于 CPU+OS 统一技术体系的应用生态，包括：CPU+OS 组合的计算平台、计算平台之上的应用生态管理平台、通过应用生态管理平台进行应用开发运行、分发部署等，从而形成了极其丰富的应用生态。

网络技术是紧跟计算技术变革而跨越发展的。在新 CPU+OS 组合的个人计算平台出现并快速发展中，大量应用联网及数据传输的需求极大地推动了与计算相适应的网络技术跨越式发展。在服务器端计算时代，网络技术以局域网为主，满足点到点的数据传输。而到了 PC 计算时代，局域网已无法满足海量个人计算机的联网需求，因此，出现了基于 TCP/IP 协议的互联网。1990 年，美国个人计算机市场渗透率达 22%，硬件市场开始加速增长。PC 互联网终端从 1980 年开始实现商业化推广，经过 10 年的技术发展和市场培育，市场对个人计算机有了良好的认知，潜在用户群体规模十分可观。1993 年，美国政府推动"信息高速公路"计划，各大硬件和整机生产厂商实现了业绩和销量的快速扩展，推动了微软、英特尔等一批公司股价的高速上涨。

1994 年，中国第一个全国性 TCP/IP 互联网工程建成，标志了中国进入互联网时代。但直到 1999 年前后，随着门户网站的出现和计算机的逐渐普及，我国才正式开始进入民用互联网时代。CNNIC 从 1997 年开始，每年会发布《中国互联网络发展状况统计报告》，从 CNNIC 统计的互联网接入方式来看，2011 年之前，用户接入互联网的主要途径是计算机（台式和笔记本）。根据 CNNIC 的数据，截至 1999 年 12 月 31 日，中国的上网用户数约 890 万户；到 2005 年，中国的网民数量达到 1.11 亿人，在人口中的渗透率达到了 9% 左右。根据传播学中的"扩散 S 曲线理论"，当一种新产品在其潜在市场中占据 10%～25% 份额之际，扩散率就将急剧上升。2006 年，互联网开始加速在人群中渗透增长；2005～2011 年期间，互联网网民复合增长率达到 30%，网民数量突破 5.1 亿人，在中国人口中的渗透率达到 38% 以上。其后，依靠计算机带来的用户增长开始逐渐放缓，增量用户的主要推动力开始切换为智能手机。

　　PC 互联网的启动、加速发展和成熟期如图 1-1 所示。

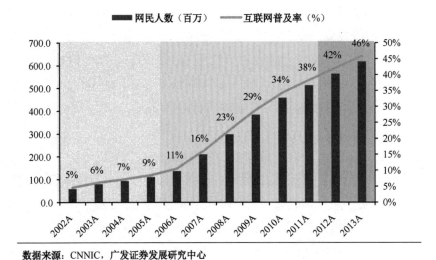

数据来源：CNNIC，广发证券发展研究中心

图 1-1　PC 互联网的启动、加速发展和成熟期

在经历 10 年的高速发展后，2000 年，美国 PC 渗透率达到 55%，互联网接入率接近 50%，随着行业规模增速放缓、行业竞争日趋激烈，整体 PC 硬件行业企业的收入和利润增速都开始下降。互联网早期主要发展历程参见表 1-1。

表 1-1 互联网早期主要发展历程

年份	PC 互联网发展大事
1980	IBM 推出第一台个人计算机（PC）
1990	彩色显示器应用于个人计算机
	微软推出 Windows3.0，建立起 Windows 操作系统基本框架
1993	互联网实现商业化应用
	英特尔推出奔腾系列处理器，确立微软英特尔（Wintel）体系
	美国个人计算机渗透率达到 20%
1996-1998	显卡技术大发展，众多经典计算机游戏面世
	微软推出 Windows 98，其 32 位操作系统极大地提升了计算机运算速度
	网景公司（Netscape）推出支持 JavaScript 的浏览器，互联网进入用户互动新纪元，开始出现网页游戏、网络邮箱等互联网应用
2000	美国个人计算机市场渗透率超过 50%，互联网接入率达到 50%
	美国司法部判定微软垄断，要求微软拆分成两家公司，引发互联网泡沫破裂

资料来源：Softhouse、兴业证券研究所。

此时，互联网公司借由已经超过 50%的个人计算机和互联网渗透率迅速崛起。互联网企业显著的特点之一是前期投入高，后期单位用户的边际成本几乎为 0。因此，在大量用户拥有计算机，并体验互联网一段时间后，互联网上的增值服务开始真正爆发。eBay、谷歌、亚马逊等网络公司在科技泡沫破裂之后迅速复苏，一直持续发展到现在。

PC 互联网时代开启了第一次信息浪潮，人们可以通过 PC 连接全世界，伴随着互联网的诞生带来了 PC 的普及，信息产业迎来了第一次爆发。

移动互联网

◎ | 发展简史 |

1983 年，世界上第一部移动手机电话问世——摩托罗拉 DynaTAC8000X，但是从 1983年至 2000 年，手机都没有得到很好的普及。伴随着 2G 网络的诞生，手机开始拥有越来越多的功能。自 2003 年开始，诺基亚 1100 面世，手机迎来爆发。2002 年，全球手机销量仅 4 亿部，到了 2008 年，手机销量达 12 亿部。

2008 年 6 月，苹果公司发布了 iPhone 3GS，这部划时代意义的产品开启了智能手机时代，同时也开启了移动互联网时代。

与此同时，ARM 芯片+安卓操作系统开始紧密绑定，选择在新的移动领域发力，凭借移动计算技术优势和硬件开放、软件开源的创新商业模式，在移动互联网浪潮推动下，几年内极速崛起，主导了移动端计算领域。

对比分析，苹果体系和安卓体系能够抗衡 Wintel 体系，二者均建立了基于固定 CPU+OS 组合计算平台的统一技术体系和配套商业模式。统一的技术体系，包括开发工具包、编译器、开发工具、软件包规范、软件应用商店，提供了一套应用开发运行及部署的标准和工具。移动互联网进入蓬勃发展期的基础条件参见表 1-2。

表 1-2   移动互联网进入蓬勃发展期的基础条件

移动互联网基础条件	发展情况	具体内容
网络环境	无线网络的宽带化、泛在化、移动化	规模化 Wi-Fi 热点对 3G 移动网络形成强有力的互补
		3G 流量资费降低显著，部分运营商的资费降低超过 50%
智能终端	终端智能化、集成化、开放化	降低移动 OS 进入门槛
		UI/UE 改进、多模终端、环境感知
业务与应用	业务应用媒体化、融合化、泛在化	互联网应用加速向手机迁移
		运营商 DNA 应用定位和支付驱动内容需要找客户

资料来源：东兴证券研究所。

2009 年，智能手机出货量只有 1.7 亿部，到 2016 年，智能手机出货量达到顶峰 14.7 亿部。

移动互联网狭义上是指用户使用手机通过移动网络浏览传统互联网站和专门手机网站。广义上是指通过智能手机、笔记本计算机、平板计算机、PDA 等移动终端，基于浏览器方式接入互联网，或者使用需要和互联网连接的应用程序，以获取多媒体内容、定制信息和数据服务。

移动互联网早在 20 世纪 90 年代末便已经出现，但直到 10 多年前才步入加速发展的轨道。根据国际电信联盟（ITU）的数据，2008 年全球移动终端接入互联网的用户数量首次超过使用桌面计算机接入互联网的用户数量。其中一个重要的原因是自 2007 年开始大量上市的智能手机对此所起的加速作用。2010 年，全球手机用户约 53 亿户，其中包括 9.4 亿户 3G 用户。

智能手机和 3G 网络的普及有力地促进了移动互联网用户的增加。发达国家和发展中国家都在快速地从 2G 转向 3G 移动通信平台；2010 年，143 个国家提供了 3G 商用服务，而在 2007 年提供 3G 商用服务的只有 95 个国家。

随着 3G 移动通信网络的成熟、智能终端的普及，以及基于移动互联网的内容和应用日益增多，移动互联网呈现爆发式增长的局面。

除了智能手机，最近两三年来，平板计算机等移动终端也发展迅猛，同时，移动终端也出现手机和计算机功能的全面融合——手机成为掌上计算机，计算机成为移动终端。另一方面，随着更加智能化和微型化的传感技术的发展，嵌入式自动控制芯片的智能化设备正在成为现实，越来越多的智能化设备也将接入移动互联网。

移动互联网作为移动通信和互联网融合的产物，同时继承了移动通信随时、随地、随身与互联网分享的特点。它的这些特点，使其在世界范围内得到广泛的应用和快速的发展。截至 2012 年年底，全球移动互联网用户数达到 15 亿户，同比增速达 27.6%，占移动用户比例的 22.7%。移动流量的增长更加迅猛，自 2008 年以来，全球来自移动设备的网络流量每年增长 1.5 倍，而且保持着高速增长的趋势。

移动互联网在用户的渗透上速度更快，并于 2017 年进入成熟期。根据 CNNIC 的数据，2007 年到 2017 年的 10 年间，手机网民的复合增长率为 31%，2017 年正式达到 7.5 亿人。如果我们以手机网民占网民的比例计算，2015 年就已经有超过 9 成的网民通过智能手机上网，2017 年这一比例达到了 97%，这意味着网民增长的主要驱动力已经切换为智能手机。移动互联网的启动、加速发展和成熟期如图 1-2 所示。

数据来源：CNNIC，广发证券发展研究中心。

图1-2 移动互联网的启动、加速发展和成熟期

◎ ┃ 改变生活 ┃

　　移动互联网的发展，得益于高速移动通信网络和智能终端的成熟，以及由此带来的海量应用。中国互联网行业已经围绕沟通、交易、搜索等核心领域，形成腾讯、阿里巴巴和百度三大平台，主导了中国互联网生态，而门户网站新浪，凭借微博，从内容门户转型为用户平台。2010年中国移动互联网上的用户活动如图1-3所示

　　移动互联网综合了移动通信技术和互联网二者结合带来的优势。移动互联网既具有互联网的特征，又具备智能化终端的移动化特征。因此，在个人数据应用和企业信息化应用方面呈现极大的发展潜力。移动互联网个人应用的驱动因素是个体消费者驱动的，目的是满足个人信息化及消费需求。移动互联网的个人应用不局限于本地应用，主要针对个人的沟通、生活、娱乐、交友等服务。移动互联网应用，打破了信息化在个人和企业应用之间的壁垒。移动互联网对个人生活影响之一是使个人的社会关系进一步网络化。移动通信、手机社交网站和手机微博的大量使用，让个人的社会关系在网络上迅速得以延伸和扩展。

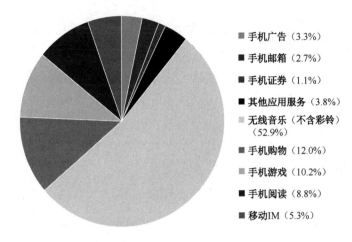

手机广告（3.3%）
手机邮箱（2.7%）
手机证券（1.1%）
其他应用服务（3.8%）
无线音乐（不含彩铃）（52.9%）
手机购物（12.0%）
手机游戏（10.2%）
手机阅读（8.8%）
移动IM（5.3%）

数据来源：艾瑞咨询、易观国际、DCCI

图1-3　2010 年中国移动互联网上的用户活动

2010 年可以称得上是微博年，特别是新浪微博用户数的快速增长和微博信息扩散所带来的社会影响，代表着社会化网络的热点。2011 年上半年，中国微博用户规模继续保持迅猛增长的态势，到 2011 年 6 月底，中国微博用户数量从 2010 年年底的 6 311 万户增长到 1.95 亿户，半年内增长超过了两倍，在网民中的使用率从 13.8%提升到 40.2%。手机网民使用微博的比例也从 15.5%上升至 34%，手机微博是增长较快的手机应用。

微博在短时间内能成为网民喜爱的一种交流方式，并由此形成所谓的微博媒体，是因为在技术手段、用户应用及社会效益三者之间形成了一个很好的结合点，使其能在短时间内聚集大量用户。

首先，微博形式精简，功能强大，支持文字、图片、视频等多媒体信息，微博将文字长度限定在 140 字以内，方便手机用户随时上网浏览、发送内容，用户体验良好。

其次，鉴于微博有可能成为未来主要的信息传播平台和互联网新入口，门户网站均投入大量精力发展微博业务，通过广告投放、名人效应等策略成功吸引了用户。

最后，用户通过关注与被关注，在微博上结成一个庞大的传播网络，信息能够在短时间内病毒式地大规模扩散，从而使微博迅速成为当前具时效性和影响力的媒体，这也为微博自身带来了高知名度，进一步推动了用户增长。对于用户来说，由于微博用户间关系的双向性，使用者可以构建起一个强关系和弱关系并存的网络，同时满足其多层次的社交需求。移动互联网区别于传统互联网的一个重要特征便是移动终端的移动性、便携性。手机作为移动终端的典型，就具有这样的特征。手机是十分个人化的物品，可以无时不在，与用户关系紧密。用户所到之处，也是手机所到之处。借助移动互联网，把用户的地理位置和手机用户需求结合起来，就能产生巨大的商业价值。

移动互联网通过社交媒体病毒式的信息传播，可以为商户实现更多的产品营销，再加上移动电子商务和移动支付等应用的普及，移动互联网已经将营销和销售的界限变得模糊。用户在访问社交网站及其分享的链接时，能够迅速变成购买者，进而变成推销者的身份转换。例如，"星巴克咖啡查询"等手机应用软件能使消费者迅速找到实体咖啡厅。移动互联网核心应用如表 1-3 所示。

表 1-3　移动互联网核心应用

主要应用	发展情况	具体内容
移动端金融	移动支付	单位或个人通过移动设备、互联网或者近距离传感器，直接或间接向金融机构发送支付指令，产生支付与资金转移行为，从而实现移动支付
	手机钱包	将客户的手机号码与银联标识借记卡进行绑定，通过手机短信等操作方式，提供个性化金融服务和快捷的支付渠道
移动端娱乐	手机游戏	运行于手机等移动设备上的网络游戏
	视频	移动设备上的视频资源
	移动搜索	在移动设备上对互联网搜索，从而高速、准确地获取信息资源
	移动社交	微信、易信等移动端社交平台
移动商业	媒体资讯	移动端的媒体资讯
	广告	移动端的商业广告
	LBS	通过电信移动运营商的无线电通信网络（如 GSM 网、CDMA 网）或外部定位方式（如 GPS）获取移动终端用户的位置信息
	O2O	Online to Offline，即将线下商务的机会与移动互联网结合在一起，让移动互联网成为线下交易的前台

回顾过去 10 年的发展历程，移动互联网早已全方面渗透到居民生活之中。根据 QuestMobile 数据显示，2019 年第一季度国内移动互联网月活用户规模达到 11.38 亿户，用户人均单日使用时长接近 6 小时，从衣食住行到医教娱乐，我们的日常生活需求通过 1 部 4G 联网手机即可得到绝大部分的满足。在借助 4G 技术红利撬动传统行业，满足居民多元化需求的过程中，众多细分垂直领域的商业巨头也如雨后春笋一般冒出，PC 时代诞生了

BAT（百度、阿里、腾讯），移动互联网时代则孕育了 TMD（今日头条、美团、滴滴），4G 应用端的投资价值得到了充分证明。4G 驱动下移动互联网已经全方面渗透到居民生活之中，如图 1-4 所示。

数据来源：安信证券研究中心整理

图 1-4　4G 驱动下移动互联网已经全方面渗透到居民生活之中

◎ ▍改变企业 ▍

就像互联网的普及革命性地改变了企业的管理和模式一样，移动互联网也将改变企业对员工、客户和市场的沟通及管理模式，进一步开创新的商业前景。

移动互联网应用的影响和潜力，已经引起全球的企业以巨大的热情投入移动信息化建设。企业移动信息化，就是将企业的管理能力延伸到任何时候，能对任何地方的人员进行管理，任何时候都能对任何地点的资产设备实施管控。一项针对北美企业的 324 位移动技术决策者调查显示，在移动信息化应用方面，移动邮件、联系人管理、日程管理、无线信息门户已经成为 90%的企业所接受的成熟应用，而移动信息化正在进入物流应用、客户界面应用、销售人员移动管理、现场作业应用、库存管理等基础信息化领域，短信提醒、即时消息应用属于正在出现和发展的移动性应用。

就现状来说，移动互联网的影响已经从所谓沟通类的简单应用，如邮件、联系人管理、移动办公类等，往前端应用类推进，如销售队伍管理、现场作业管理，也已经进入了后台的很多系统。

移动互联网给企业和企业信息化带来的影响，首先反映在移动互联网的应用上。有了移动性和互联网这两个强大要素的结合，企业的信息化系统不再局限于企业的电脑之内，企业信息化系统的范围必须扩张到各种移动终端。由于移动互联网的推动，企业提供技术服务、获取技术能力的方式也发生了根本变化。针对正在成为现实的基于云计算的互联网生态，企业信息化架构将会发生彻底变化。

移动互联网在三个方面的作用是非常明显的。一是表现在企业跟客户之间的移动客户界面上，可以通过移动互联网进行移动忠诚度管理、移动营销、移动优惠推广等，满足企业与客户之间通信需求和信息交流；二是企业跟自己的员工之间，不仅仅是沟通，也包括在业务处理过程中企业系统跟员工之间的通信联系，通过移动终端、无线网络实现信息交换，实现了现有信息化系统的移动化拓展，这是对企业信息化整个体系影响的第二个方面；第三个方面，就是目前所谓的 M2M（Machine to Machine），机器对机器的移动信息通信联系，也就是物联网建设。在企业管理信息化系统中，M2M 应用有很大的发展前景，例如固定资产的管理，特别是重型资产的管理，通过智能芯片的嵌入和传感器技术，可以实现对高价值资产的实施跟踪和有效管理，这是基于移动终端设备的新型智能化无线应用。

通过移动信息化，企业将系统控制能力延伸至生产作业环节，能够提升企业运营管理效率。这个系统控制能力不仅仅是指 IT 系统，也包括企业管理系统。

紧跟移动信息化更新步伐，移动互联网应用将给企业的信息化建设和经营管理带来价值，主要体现在如下四个方面。

1）改善信息质量：实时、实地采集数据，有效地将信息传至远程现场；将企业信息化系统中的数据安全地延展至现场设备，改善数据质量，提高信息利用效率。

2）降低资源消费：系统自动监测远程设备，并基于数据分析实现远程管理；实施调度外勤人员，减少人员行程时间；实现前后端、场内外管理流程的连贯性。

3）缩短决策周期：管理人员利用实时得到的现场信息，及时决策，提高场外指导能力和管理效率；在管理人员和作业人员之间，实现实时的信息互动。

4）改进客户满意度：为客户提供更多与企业互动的移动通道，提高企业对客户要求的快速反应能力，优化产品开发，提升客户满意度和忠诚度。

移动互联网在企业信息化体系中的普遍应用，将使企业获得前所未有的管控能力，这可以归纳为"5A"能力，就是在任何时间（Anytime）、任何地点（Anywhere）、对任何人（Anybody）、任何物件（Any item）都能实施有效管理（Administration），这给企业信息化和企业管理带来了一个革命性飞跃。移动互联网突破了很多地域条件的限制和时空的局限性，是在传统互联网基础上的进一步革新。如电力行业，就可以借助移动信息化能力对遥远山区的电力线路和设备进行有效管理。

移动互联网应用一方面正在改变传统行业的经营和服务模式，成为企业商业模式创新的驱动力；另一方面，还会给企业带来很多新领域的业务创新机会，比如移动营销和移动支付。

◎ | **虚拟空间** |

移动互联网是一个虚拟空间，是一个由众多个人组成的社会化网络空间。根据消费者在这个社会化网络空间中的商业消费行为，我们可以把社会化网络中的虚拟空间分成两个子空间：数字消费空间和实体生活映射空间。

首先，看第一类子空间，数字消费空间。在这个空间里的产品是纯数字化的消费品，听音乐、读书都是可以数字化消费的。回过头来想想传统的书籍和唱片，那些有形的东西其实都只是载体。我们真正消费的是音乐本身和文字所带来的信息，而不是光盘和纸张。所有这些信息产品现在都已经数字化，信息化产品的生产和传播都可以在网上实现，不再需要建立任何一个有形的载体。

第二类子空间，实体生活映射空间。我们现实生活的许多消费行为，比如吃饭、喝酒，没有办法放到虚拟空间进行，还必须实地消费，但即使是餐饮、娱乐、旅行这些实体生活中发生的事情，也是可以通过信息映射到网络空间中的。我们把这个空间称为实体生活映射空间。我们通过映射这个虚拟空间的信息，去驱动和影响我们在实体世界中的行为。比如电子商务、网上购物，都是通过网上信息去驱动消费行为的。

当我们寻找移动互联网业务机会的时候，应该清楚移动互联网究竟给我们带来什么。前面在谈到移动互联网给个人及企业带来的影响时，已经介绍了许多。本质上，移动互联网给我们带来的是一个虚拟空间，在这个空间里，我们尽最大努力去真实、完整地映射实体世界。

移动互联网时代该怎么来概括？有人说是内容为王的时代，也有人说是应用为王的时代。其实，移动互联网应该是用户为王的时代。移动互联网带来的是给每一个个体获得更多的能力。所有的信息化手段都带给我们一种全新能力，这些能力让人们可以去做更多的事情。移动互联网将是一个用户为王的时代，而开发者作为应用的供应商，决定了运营商/互联网公司想打造的平台是否能吸引更多的消费者，并带来收入。企业面对移动互联网应用开发的需求，信息化技术生态需要更加多元化，IT 系统架构需要更加开放、动态，才能让更多的开发者加入其中，让更多人成为移动互联网时代的赢家。

◎ ┃ 意义深远 ┃

移动互联网爆发有两点深远影响：①传统互联网应用的使用场景更加丰富；②网络和现实开始实现对接，传统行业产值开始向移动互联网转移。在 PC 互联网时代，由于 PC 的不可携带性限制，使得传统互联网应用的使用人数有限，使用时间有限，同时，网络和现实始终难以实现完全对接。但在移动互联网时代，随时随地接入网络成为现实，传统互联网应用可以充分挤入人们的碎片时间，网络和现实开始实现对接，传统行业产值已经开始向移动互联网转移。

移动互联网最大的意义在于扩大了网民的数量和使用时间。国内用户天花板由 PC 端的 4 亿户常用用户提升至移动端 10 亿户用户，甚至更多用户，互联网的触角从一二线城市向三四线城市、乡镇地区延伸。由于移动互联网随时、随身的特性，以及移动上网采用门槛极低的流量计费制等特性，移动互联网用户的天花板提升一倍，同时，移动互联网的兴起对于传统互联网厂商也是千载难逢的机遇，因为在移动互联网带动下，互联网的触角从一二线城市向三四线城市、乡镇地区延伸。

在人口、时长、流量三个维度，目前全球互联网都已经达到了较高水平，而未来助推互联网持续成长的核心动力仍来自手机保有量的进一步提升。根据 GSMA 的预测，2025年，全球的手机保有量渗透率将达到 80%左右。鉴于当前手机出货量中，绝大多数为智能手机而非功能机，我们可以认为互联网人口也将达到全球总人数的 80%以上。目前手机保有量渗透率较高的地区，如北美、欧洲等地区的手机保有量渗透率已经高达 70%以上。

4G 时代，移动互联网的发展迎来了从量变到质变的转变高峰。移动互联网公司的市值出现了跨越式发展，主要是由于网络和信息化的快速发展拓宽了公司的服务半径和业务限制，使公司可以在全球范围内提供大规模、标准化的产品。主要表征如下。

◆ 公司的服务边界进一步扩展。传统公司仅服务于某一场景或者某一行业，所以受到行业天花板的制约。互联网公司渗透到各行业，成为生态系统。

◆ 公司的服务对象进一步扩大。传统公司即使作为跨国公司，服务的人群也还是有限的。互联网公司为数十亿用户提供服务，使传统公司很难望其项背。

◆ 公司的边际成本走低，发展潜力巨大。传统公司向上倾斜的边际成本会限制公司的扩张。然而互联网公司面临递减的边际成本，目前的商业模式还没有触及网络正外部性边界，因此，即使互联网公司成为庞然大物，仍然充满扩张可能性。

最终结果，在以人为中心、人际关系为联系的网络中，用户聚集的超级网络核心成为时代的霸主，提供大规模、标准化、高质量服务的公司脱颖而出。

通信技术的发展改变了人类获取和交换信息的方式。社交网络平台削弱了传统媒体对传播渠道的垄断权，带来人人自媒体的时代；由于媒体渠道的下沉，新闻的视角变得多样化，对事件的观点也变得多样化；信息的爆炸导致信息推送和智能筛选应用广泛，每个人都生活在定制化的新闻世界中，以广告为例，因为广告是对流量和曝光度敏感的行业，故广告媒体从报刊、杂志、广播电视逐渐转向计算机和手机为载体的互联网平台。

移动互联网的快速普及，也为衣食住行和电商的深度融合创造了契机。移动互联网解决了信息传播、交易支付、人际沟通等底层问题，带来了商业模式的剧变。有了移动互联网和移动支付作为底层支持，移动出行蓬勃发展，网约车和共享单车两种互联网出行模式迅速普及。以共享单车为例，凭借移动网络（物联网）、移动支付等技术的推动，在短短不到一年的时间内，用户呈现爆炸式增长，彻底改变了短途交通的生态。电商的崛起是另一个伴生于社会信息化的产物。商品的交换和流通信息开始通过网络传播，而移动互联网的发展解放了电商发展的空间限制，赋能了随时、随地的购物体验，同时丰富了电商的内涵，以 O2O、新零售等为代表的新电商快速发展。

通信技术在网络的传输覆盖和接入方式上的巨大变革也带来社会管理效率的明显提升，并且使生活环境和商业环境的智能化程度迅速提升。

首先，信息传播效率的明显提升。新闻的发掘和传播渠道从纸媒转向网络，而且网络渠道也不断迭代升级，从门户网站向社交网站和自媒体等移动媒体转移，这背后主要有两个推力。

◆ 移动媒体提高了信息传递的效率。信息传递的效率主要是时效性（新闻事件从发生到发布的间隔缩短至分钟级）、真实性（多渠道、多角度的新闻播报提供交叉验证的可能性）和丰富性（新闻的发布渠道下沉使更多事件有发布和传播的机会）。

◆ 移动媒体降低了获取信息的门槛。信息传播渠道的转变降低了获取信息的成本，人们不需要再去特定的媒体（如报刊、杂志、广播、电台）上获取信息，移动媒体提供了广泛的人群覆盖和低成本的传播方式。

其次是信息的透明度出现改善。信息透明度的改善得益于媒体渠道的下沉，使得个人有了发布新闻的途径，从而导致新闻报告能从更多角度监督，对事件进行全面和详尽地分析，以及可以从多角度思考。信息传播的透明度有助于提升整个社会的监督水平，监督执法机构，并且监督个人和组织的违规、违法行为。

社会管理水平的提升主要得益于两个方面能力的提升：一是信息采集能力，另一个是信息的传播效率和透明程度。

从信息的采集能力看，移动网络的发展带来了信息采集技术的快速提升，视频采集、环境监测技术手段被广泛应用在城市管理中。随着物联网技术快速发展，信息采集变得更加多元化。信息的丰富增加了管理者对实际情况的认知，便于政策的制定和执行。其次，得益于信息传播效率的提升，更多的在线便民服务陆续上线。政务信息化提高了政策执行的有效性和透明性，减少了中间层面的政策执行成本。以个税改革为例，通过个人所得税App，税收优惠措施可以快速落实。

公司的办公终端发生了进化，从台式机到笔记本、智能手机。办公设备的变化是公司业务和流程变化的缩影，赋予公司更加灵活的办公体系和更高效的信息传播渠道。从月度的业务统计数据，到日度的统计数据，到目前云 ERP 实现的企业实时业务数据，公司的管理能力得到迅速提升。

公司信息传递效率的提升，带来企业竞争力的同步提升。公司业务和产品的创新与研发更加容易从实验室走向市场，产品实现快速迭代。通过真实用户的反馈及时调整业务和产业的发展策略。

通信技术的发展夯实了现代企业发展和扩张的基础设施，帮助企业建立了更好的客户关系，更容易实现业务扩张和更好的全面协同。

不过，移动互联网和智能手机的渗透率已经接近饱和。从用户规模上看，移动互联网人口红利正在衰退。截至 2016 年，全球移动用户规模达 34 亿人，同比增长 10%，增速持续下滑。从使用时长上看，移动服务的使用习惯已经养成，用户依赖度大幅提升，用户日均使用移动应用时长达 3.2 小时，占据所有数字媒体比例的 60%，移动 App 年使用总时长更是高达 38 000 亿小时。

中国移动互联网月度活跃设备规模高达 11.4 亿户，2019 年第二季度用户规模单季度内下降近 200 万户。中国移动互联网月活跃用户规模趋势参见图 1-5。

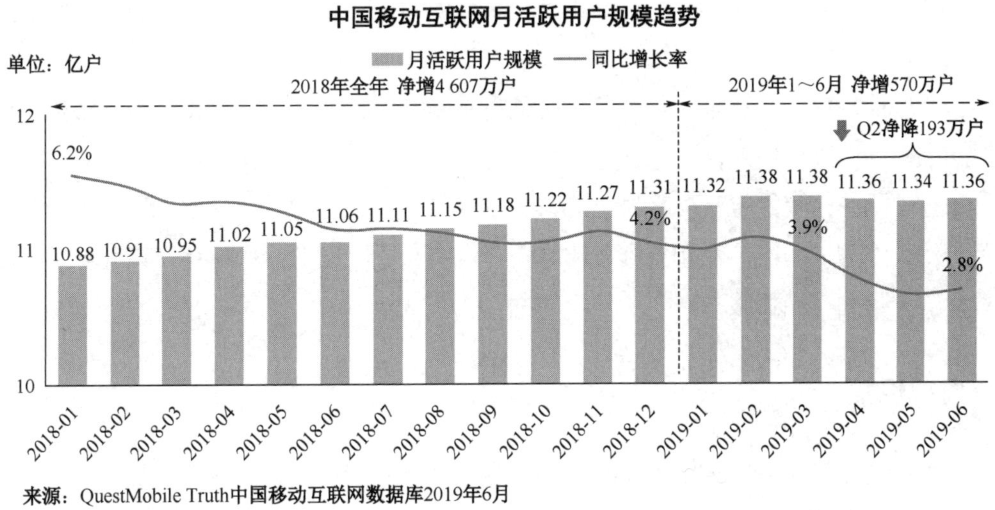

中国移动互联网月活跃用户规模趋势

图 1-5　中国移动互联网月活跃用户规模趋势

这预示着，我们即将进入下一个互联网时代。

空间互联网

AR/VR 作为下一代计算平台，5G 作为下一代网络，两者一起构成一个新的生态系统：空间互联网。为什么要叫空间互联网呢？因为下一代互联网的计算平台称之为"空间计算"。

◎ | 空间计算 |

空间计算用于表示我们与周围环境中的计算设备进行交互的崭新方式：利用我们周围的空间作为与计算设备互动的媒介。在空间计算中，数字对象不再处于一个固定的计算机、手机等实体中，而是占据了我们周围的空间。屏幕不是在电视中，也不在手机中，而是在目光所及之处。计算设备已经完全集成到自然环境和社交环境中，甚至可能感觉不到它们的存在。

当我们谈论空间计算时，具体指的是虚拟现实和增强现实。AR/VR 这场革命和手机平板掀起的移动计算一样大，因为它是计算平台的新范式。

根据中国信通院的定义，增强现实/虚拟现实技术（AR/VR）是指借助近眼显示、感知交互、渲染处理、网络传输和内容制作等新一代信息通信技术，构建身临其境与虚实融合沉浸体验涉及的产品和服务。

虚拟现实

虚拟现实（Virtual Reality，VR），综合利用计算机图形系统和现实中各种接口设备，在计算机上生成可交互的沉浸式环境的技术。VR 设备是虚拟世界和现实世界连接的入口。

虚拟现实技术具有 3I 的特征，分别是沉浸感（Immersion）、交互性（Interaction）和想象性（Imagination）。

沉浸性：是指利用计算机产生的三维立体图像，让人置身于虚拟环境中，就像在真实的客观世界中一样，给人一种身临其境的感觉。

交互性：在计算机生成的这种虚拟环境中，人们可以利用一些传感设备进行交互，感觉就像是在真实客观世界中一样互动，比如：当用户用手去抓取虚拟环境中的物体时，手就有握东西的感觉，而且可感觉到物体的重量。

想象性：虚拟环境可使用户沉浸其中，并且获取新的知识，提高感性和理性认识，从而深化概念和萌发新的联想，启发人的创造性思维。

VR 产业有较长的发展历史，在进入 21 世纪之后，出现了技术的不断革新与产品的快速升级。VR 产业崛起的标志性事件是 2014 年脸书（Facebook）重金收购 Oculus。此后，全球资本密集投向虚拟现实这一领域。随着 2016 年，索尼、宏达电（HTC）和 Oculus 第一代面向大众消费市场 VR 终端"三剑客"的上市（PSVR、宏达电 Vive、Rift），VR 寡头格局逐步形成。进入 2019 年，随着技术的进步，VR 一体机市场迎来了一波小高潮：宏达电和 Oculus 两大行业巨头先后推出了高端 VR 一体机，国内的 PICO、创维、大朋也都纷纷推出清晰度更高、佩戴更舒适的高性价比新品。除了画面质量外，图像处理、眼球捕捉、3D 声场、手交互、人体工程、机器视觉这 6 项 VR 底层技术，分别有重大的突破，VR 时代悄无声息地来了。

主流消费电子厂商发布消费版本 VR 硬件产品引爆市场，诸多电子设备制造商进入行业主流，硬件开始快速迭代，有望成为大众化产品。VR 内容产业加速发展，独立内容厂商出现硬件和内容端标志性产品，传统硬件厂商开始受到严重冲击。硬件标准之争开始，寡头垄断或为最终结局；内容端封闭系统和开源系统体系竞争开始，并逐渐搭建内容生态系统，虚拟现实产品完全融入社会生活，有望成为下一代基础设施。

表 1-4 代表厂商主要 VR 头显设备一览

品牌	型号	报价	品牌	型号	报价
Oculus	Oculus Rift	349 美元	华为	华为 VR	599 元
	Oculus Go	199 美元		华为 VR2	1 999 元
	Oculus Quest	399 美元		G2 4K 版	2 399 元
	Oculus Rift S	399 美元	Pico	Neo 一体机基础版	3 999 元
索尼	PlayStation VR CUH-ZVR1	2 999 元		Neo 一体机商用版	5 299 元
	PlayStation VR CUHZVR2	2 660 元		Neo	1 799 元
HTC	HTC Vive	4 888 元		G2	1 999 元
	HTC Vive Pro 专业版	6 488 元		U	159 元
	HTC Vive Pro EYE	13 900 元		Tracking Kit	2 499 元
	HTC Vive Focus	3 999 元		Pico 1	399 元
	HTC Vive Pre	7 687 元	小米	小米 VR 眼镜	289 元
三星	Gear VR5 代	1 099 元		小米 VR 一体机	1 599 元
	Gear VR4 代	373 元		小米 PLAY2	118 元
	Gear VR3 代	799 元		小米 VR 眼镜玩具版	89 元
	Gear VR	699 元	3Glasses	蓝珀 S1	2 499 元

续表

品牌	型号	报价	品牌	型号	报价
微软	微软 VR 头盔	2 000 元	3Glasses	蓝珀 S1 消费者版	2 999 元
	HoloLens	30 000 元		蓝珀 S2 消费者版	3 998 元
谷歌	Cardboard	131 元		D1 开发者版	1 999 元
	Daydream View	699 元		D2 开拓者版	2 099 元
	Daydream View 二代	998 元		D3	2 199 元
大朋	M2 VR 一体机	2 299 元	爱奇艺	iQUT 奇遇二代一体机	3 999 元
	VR 头盔 E2	1 499 元		171 定制 VR 眼镜	1 299 元
	M2 pro	3 499 元		小阅悦 SVR 眼镜	69 元
	VR 头盔 E1	798 元		奇遇 4KVR 眼镜	2 999 元
	E3 360° 定位套装	3 999 元	暴风魔镜	白日梦 VR 眼镜	139 元
	E3 巨幕影院	1 599 元		小 D	79 元
	p1 全景声巨幕影院	1 499 元		1 代	66 元
	E3 基础版	2 099 元		Matrix	2 599 元
	VR 青春版	99 元			

资料来源：京东和天猫等商城，公司官网，安信证券研究中心。

增强现实

增强现实（Augmented Reality，AR）技术是一种实时计算影像的位置及角度，并加上相应图像、视频、3D 模型的技术，这种技术的目标是在屏幕上把虚拟世界套在现实世界上，并进行互动。AR 可将实时计算的摄像机位置与文字、图片、视频、音频、链接等结合，使物理世界与虚拟对象合为一体，实现虚拟世界与现实世界之间即时互动。增强现实市场主要由硬件和软件产品构成，按照硬件类型分类，AR 产品可以分为头戴式显示、手持式显示和空间显示产品。其中，移动端软件、头戴式显示器是最具发展潜力的产品。移动端软件随着智能移动终端、移动互联网的快速发展正成为重要的 AR 应用领域，其应用场景包括商品广告、O2O、游戏和社交等。自从谷歌 Glass 出现，头戴式显示器也逐渐从实验室走进现实，可以在工业维修、医疗、教育、设计等领域一展拳脚。

AR 行业经历了从工业到大众，从概念到应用的过程。2012 年，谷歌 Glasses 首发引起轰动，开创 AR 产业狂热序章。2016 年，AR 手游 Pokemon GO 风靡全球，AR 游戏成为风口。Pokemon GO 成爆款游戏，标志着 AR 内容开始大规模进入大众消费领域。2017 年，苹果、谷歌相继推出了基于 iOS11、安卓 7.0 平台的 ARKit、ARCore，联想推出了 AR 手机，将 AR 技术赋能数亿部手机与平板，大大提高了 AR 技术的普及度。2018 年至今，AR 产品迭代更新，微软旗舰 AR 头盔 Hololens2 发布，腾讯推出火爆 AR 游戏《一起来捉妖》，再度点燃了行业热情。由于 AR 在交互性、体验感和社交属性上优于 VR，因此，具备更为宽广的应用范围。AR 技术有望沿着从工业到民用，从手机到可穿戴的路径快速发展，从而实现 AR 技术对生产和生活模式的改造。

AR 与 VR 的区别和联系

AR/VR 侧重各异，AR 应用灵活广泛，VR 强调沉浸式体验。

VR 的应用原理是让用户处于虚拟的场景，用户需要通过 VR 设备进入虚拟世界进行信息互动交互。VR 通过隔绝式的音视频内容带来沉浸感体验，对显示画质要求较高，侧重于游戏、视频、直播与社交等大众市场。VR 现阶段一般需借助封闭式头戴显示器，使视听与外部世界隔绝，从而使用户沉浸于体验。

AR 的原理是对真实世界的虚拟信息增强，需要用 AR 设备配备的摄像头捕捉视野中的画面，再加入虚拟信息进行互动交互。AR 强调虚拟信息与现实环境的"无缝"融合，对感知信息交互要求较高，应用更为广泛。AR 需要拥有采集摄像头的显示设备，例如手机、开放式头戴显示，其能识别现实环境，并与虚拟世界融合。

AR 与 VR 最大的区别在于其与现实世界的联系，AR 技术是在现实世界的基础上叠加部分可交互虚拟影像，而 VR 则是完全创造出一个与现实世界无关的三维环境，以使用户获取沉浸感。由于 AR 将虚拟事物带入现实世界，而 VR 则是隔离现实世界，并带领用户进入虚拟世界，这一差异使 AR 应用范围远超 VR 所适用的室内游戏或影视等。根据 Digi-Capital 的预测，2020 年，AR/VR 市场收入达 1 500 亿美元，AR 市场份额占比 80%，达到 1 200 亿美元，硬件业务占比最高；VR 市场收入为 300 亿美元，游戏业务占比超过硬件。

同时，AR 与 VR 的技术体系是趋同的，比如核心的近眼显示、感知交互、网络传输、渲染处理与内容制作这 5 个方面。对 VR 而言，近眼显示聚焦于高画质的视觉沉浸体验。由于虚拟信息覆盖与外界隔绝的整个用户视野，故重点在于交互信息的虚拟化。对 AR 而言，由于用户大部分视野呈现真实场景，故如何识别和理解现实场景和物体，并将虚拟物体更为真实可信地叠加到现实场景中，成为 AR 感知交互的首要任务。

◎ |5G|

5G 即第五代移动通信技术，是一次大幅度的技术升级。5G 以全新的网络架构，提供至少十倍于 4G 的峰值速率、毫秒级的传输时延和千亿级的连接能力，其相对于 4G 的变革与"大哥大变成智能机，绿皮车变成复兴号"一样。5G 不再局限于移动互联网，将支持物联网、AR/VR、自动驾驶、人工智能等各类应用场景，承载海量应用，进入"万物互联"时代。图 1-6 为从 1G 时代到 5G 时代的演进示意图。

数据来源：德勤、易观咨询、东吴证券研究所

图 1-6　从 1G 时代到 5G 时代的演进示意图

5G 主要特点

相对于 3G、4G，5G 具有三大特点：增强型移动宽带（eMBB），主要追求人与人之间极致的通信体验，其带宽可以达到 100～400MHz，是 4G 的 50～100 倍，通信速率峰值可以达到 20Gbit/s，是 4G 的 20 倍；海量机器类通信（mMTC，超大容量），5G 将实现每平方千米 100 万个终端连接，比 4G 提升 10～100 倍；超高可靠低时延通信（uRLLC，超低时延），小于 1ms 的延迟，比 4G 缩小了约 10 倍。华为 5G 报告节选参见图 1-7。

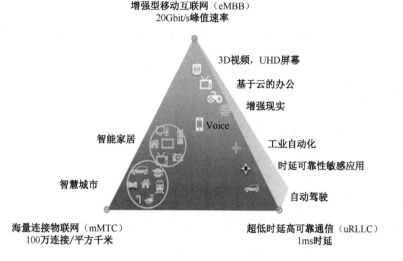

增强型移动互联网（eMBB）
20Gbit/s峰值速率

3D视频，UHD屏幕

基于云的办公

增强现实

Voice

工业自动化

智能家居

时延可靠性敏感应用

智慧城市

自动驾驶

海量连接物联网（mMTC）
100万连接/平方千米

超低时延高可靠通信（uRLLC）
1ms时延

数据来源：华为5G报告，东吴证券研究所

图 1-7 华为 5G 报告节选

增强型移动宽带

eMBB（增强型移动宽带）场景是指在现有移动宽带业务场景基础上，对于用户体验等性能的进一步提升，主要还是追求人与人之间极致的通信体验。全球 4G 网速最快的区域在挪威，平均速率为 63Mbit/s，4G 视频直播上传的速度只有 6Mbit/s 左右，无法承载高清视频的播放，但 5G 在人口密集区可以为用户提供 1Gbit/s 用户体验速率和 10Gbit/s 峰值速率。

主要应用场景：3D 视频，4K 甚至 8K 视频流的实时播放，工作、生活和娱乐上云，AR/VR 与生活结合，云游戏。

5G 实现高速率的技术手段：4G 网络工作在相对较低的频段，在 4G LTE 中，单个载波最大的频率范围是 20MHz，通过载波聚合技术，可以将多个非连续的载波合起来达到更高的速率，但是和 5G 比起来还远远不够。5G 是高频信号，信号的频率范围是 28～39GHz，它可以给每个频道的信息分配 400 MHz 的频谱带宽，是 4G 的 20 倍，这就保证了可以实现远高于 4G 的速率。

但高频就意味着传播性能较弱，因此，实现高速率还要解决高频通信的传播问题。5G

的频率很高，波长就会很短，这使得天线也可以相应变短，一个设备就能同时放进很多根天线，在很小的范围内集成天线阵列，这就能保证 5G 设备可同时发出和接收很多组信号，这就是大规模多进多出技术，结合波束赋形以弥补高频通信在传播上的受限缺陷。

海量机器类通信

mMTC（海量机器类通信）是频谱利用能力的提升，可显著降低交互成本，促进机器通信和传统物联网应用的投入，主要面向智慧城市、智慧家电、智能农业、智慧医疗等交互场景，以传感和数据采集为目标，提供超千亿网络连接的支持能力。

5G 是实现物联网海量通信的技术手段：5G 技术可以让每平方千米 100 万台设备同时上网，但问题在于物联网设备的功耗导致物联网运营的连续性容易受到影响，成为物联网技术发展的最大障碍。物联网节点设备太多，以及其他一些限制条件，导致终端目前还没有办法充电，只能尽量减少终端自身的功耗，来进行节能。由于物联网设备是一直处于与基站交互的状态之下的，5G 信号的波长变短，故必须把基站建得很密，这样每个设备附近总会有一个基站，设备和基站距离拉近，让它们在进行数据交换时就不用耗费大量的能量，从而达到省电的目的。此外，还有针对广域物联网的窄带物联网技术，或者降低信令开销等。

超高可靠低时延通信

4G 网络的时延约为 20～100ms，但 uRLLC（ultra Reliable & Low Latency Communication）的要求却是 1～10ms。

目前，不同网络的端到端时延，基本上都在 100ms 量级，这个时延并不太影响消费者的体验。因为网络主要是服务于人，而人对时延的反应并不强，触觉从指尖传导到脑干，也就是相当于触觉传导距离 1m 左右，需要花费 29～200ms。但 uRLLC 的应用场景为对差错的容忍度非常小、通信网络非常稳定的关键业务场景，包括远程医疗手术、远程驾驶、车联网自动驾驶、工业控制等，需要为用户提供毫秒级的端到端时延和接近 100% 的业务可靠性保证。所以，uRLLC 场景下 5G 的应用均是技术难度较高的后期应用，需要共同促进信息技术和行业前沿技术的发展。

5G 商业化进程

从世界范围来看，信息通信技术约每 10 年出现一次变革。但中国 3G 与 4G 之间的启动间隔只有 7 年，4G 商用与 5G 启动之间又只有 4 年，因此，国内的通信技术更新速度是快于世界平均水平的。从 2G 起步，3G 跟随，4G 同步，到 5G 引领，中国的信息通信技术实现了跨越式发展。

2018 年 6 月，5G 独立组网标准冻结，5G 完成了第一阶段全功能 eMBB（增强移动宽带）标准化工作。完整的国际 5G 标准已经正式出炉，NR 测试和 NSA 测试基本完成，意味着不同厂商的 5G 网络和 5G 终端可进行功能测试，并支持各种进阶联网服务，例如超高分辨率 8K 视频和 VR 服务，数据传输单用户下载峰值高达 1.5Gbit/s，充分满足云游戏网速要求（谷歌 Project Stream 网速要求 25 Mbit/s，索尼 PS NOW 为 12Mbit/s）。

2018 年 12 月 6 日，中国三大运营商获得全国范围 5G 中低频段试验频率使用许可。2019 年 1 月 10 日，工信部宣布发放 5G 临时牌照，6 月 6 日上午，工信部举行 5G 商用发牌仪式，中国电信、中国移动、中国联通及中国广电各获得一张 5G 商用牌照，中国正式进入 5G 商用元年。5G 商业化进程如图 1-8 所示。

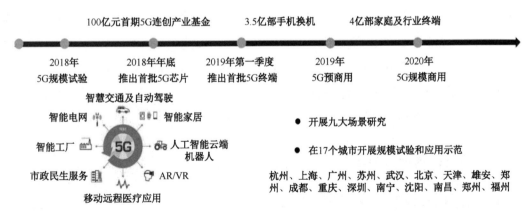

图 1-8　5G 商业化进程

截至 2019 年 7 月底，全球已经发布 28 张 5G 商用网络牌照，发布终端 94 款。根据 GSMA Intelligence 预计，到 2025 年，5G 网络将在全球 111 个国家和地区实现商用。

其中，中国的 5G 覆盖率将达到 25%，并且与美国、日本一起成为全球前三名的 5G 大国。届时，包括中国、美国、日本和欧洲在内的四个经济体将占据全球 70% 的 5G 市场，拥有 9 亿多用户。

◎ | 5G 成就 AR/VR |

5G 大规模普及之后，AR/VR 将迎来爆发。为什么这么说呢？

当前 AR/VR 发展的现状是，视频清晰度不够、沉浸感差，容易产生视觉疲劳和晕眩感，导致用户体验差。其中，网络环境是造成这些问题的重要因素，所以，虽然 AR/VR 的市场呼声很高，但发展却总是低于预期。

5G 使 AR/VR 技术在体验、性能、成本等方面实现了显著的改进，主要包括头动响应时延（MTP）、渲染能力、显示能力、使用移动性、市场规模、成本效率。

大幅降低头动响应时延，消除晕眩感

用户转动头部改变视角时，终端设备、网络传输、云端计算的整体用时应确保头动和画面改变一致，相应新视角所呈现画面的累计时延不超过 20ms，否则，就会出现头晕的情况。5G 具有高带宽、低时延的网络特性，可以将时延控制在 10ms 以内。VR 终端每次刷新画面时，使用云渲染平台送来的第 n 帧渲染帧作为基础帧进行二次投影，同时，云渲染平台处理第 $n+1$ 帧渲染帧时，与 VR 终端并行处理。此时，头动响应时延 MTP 由终端决定，不依赖网络和云渲染，从而满足 MTP 时延要求。

高清渲染，强近眼显示能力，提高用户体验

由于终端 GPU 计算能力的限制，即使是当前比较尖端的设备，依靠终端进行渲染的分辨率仅达到 2K～4K，帧率一般为 30fps～60fps。在 5G 网络下可以实现云渲染，渲染能力可以提升至 8K，能实现 120fps 帧率的效果，整体画质达到终端处理能力的两倍以上。

对于角分辨率、刷新率、视场角所表示的近眼显示能力，5G 在云端协同下，相比 4G

网络，5G 可将视场角显示能力提升 40%以上，刷新率显示频率提高 30%～100%，分辨率提高 50%～100%。

提高移动性，解决场景受限问题

由于受到网速限制，当前 AR/VR 一般通过宽带网络进行连接，使得设备的移动性受到较大的限制。5G 即使在高速移动场景中也可以保证 100Mbit/s 以上的体验带宽，从而保证了 AR/VR 在各个场景下的服务能力及必要的业务连续性，解决 AR/VR 所面临的受限问题。

降低硬件成本，释放市场潜力

由于 AR/VR 是在单机基础上集合了较为全面的功能，不得不以较昂贵的成本满足用户的体验需求，市场上知名品牌，例如，宏达电、Pico、Oculus 等，新款 VR 设备的价格大都在 3 千元到数万元之间，高昂的价格也阻碍了市场的发展。

AR/VR 需要大量的数据传输、存储和计算功能，这些数据和计算密集型任务如果转移到云端，就能利用云端服务器的数据存储和高速计算能力。而 5G 技术基于高速率、大宽带的特性，可以实现云化 AR/VR，云端提供主要的运算和渲染能力，终端只需要具备边缘计算功能，这样设备的硬件成本将大大降低，同时也是设备移动化的发展前提，有利于 AR/VR 技术的普及。根据诺基亚贝尔测算，通过 4G 网络传输+云端 GPU 运算处理，其对生产力贡献的能力约为仅凭借本地终端贡献能力的 10 倍；而通过 5G 传输+云端 GPU 集群运算处理，其对生产力贡献的能力可以达到 4G 解决方案的 10 倍。5G 云化虚拟现实白皮书节选相关指标情况参见图 1-9。

AR/VR 产品的晕眩感、低分辨率、体积大、价格贵等缺点的存在，是导致行业在 2016 年昙花一现的主要原因。现在 5G 将这些问题逐步克服，AR/VR 将会突破技术瓶颈的限制，取得质的飞跃。5G 把 AR/VR 从概念炒作、花哨的先锋技术落地，成为手机一样人人都拥有的必备设备，能随时、随地通过高速网络进行连接和空间计算，从而诞生出空间互联网。

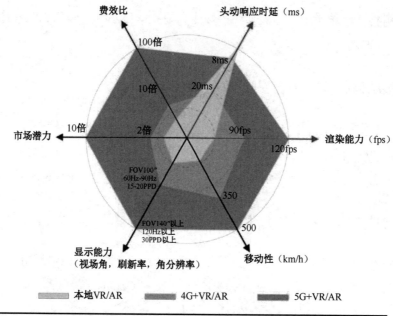

费效比　　　　头动响应时延（ms）

100倍

10倍　　　　8ms

20ms

市场潜力　　10倍　2倍　　90fps　　渲染能力（fps）

120fps

FOV100°
60Hz-90Hz
15-20PPD

350

500

FOV140°以上
120Hz以上
30PPD以上

显示能力　　　　　　　　移动性（km/h）
（视场角，刷新率，角分辨率）

本地VR/AR　　　4G+VR/AR　　　5G+VR/AR

数据来源：中国信通院《5G云化虚拟现实白皮书》，东吴证券研究所。

图1-9　5G云化虚拟现实白皮书节选相关指标情况

◎ ┃全新特性┃

空间互联网具有与PC互联网和移动互联网完全不一样的特性。

三维化的镜像世界

在PC互联网和移动互联网时代，数字化的内容都存在于平面计算机或手机中，以文字、图片、视频的方式展现出来，是二维的。实际上，这些只是我们真实世界的抽象，损失了很多信息。

在空间互联网时代，所有内容都将是三维立体的，如同我们日常生活中所看到、听到、摸到、闻到的事物，是真实世界百分百的还原。

三维图像

在PC互联网和移动互联网时代，数字媒介主要是文字、图像和视频，这些全部都是

2D 形式。后来，3D 游戏、3D 模型应用越来越多，升级为 3D。遗憾的是，全部在 2D 屏幕上进行展示，还不能称之为真正的 3D。AR/VR 普及后，3D 将是主要媒介形式。

3D 代表空间长、宽、高三个维度。普通的 2D 成像原理是用平面传感器接收被拍摄物体反射或者发出的可见光，从而形成二维图像。由于现实世界是三维世界，2D 成像获得的图像信息存在特征信息的损失；3D 成像则利用深度信息完美地弥补了这一缺陷，在普通 2D 镜头获取的平面图形基础上，用 3D 镜头测量景深，得到含有深度信息的灰度图。将灰度图与平面彩色图像相叠加就包含了完整的三维信息，为后期的图像分析提供了关键特征，计算机或智能设备据此才能够完整地复原现实世界。

从早期的打孔纸带，到图形界面、触屏，再到语音识别、人脸识别，交互载体所搭载的信息量持续提升，交互始终在向更加高效、更低学习成本、更加自然的方向演进。而当前的 PC 互联网和移动互联网整体仍停留在二维时代，并且已落后于硬件性能的飞升，新一轮以人工智能、AR/VR、人脸识别技术为核心，由 2D 迈向 3D 的世代升级是大势所趋。2D 成像与 3D 成像对比参见表 1-5。

表 1-5　2D 成像与 3D 成像对比

对比项目	2D 成像	3D 成像
光源	被动光源	主动光源
波段	可见光	窄带红外光
结构	接收端	发射端+接收端
计算方式	直接转变成数模信号经芯片计算产生图像	通过计算时间差、畸变等变量获得深度信息，并由芯片生成全幅的深度信息图
CMOS 类型	可见光 CMOS	红外 CMOS

2D 包含的信息有限，AR/VR、手势识别等下一代交互都需要三维信息输入。3D 成像赋予手机获取三维图像信息的能力，从而能够对接这些高级场景，带动交互向三维世代升级。因此，3D 成像意味着从"拍照"到"入口"的拐点来临，即将开启光学入口信息新浪潮。

如同曾经的触控将人机交互由一维平面拓展到二维平面，3D 成像带来的是二维到三维的又一次升级，是新一轮大革命。

四代摄像头

回顾消费电子的发展历程，各种新型的技术会不断地被添加到如智能手机、智能手表等设备中，而且不断地向着高效、简单、便捷的方向深化。在过去的 15 年内，智能手机行业在各个技术层面都有了革命性的进步。特别是近些年来，在智能手机满足消费者通信娱乐要求外，对摄像、交互的要求越来越高。而最新的 3D 成像技术作为双摄技术的下一代摄影技术，不但具备了 3D 摄影技能，还开启了 AR/VR 时代的感知钥匙。

第一代摄像头：像素方向竞争。

2000 年 9 月底，夏普联合当时的日本移动运营商 j-phone 发布了内置 11 万像素摄像头的 j-sh04。不过作为世界第一款照相手机的 j-sh04，在当时并没有引起多大的轰动效应，或许和那时候人们的使用观念有一定的关系，谁也不曾想到数年后的今天，手机拍摄几乎成了仅次于通信的常用功能。

直到 2002 年，诺基亚推出了第一款内置摄像头的手机 7650，拍照手机才逐渐流行起来，成为现在手机的必备配置。随着手机拍照的激烈竞争，各大手机厂商纷纷在手机像素上推出更高像素的产品。如三星在 2006 年推出的 B600，像素达到 1 000 万像素。

第二代摄像头：拍摄朝相机拍照效果方向优化。

到目前为止，主流的旗舰手机拍照像素大概在 1 600 万～2 100 万像素之间，而且有的品牌在摄像头像素上不升反降，是因为特别高的像素提升在已有的显示技术上得不到很好的体现效果，而且价格也会因为像素的提高而增加。如诺基亚在 2013 年 7 月发布的诺基亚 Lumia 1020，像素高达 4 100 万。虽然具备了如此之高的像素，但销售却不尽人意。

现在的智能手机虽然没有进一步提高像素，但并不意味着手机成像质量下降。相反，过高的像素只是单纯的像素点信息，并没有很好地获得良好的视觉效果。因此，手机的拍摄发展方向转向了各种会在数码单反中才使用的拍照功能，例如：光学边间、自动对焦、5 轴光学防抖、大光圈、高帧数慢拍技术等。

第三代摄像头：双摄优化技术。

随着手机单摄像技术发展到瓶颈，双摄技术现已基本覆盖了绝大多数的旗舰手机，如苹果公司 iphone 6S、华为 P10 和小米 6 等。目前主流的双摄像头功能，主要可以分为以下两大类。

（1）利用双摄像头产生立体视觉，获得影像的景深。利用景深信息进行背景虚化、物体分割、3D 扫描、辅助对焦、动作识别等应用。

（2）利用左右两张不同的图片信息进行融合，以期望得到更高的分辨率、更好的色彩、更大的动态范围等更好的图像质量，或实现光学变焦功能。

这两类双摄像头功能对于摄像头的硬件有着不同的要求，前者要求两个摄像头之间有更大的间距，这样能够得到更高的景深精度。因此，前者的硬件希望两个摄像头间的距离比较远才好。而后者因需要两个摄像头的图片叠加合成。所以，在硬件设计的时候希望两个摄像头靠得比较近，这样在两个图像融合的时候才不会因为相差太多产生更多的错误，目前市面上还是以第二大类最为常见。

第四代摄像头：3D 成像技术

2017 年是 iPhone 诞生 10 周年，苹果推出了万众瞩目的 iPhone 8。该产品再次引领了手机产业开启新一轮 10 年周期的升级风潮。新款的 iPhone 产品除了会使用 OLED 屏、全面屏设计及无线充电外，在摄像机功能上使用了 3D 成像技术及人脸识别技术。

苹果厉害之处在于能够将新技术落实到可大规模量产化的产品中，而且能保证良好的使用体验。不能达到大规模量产标准的技术，即使再有价值，苹果也不会使用。

3D 成像技术在微软的游戏机应用过，联想 Tango 手机用过，ASUS 手机也用过，但都未带领 3D 成像行业快速增长。苹果在 3D 成像技术领域耕耘已久，iPhone 8 若真使用 3D 成像技术，必将能带动该技术迅速普及。

从苹果公司在 2013 年收购 Primesense 来看，未来苹果使用的 3D 成像技术很可能是 Primesense 公司的结构光 3D 成像方案。而且，此前微软公司在 2010 年 6 月发布的 Kinect 所使用的 3D 技术就是 Primesense 的结构光技术。

3D 成像就是在二维图像，包括颜色、亮度、细节的基础上增加景深信息，在拍照的同时，获取对象的景深数据，应用于人脸识别、虹膜识别、手势控制、机器视觉、计算摄影等领域。为了实现 3D 成像，具体方案有：结构光法、飞行时间法和双目测距法。

结构光 (Structure Light)

结构光，实际上就是具有图形结构的光速，简单的结构化包括：点结构光、线结构光及简单的面结构光等。复杂光的结构化就有光学图案的编码。结构光 3D 成像基于三角法测量原理，在结构光投射到待测物表面后被待测物的高度调制，被调制的结构光经摄像系统采集，传送至计算机内分析计算后可得出被测物的三维面形数据。结构光接触物体后，相位、光强等参数被待测物的高度调制后都会产生变化，读取这些参数的变化就可得出待测物的面形信息。通过激光折射及算法计算出物体的位置和深度信息，进而复原整个三维空间。

通过发射特定图形的散斑或者点阵的激光红外图案，当被测物体反射这些图案时，通过摄像头捕捉这些反射回来的图案，计算上面散斑或者点的大小，跟原始散斑或者点的尺寸做对比，从而测算出被测物体到摄像头之间的距离。

业界比较成熟的深度检测方案是很多激光雷达和 3D 扫描技术都采用的结构光方案。不过由于以折射光的落点位移来计算位置，故这种技术不能计算出精确的深度信息，对识别的距离也有严格要求，而且容易受到环境光线干扰，强光下不适合，响应也比较慢。

典型的结构光方案包括：PrimeSense（微软 Kinect 1 代）、英特尔 RealSense（前置方案）。英特尔 RealSense 前置实感 3D 摄像头的工作原理是"结构光"。首先由设备主动发出特定图案的红外光，红外光遇到环境中的各种障碍物发生折射，然后由设备上的摄像头接收折射光，并通过芯片进行实时计算分析，计算出所处的空间位置。

2019 年 1 月，英特尔发布了全新的 RealSense 跟踪摄像头 T265，专门为 AR/VR 等应用场景设计。英特尔的 RealSense 深度相机可以为任何设备或机器添加 3D 功能，让机器像人一样看三维世界。它们都采用 USB 供电，并且能够实时处理深度，可以在任何光照环境下工作。

Daqri 头盔是一款为工人量身定制的 AR 头盔，外观与普通的工业安全帽差不多，并且也具有安全帽的安全防护功能。

Daqri 与英特尔公司深度合作，利用英特尔酷睿 M 处理器及 RealSense 深度传感器，搭载热成像相机，让 Daqri 可以有很多酷炫功能。只要戴上 Daqri 头盔，工人就可以实时接收周边环境的信息，瞬间拥有"透视"周边物体的能力。

Daqri 可以准确测量并分析周边物体，为我们绘制周边环境图，还可以直接在头盔中绘制建筑物的 3D 模型；帮助工人准确读取仪表盘数据，并以数字形式显示出来，大大降低了人工数据读取的失误率；甚至还可以看到机器或管道的内部构造，帮助工人准确快速地识别出现的故障。

飞行时间（Time Of Flight）

TOF 是 Time Of flight 的简写，直译为飞行时间的意思。所谓飞行时间法 3D 成像，是通过给目标连续发送光脉冲，然后用传感器接收从物体返回的光，通过探测光脉冲的飞行往返时间来得到目标物距离。TOF 相机与普通机器视觉成像过程有类似之处，都是由光源、光学部件、传感器、控制电路及处理电路等几个单元组成的。

TOF 技术采用主动光探测方式，与一般光照需求不一样的是，TOF 照射单元的目的不是照明，而是利用入射光信号与反射光信号的变化来进行距离测量，所以，TOF 的照射单元都是对光进行高频调制之后再进行发射的。

TOF 系统可同时获得整个场景，确定 3D 范围影像。利用测量得到的对象坐标创建 3D 影像，并可用于机器人、制造、医疗技术及数码摄影等领域的设备控制。

TOF 方案要求发射和接收端有非常高精度的相位同步，否则光线反射回来本身的相位差就很小，如果同步不好，那么检测出来的距离信息误差就非常大，甚至完全无法检测。但 TOF 方案的优势是可以对每个设备调制不同相位到激光上，从而可以让多个设备同时在一个环境内使用。

TOF 方案的优点在于响应速度快，深度信息精度高，不容易受环境光线干扰，这些优点使其成为看好的移动端手势识别方案。

TOF 时间光相比于结构光更加适合应用到智能手机上，采用 TOF 原理来实现动作追踪和深度感知已经出现在谷歌的 Project Tango 方案中，主要用于空间三维数据的采集，与应用于手势/脸部识别非常接近。

谷歌 Project Tango 项目是直接在智能手机上添加 AR 功能，借助景深传感器实现 3D 建模，利用鱼眼镜头实现运动追踪。2016 年 12 月联想与谷歌合作推出的 Phab2Pro 手机就是典型的例子。联想 Phab2 Pro 有多达 4 枚摄像头，包括前置 800 万像素摄像头，后置 1 600 万像素主摄像头（RGB 摄像头），以及同样装在机身背后的用于手机景深信息和追踪运动物体的两枚镜头，其中运动追踪相机采用的是鱼眼镜头（负责运动追踪）。

在景深传感器方面，采用的是 TOF 原理，使用的是英飞凌和 PMD 合作开发的技术方案。

双目测距

双目测距法是基于视差原理，并利用成像设备从不同的位置获取被测物体的两幅图像，通过计算图像对应点间的位置偏差，获取物体三维几何信息的方法。融合两只眼睛获得的图像，并观察它们之间的差别，使我们可以获得明显的深度感，建立特征间的对应关系，将同一空间物理点在不同图像中的映像点对应起来。双目立体视觉测量方法具有效率高、精度合适、系统结构简单、成本低等优点，非常适合制造现场的在线、非接触产品检测和质量控制。在运动物体（包括动物和人体形体）测量中，由于图像获取是在瞬间完成的，因此立体视觉方法是一种更有效的测量方法。

双目立体视觉系统是计算机视觉的关键技术之一，获取空间三维场景的距离信息也是计算机视觉研究中的基础内容。

双目多角立体成像方案的优点在于不容易受到环境光线的干扰，适合室外环境，满足 7×24 小时的长时间工作要求，不易损坏。缺点是昏暗环境、特征不明显时不适合，目前应用在智能安防监控、机器人视觉、物流检测等领域。

Leap Motion 是基于双目视觉手势识别设备的。Orion 是原有的 Leap Motion 软件的一个升级版本，硬件不变。在 VR 系统中，Orion 提供了一种手势的输入方式，它可以将手部的活动信息实时反馈到处理器，最后显示在 VR 头显中。

也就是说，我们可以像电影《钢铁侠》里面的主角一样，一挥手就可以凭空推拉、拖拽、操控虚拟物体。

触摸屏的输入逻辑与人类日常生活中所使用的手势大致相同，但触摸屏是通过单击和滑动来简化某些类似翻页之类的三维动作的。而 Leap Motion 的手势输入则与现实生活如出一辙，还同时整合了触摸屏的常用输入手势，滑、抓、挥、握、捏、拉、按等手势，借由简单的手部动作，取代原本需要键盘+鼠标的操作。结构光、双目视觉、TOF 飞行时间法技术对比参见表 1-6。

表 1-6 结构光、双目视觉、TOF 飞行时间法技术对比

主流技术	结构光	双目视觉	TOF 飞行时间法
原理.	结构光投射器向被测物体表面投射结构光(光点、光条或光面结构)，由图像传感器获取图像，利用三角原理计算物体的三维坐标	两个摄像头，利用双目立体视觉成像原理	近红外光遇物体后反射，传感器计算光线发射和反射时间差，或相位差，得到深度信息，结合传统相机拍摄呈现物体的三维轮廓
优势	技术成熟、识别距离远、分辨率高	不易受环境光干扰，适合室外环境，工作时间长，不易损坏，成本低	三种技术中受环境影响最小的技术，响应速度快
劣势	通过折射光的落点位移计算位置，不能得出精确的深度信息，识别距离有严格要求，易受光照影响	程序计算量大，环境光线昏暗、背景杂乱和有遮挡物等情况不适用	传感器芯片不成熟，成本高

三种主流 3D 成像技术方案中，结构光和 TOF 应用较多。从技术上看，双目成像虽然具有一定优势，但其缺点也非常明显，比如其算法非常复杂、容易受环境因素干扰、暗光场景表现不佳等，因此，目前在手机上应用较少。结构光技术目前已比较成熟，但是由于它在识别距离上有所限制，使得其在手机上的应用局限于前置，目前结构光技术主要应用于 3D 人脸识别解锁、3D 人脸识别支付及 3D 建模等；TOF 技术识别距离更远，它不仅可以应用于 3D 人脸识别、3D 建模等方面，还可适用于环境重构、手势识别、体感游戏、AR/VR 等多方面的应用，相对来说，应用面更加广泛。

AR/VR 采用 3D 摄像头技术，一方面可以获得周围环境图像的 RBG 数据与深度数据，进行三维重建，另一方面可以实现手势识别、动作捕捉等人机交互方式。

3D 摄像头在 AR/VR 领域应用空间大，人机交互体验佳。例如，2016 年 Inuitive 和 Gestigon 两家公司携手合作，将手势识别功能嵌入 VR 设备中。其中，Inuitive 公司提供 NU3000 多核心 3D 影像处理器和深度摄像机；Gestigon 公司提供手势识别算法；微软 AR 头显 HoloLense，集成了 4 颗环境摄像头、1 颗景深摄像头（基于 3D-TOF 原理）、1 颗高清摄像头、1 个 IMU（惯性测量单元）、1 个环境光传感器，提供较为优质的 3D 手势识别功能。

3D 视觉在 AR 领域应用潜力巨大，提供强大建模能力。对于 AR 而言，其核心功能是在现实物体上叠加虚拟信息，将真实世界和虚拟世界"无缝"集成，从而为用户提供真实与虚拟叠加的全新体验。因此，在 AR 众多相关技术中，3D 建模是至关重要的，需要借助 3D 视觉景深相机在现实物体的基础上构建虚拟的图像画面。

在该方面，谷歌公司表现积极，其力推的 Project Tango 项目包含高级的深度感知能力。Project Tango 可以提供结构光（1 代）和 TOF（2 代）两种技术方案。在结构光方面是与 PrimeSense 合作的，但随着 PrimeSense 被苹果收购，不再对外输出技术。谷歌在 2 代 Tango 开始采用 TOF 技术，Tango 的深度传感器采集三维信息输出"点云"数据，结合运动追踪的轨迹数据达到了对"点云"的实时拼接，从而实现精确的 3D 建模。

三维声音

"星战之父"乔治·卢卡斯曾说："电影所呈现的效果一半靠音效组成"。要想有真实的三维效果，除了三维图像，三维声音也非常关键。

空间音频是可以给人带来空间感的任何音频，超越了传统立体声。它使用户可以精确地确定声音的来源，无论是在上方、下方，还是周围360°。立体声可以让你听到左、右和前方的声音，但是我们无法感知周围的环绕声、上方或下方的声音。通过引入三维空间，我们可以全方位了解声源的确切位置。

3D空间音频的目标是将声音放置在三维空间中，以便用户将声音感知为来自其AR/VR体验中的真实物理对象。尽管在AR/VR中，你只能从物理上看到前面的内容，但是空间音频可以将用户引导到视觉上发生在上方、下方、后面和侧面的内容。

在空间音频中，与立体声音频不同，声音被锁定在空间，而不是头部。这使你可以在房间中四处移动，声音在空间上保持与周围环境的锁定。为了生成空间音频，开发人员必须能够将音频与坐标数据结合起来，以提醒系统感知头部的细微运动。头锁式立体声和3D空间音频模拟图参见图1-10。

头锁式立体声

3D空间音频

图片来源：frozenmountain

图1-10 头锁式立体声和3D空间音频模拟图

空间音频以其基本的形式模仿了我们在现实世界中的感知方式。如果在一个房间里，前面的某个人在讲话，你将头转向左方，那么你的右耳会听到更多的声音，左耳会听到更少。如果某个东西掉在你身后，你知道会回头，因为声音让你感知在身后。

还记得在电影院里听到过直升机从你身后飞过吗？这是因为电影院中安装了特殊的扬声器阵列，分布在墙壁、天花板、地板的各个位置，让人们可以听到定向的声音，从而提供空间感。但是真正的突破是与AR/VR相伴而生的空间音频技术。在与3D图像进行交互时，声音需要带来空间感，以增强沉浸式体验。在3D虚拟世界中，依靠音频来告诉我们应该在哪里看，以及应该与什么进行交互。通过欺骗耳朵以使我们可以从头顶听到声音，获得 360° 的声音感受。

我们可以感知周围看不见的那些方向发生的事情，例如汽车轮胎在我们身后吱吱做响，并跳开。在具有空间音频的 AR/VR 世界中，我们的感受如此真实：头顶的树上有风，脚下的河水发出声音，一起坐在长椅上的朋友在耳边窃窃私语。

微软的 HoloLens

微软研究院是世界上第二大计算机科研机构，而塔西未（Tashev）负责的是领导微软研究院的音频小组。HoloLens 是一台可以把数字影像叠加在现实世界中的 AR 头显。塔西未及其团队致力为 HoloLens 研发一个 3D 音频系统，让虚拟物体更具生命力。

在第一次尝试 HoloLens 头显时，你第一时间注意到的事情是逼真的全息影像：比如射击游戏 *RoboRaid* 中的外星人从墙壁中冒出来，或者是模拟体验中看到美国宇航员巴兹·奥尔德林行走在火星表面。HoloLens 头显可以让你看到逼真的虚拟影像，但能让全息图变得更加栩栩如生的是空间音频。在敌人从墙壁中冒出来之前，你可以听到敌人的声音，在奥尔德林走过红色星球时，你会听到他的讲话。

空间音频可以让全息图根植于你的世界中。环境中的全息图音效越逼真，你的大脑就越容易接受全息图作为环境中的一部分。HoloLens 音频系统会复制人类大脑处理声音的方式。我们每天都会听到空间音效，这是因为我们总是在聆听和定位我们周围的声音，我们的大脑经常会通过耳朵来解读和处理声音，并在我们周围世界中定位这些声音。

大脑依靠一组听觉线索来精确定位声源。例如，当你站在街上时，你会注意到迎面而来的公共汽车位于自己的右侧，这是基于声音到达耳朵的方式，声音会进入靠近车辆的耳朵。根据接近程度的不同，一只耳朵会比另一个耳朵听到更大的声音。这些提示可帮助你精确定位对象的位置。但还有另一个物理因素会影响声音的感知方式，在声波进入人的耳道之前，它会与外耳部、头部，甚至颈部产生相互作用。人体各个部位的形状、大小和位置都为每个声音添加了独特的印记。这种效果被称为头相关变换函数（HRTF），每个人听到的声音略有不同。

这些微妙的差异构成了空间音效体验的重要部分。要实现空间音效，系统需要精确生成所有的听觉线索。塔西未指出："一刀切的解决方案，或者是某种类型的通用过滤器不能满足所有人的需求。对于混合现实体验，我们必须找到一种可以生成个人音效的方式。"

于是，塔西未及其团队开始在微软实验室内收集大量的数据。他们采集了数百人的头相关变换函数数据建立他们的听觉曲线。声学测量加上对头部的精确 3D 扫描，构建出了 HoloLens 的各种选项，快速校准可以匹配出最适合用户的空间音效。

通过在测试对象周围播放声音，研究团队能够捕获房间中双耳 400 个方向的精确声音线索。一对 HRTF 滤波器会过滤每一个声音。塔西未说："如果我们知道这些过滤器所有可能的方向，那么我们就能掌控你的空间音效。我们可以欺骗你的大脑，让其认为声音是从特定的方向传来的。"

要在特定的位置设置全息图，我们需要应用相应的音频滤波器。当 HoloLens 投射出这些特定的声音时，HRTF 的线索能让人类大脑几乎在瞬间情况下察觉到声音的源头。

尽管很逼真，但生成空间音效所需的设备却使其不能代替立体声和环绕声系统。除了精确的声学测量之外，系统还需要恒定的头部追踪。头部的方向对声音到达耳朵的方式会产生直接的影响。例如，当你站在街上的时候，直视公共汽车跟转头后所听到的声音会有不同。对于 HoloLens，该团队不需要从零开始解决头部追踪的问题。因为设备中的六个摄像头中的一个总是会监控用户的头部移动，音频系统只需要简单地分析这些信息即可。

在声音方面，HoloLens 2 包含一个用于语音输入和录制的五声道麦克风，以及用于空间声音的内置扬声器。微软在研究了不同的耳朵形状及人的大脑通过内耳和外耳定位三维声音源的方式之后，开发了其空间音频算法，目的是更好地影响人的声音感知。

脸书的 Oculus Audio

研究显示，逼真的音频是在 VR 中建立临场感的重要先决条件。通过 VR 头显，用户可以转向任何方向，并看到一个连续的视觉场景。视觉上连续的场景与环绕式声音，两者共同构建了一个 VR 系统。也正因此，才有望为用户提供一个更接近现实的临场感。

为了追求好的临场感和现场感，必不可少的就是交互性。当用户佩戴上头显，转头会看到不同的全景内容，声音也随之变化。类似于在游戏里边，玩家从一个房间进入另外一个房间，听到从同一个点发出的声音都应该是不一样的。这和视觉的变化其实差不多。正是由于这些交互特性的引入使得真实性提升，也证明了 VR 音频的存在是很有必要的。

在 VR 中，用户处于场景中心，可以自主选择观看的方向和角度。用户想要通过头显加耳机的方式感受 VR 体验，就需要在双声道立体声输出的耳机上听到来自各个方向的声音。另一方面，用户时常需要来回转动头部或有大幅度的身体运动，因此，还要考虑身体结构对于声音的影响。如此一来，就需要解决两个关键的问题，一个是怎么放，另一个是怎么听。

首先，声音怎么放？开发者在 VR 中制作声音时，就要以用户为中心，在整个球形的区域内安排声音位置。当其确定某一方向为基准后，画面内容与用户位置也就相对确定了。以此来定位的话，既有水平方向的环绕声，也有了垂直方向上的声音。通过水平转动和垂直转动这两个参数，开发者就能控制视角在 360° 球形范围的朝向，以及随时与画面配合的声音的变化。

另一方面，用户只有一副耳机，该如何实现电影院里杜比全景声的效果呢？这里面用到一项技术叫作头部传送函数（Head-Related Transfer Function，HRTF），该技术能够计算并模拟出声音从某一方向传来及移动变化时的效果，有点类似于一个滤波器。其对原始声音进行频段上的调整，使其能更接近人耳接收的听感效果，并通过耳机回放。

基于这样的原理，有不少厂商已经尝试创造 VR 中的音频。

早在 2014 年，Oculus 就已授权 VisiSonic 的 RealSpace 3D 音频技术，并将其融入 Oculus Audio SDK 中。通过跟踪器上所发来的空间信息来处理声音信息，让听者觉得该声音是从这个物体中发出来的。这项技术非常依赖定制的 HRTF，通过耳机来再现精准的空间定位。

Oculus 首席科学家迈克尔·亚伯拉什表示，准确的声音渲染对创建可信 VR 体验而言十分关键。在题为"Oculus Quest 的声音设计"主题演讲中，音频设计总监汤姆·斯默顿（Tom Smurdon）和软件工程师彼得·斯特林（Pete Stirling）探讨了如何为 Oculus Quest 和 Rift 创建高保真度的音频体验。

研究团队经理拉维什·梅赫拉在创立 FRL 音频团队时，他设想过创建一个虚拟音频在感知上与现实音频无法区分的虚拟世界。他知道为了实现这个未来，他必须解决的第一个研究问题是高质量的空间音频和高效的房间声学。在接下来的几年里，他开始进行大量的研究工作以解决空间音频问题，同时寻找合适的人才加入以解决房间声学问题。

席斯勒是开放式房间声学首席研究员。研究科学总监菲利普·罗宾逊领导的心理声学小组也在项目中发挥了关键作用。博士后研究科学家塞巴斯蒂安·加里进行了一项实验，以确定声学模拟的什么方面对准确模拟而言最为重要。

对于声学的真实模拟而言，最大的障碍是其所涉及的计算复杂性。行业存在一系列基于数值波解算器或几何算法的现有模拟技术，但它们都不支持在当前硬件上实时运行。它们需要多核 CPU 或 GPU，但即使是这样，它们一次也只能模拟少量声音源。添加一个游戏引擎，并执行各种图形、物理、AI 和脚本，你可以看到获取必要数量的资源是多么困难。

避免这个问题的典型方法是：进行长时间预计算，以模拟每对听者与声源位置的声学响应。在运行时，可以向该数据插值每个声源的响应，并用于过滤声源的音频。实际上，这为复杂场景增加了大量数据。另一个缺点是，由于所有声学响应都是预先计算的，因此，不能出现改变声音的任何动态场景元素。这意味着关上门都无法阻止你听到声音源，而可破坏的环境或用户创建的环境则是完全不可能实现的。

FRL 面临的挑战是开发这样一种方法：使用尽可能少的计算和内存资源，并且同时能为复杂场景渲染高质量音频。标准很高，典型的游戏可能有数百个并发声源需要模拟，所以计算资源非常紧张。另外，模拟需要动态进行，以便能够实现广泛的沉浸式音频体验，同时不受长预计算时间的影响。

为了解决这一挑战，席斯勒花了将近一年的时间来完善模拟引擎。为了有效计算声音在 3D 环境中的传播，研究人员利用了先进的射线追踪算法。传统的声线追踪需要每秒追踪数百万条射线，而这需要大量的计算。

席斯勒开发的优化功能可以在保持高质量和动态场景元素的同时大幅减少射线数量。使用随机射线追踪时最大的问题是，存在可能导致伪音的噪声。为了解决这个问题，研究人员开发了巧妙的降噪算法来滤除模拟结果中的噪声。

当场景中的声源数量增大时，又会出现另一个大问题。在一个简单的实现中，计算时间将根据声源数量成比例增加。令新技术可行的关键进步之一是，感知驱动的动态优先级与声源集群系统。通过开发能够将不重要或远距离声源集中在一起的智能启发式算法，研究人员能够在非常复杂的场景中显著地缩短计算时间。

利用 FRL 开发的创新方案，研究人员能够实现项目的最初目标，并且为由空间音频技术负责人罗伯特·海特坎普（Robert Heitkamp）领衔的 Oculus Audio SDK 团队提供工作原型。

随着 FRL 音频团队已经实现了开发高效仿真引擎的目标，现在他们正致力于改进技术以模拟其他声学现象。有一系列的声学现象目前难以模拟，如衍射和透射。团队接下来的目标是研究能有效计算这些效果的新方法。席斯勒表示："我希望我们能够继续推进发展音频领域的先进技术。我为所有游戏都能拥有这种级别音频保真度的那一天感到兴奋。"

在一次主题演讲中，迈克尔·亚伯拉什描述了为 VR 和 AR 生成逼真音频而必须解决的问题。除了房间声学模拟之外，空间音频的另一个挑战是 HRTF 的个性化实现，以针对每位用户定制 3D 空间线索的方式生成音频。

因为 HRTF 是极具个性的。每个人成长中都会形成一套自己对听力的感知。并且，我们每个人的头部大小不一样、耳间距不一样，耳朵的轮廓、里面的旋涡也不一样。加上，我们在成长中养成了自己独特的听力习惯。可以这么说，每个人听到的同样物体发出的声音，其实都有细微差别。

2019 年 2 月，Oculus 音频 SDK 推出新功能。Oculus 音频 SDK 可通过 HRTF 实时将音频源空间化，还能实现容积和立体三维声效，而此次更新将优化对声波反射的处理，并加入了对声音遮蔽的建模。

宏达电的 3DSP 音频 SDK

听觉是 VR 体验中不可或缺的一部分，真正沉浸式的体验除了视觉外，也要让听觉符合场景的设定。为了帮助开发者更方便地创造自然的立体音效，宏达电 Vive 推出了 3DSP 音频 SDK。3DSP 是一款音频 SDK，可以为应用程序提供具备空间音效的音频。影响人类对于音频空间化感知的因素有很多，比如声音传入两只耳朵的时间差，两耳之间的水平差异，人体耳廓、头部等部位的差异、环境因素（例如房间声音反射和混响），以及从声源发出声音到人耳接收声音之间遇到的障碍物阻挡，都会影响人的听感。

为了让用户在 VR 中听到的声音尽可能真实，就需要考虑声音从发出到被听到之间的种种因素，让 VR 中的声音尽可能地接近真实空间中人们听到的声音，以增加沉浸感。

传统的双声道立体声利用两个扬声器，通过人的双耳效应使声音达到空间立体的效果。宏达电的 3DSP 音频 SDK 模拟图参见图 1-11。

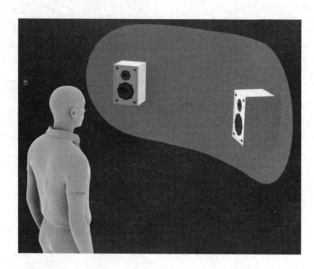

图片来源：宏达电官网

图 1-11　宏达电的 3DSP 音频 SDK 模拟图

而随着技术的不断进步，在 VR 中，我们常用一种音频技术 Ambisonics，相当于让声源遍布球状的内表面，环绕用户的头部。Ambisonics 使用"球谐函数"描述声场，使声音从四面八方传来，带来更好的沉浸感。音频技术 Ambisonics 模拟图如图 1-12 所示。

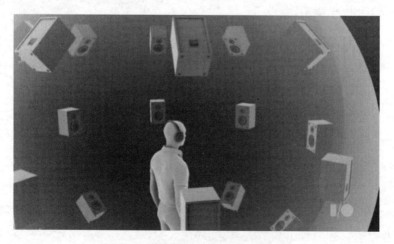

图 1-12　音频技术 Ambisonics 模拟图

不过，迄今为止简易的基本型 Ambisonic 系统只能在一个中心位置创建一个精确的声

场。随着听众远离中心并随着频率的增加，误差水平逐渐增加。为了减少误差，可以采用
增加球面的阶数来描述更加复杂的谐波，参见图 1-13。

图 1-13　采用增加球面的阶数来描述更加复杂的谐波模拟图

宏达电在对 **3DSP SDK** 的展示中便展示了 3 阶 Ambisonics 模型，如图 1-14 所示。
当用户处在虚拟房间中时，就要考虑房间的复杂情况，对声音做出相应处理。

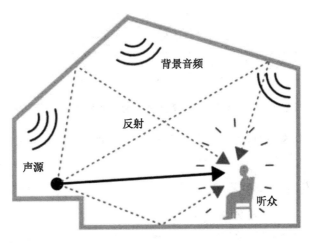

图 1-14　3 阶 Ambisonics 模型

3DSP 从早期反射、后期混响、背景噪声、环境材料等方面模拟房间音频，让用户获得更具空间感的声音。值得一提的是，3DSP 同时保证了该技术在低计算量的情况下运行，减少了设备的计算负担。

空气中真实传播的声音会随着传播距离的增长而发生衰减，但是在不同的情况下，衰减的变化是不同的，参见图 1-15。

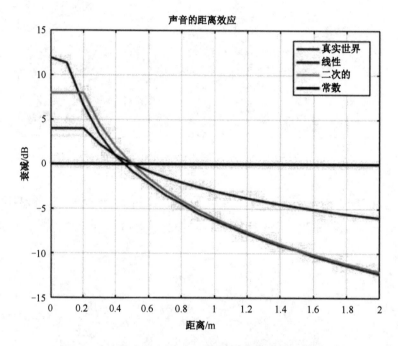

图1-15 空气中真实传播声音随传播距离增长发生衰减

在宏达电 Vive 3DSP SDK 中，提供了几种情况下声音的衰减模型，并且采用基于现实建模的距离模型。

当声音从声源发出，遇到障碍物再被用户听到的时候，会因为障碍物的阻挡而发生改变，参见图 1-16。

分析物体的几何特点来计算遮挡物对声音的遮挡能力，参见图 1-17。

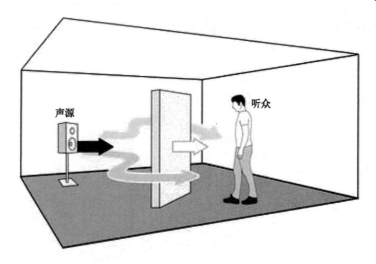

图 1-16　基于现实建模的距离模型

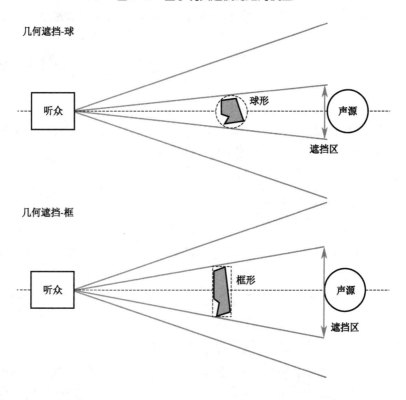

图 1-17　分析物体的几何特点来计算遮挡物对声音的遮挡能力

为了计算障碍物的遮挡能力，可以通过在空间中投射大量射线，并列举有多少被障碍物遮挡，如图 1-18 所示。

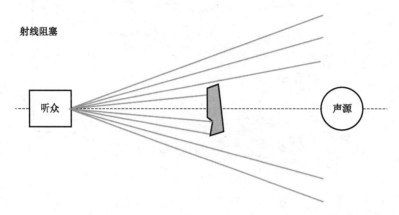

图 1-18　通过在空间中投射大量射线，列举有多少被障碍物遮挡

无须使用 Unity 对撞机，根据不同障碍物的具体面积及形状，计算得到声源经过障碍物后被听众听到的实际情况。

除了上述几点外，宏达电 Vive 3DSP SDK 还具备以下特性。

基于对真实世界精确建模（包括水平和垂直方向）的头相关变换函数（HRTF），可以得到适用于所有声音的滤波器，进而还原空间音频。

● 原声和回放均采用高分辨率音频。

● 单击边框，调出视频工具条。

宏达电 Vive 3DSP SDK 中集成了许多音频技术，以此来保证逼真的音效。高保真立体声系统中使用环绕声模拟空间音频技术，而距离模拟则可以让你在远离音源时，声音逐渐变小，同时遮挡的模型也会在一定程度上影响声音的音色和传播等。

宏达电 Vive 3SDP SDK 还支持模拟空间效果，房间内混响、反射、遮挡等效果，以此来表示声音根据位置的几何形状可以做出反应的不同方式。

已有的技术是可以实现 360° 全景声的，可以通过声音辨别方向、距离。但是，VR 音频技术要求不仅仅能够提供在 VR 环境中物体的位置信息，更要反馈更多的空间环境状态。以一个恐怖游戏为例，当光线越来越暗时，视觉必定受到限制，这个时候就要靠音频来确定环境状态。脚步声、风声、动物的叫声等都能为玩家提供信息，诱导下一步的行动和交互。因此，精准、有效的音频技术在 VR 中特别重要，不仅仅是游戏、视频，还有在其他领域，例如教育、社交等领域，VR 音频技术也需要进一步的成熟。

可触摸

如果你是第一次玩 VR 设备，戴上头显看到逼真的影像后，多少会下意识地伸手去感受。手伸出去后，却发现可以穿过虚拟物体，视觉和触觉产生了割裂，沉浸感顿时被打破。AR/VR 头戴显示器骗过了视觉，手柄却骗不过触觉，这是目前很多 AR/VR 设备的尴尬。

有没有可能，我们可以直接和虚拟的数字世界进行交互，如同摸真实物体一样触摸那些虚拟的 3D 模型？在虚拟社交环境下，用户和用户是不是可以进行握手、拥抱等触碰，就像真人一样的感觉？在 VR 射箭游戏中，我们能不能感受弓箭的质量、弓弦的紧绷？

随着技术的进步，触觉也可以在 AR/VR 中得到完美的模拟，让我们得到身临其境的感受。

触觉手套

由岱仕科技（Dexta Robotics）设计生产的力反馈虚拟现实交互手套 Dexmo，允许你感受虚拟物体的大小、形状及硬度，触摸数字世界。该团队在 2017 年 8 月份正式公开发售了第一个开发者版 Dexmo DK1，现在该产品再次迎来升级。2019 年 6 月，经过两年多对开发者版的测试、改进后，力反馈手套 Dexmo 企业版正式发售，参见图 1-19。

动觉和触觉，前者让人感受物体的形状、质量和硬度，后者让人感受物体的纹理、粗糙度和温度。虽然 Dexmo 的名字是力反馈手套，但它的触觉反馈版本也可以提供一部分触觉。

据介绍，在 2017 年将 Dexmo DK1 推向市场之后，开发商岱仕科技收集了众多早期使用者的反馈，并对产品的可生产能力、硬件稳定性、核心功能、人体工学、软件支持等各方面进行全面升级，参见图 1-20。该产品从 2014 年研发至今，也经过了五十多代的版本迭代。

Dexmo 允许用户在虚拟世界中使用自己的双手体验拟真的触感反馈。力反馈可以提供真实的抓握感，同时还能让用户感受虚拟物体的大小、形状和软硬。用户不需要学习任何按键操作就可以在虚拟现实中做任何在现实生活中做的动作，比如拨动开关、按压按键、甚至扭动门阀等复杂动作。与传统手柄控制器相比，力反馈手套可以让用户在虚拟世界中完成更精密、复杂的仿真操作。

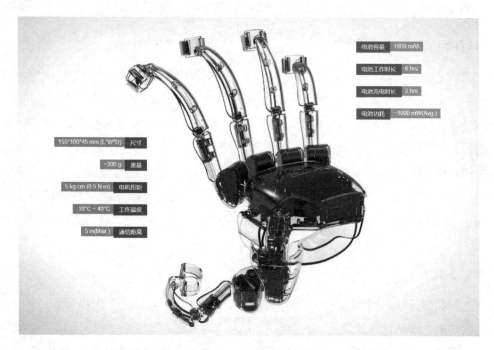

图片来源：岱仕科技官网

图 1-19　力反馈手套 Dexmo 企业版

图片来源：岱仕科技官网

图 1-20　全面升级后的 Dexmo DK1

Dexmo 的触觉反馈版本还能模拟一定程度上的触觉，比如摸玻璃、木头和砂纸，能感受到光滑、粗糙和颗粒三种质地。

岱仕科技的技术顾问，剑桥大学先进交互系统组的发起人 Dr.Per Ola Kristensson 教授说："VR/MR 技术发展至今，给人们带来的沉浸感主要停留在视觉和听觉两个维度。现有技术在触碰虚拟物体时，往往只能靠单点的振动反馈来'提示'用户，不能让用户感受到真实的力。而在 Dexmo 力反馈手套的帮助下，用户不仅可以在虚拟世界看到自己的双手，还可以感受到真实的触感，这无疑能大大提升沉浸感。"

Dexmo 独特的机械外骨骼结构可以跟随手指一起运动，采集手部动作。这些数据被用来在虚拟空间中重建准确的手部模型，将现实中的手部动作完整地映射在虚拟世界里，让用户可以像在现实中一样灵活地使用双手。当虚拟手与虚拟物体接触时，岱仕科技研发的手部交互引擎会开始自动计算其中的物理碰撞和产生的力，并通过力反馈装置来限制手指活动伸展，施加'反推'力作用在手指上，使佩戴者如同摸到了真实的物体一样，在虚拟世界中延续和现实世界一样的感知。比如当你拧开水龙头时，你可以感受旋钮的形状，并感知水滴坠落在手指上的力度。

对于大众来说，现有的控制器技术上的摇杆和按键需要学习与适应，而使用自己的双手却不需要任何学习。Dexmo 提供了最自然、直觉的交互方案：它允许人们直接使用自己的双手。直觉的操作和近似于零的学习成本会大大提升体验。

岱仕科技的创始人兼 CEO 谷逍驰表示："智能手机曾缓慢发展了很多年，它的真正普及却起源于 iPhone 革命性的电容屏触摸交互技术，让不识字的孩子刚上手都能轻易地使用。现在的 AR/VR 系统就好像在 iPhone 面市前的按键智能手机一样，它们可以用，却不好用。为了加速它的发展，我们一直以'让交互傻瓜般地简单'为目标，最终开发出了能够自然使用双手、高沉浸感、极低学习成本且轻便的力反馈手套。我们成功将 5 个力反馈装置、11 个动作捕捉传感器、可充电电池，以及整个控制系统集成于一体，创造了质量仅为 290g 的便携无线 Dexmo。这项发明在交互技术的发展历史上是开创性的。"

对于升级企业版的推出，岱仕科技希望 Dexmo 力反馈手套能在企业市场打开更广泛的应用，在诸如组装、质检、维修等关键环节，通过虚拟场景和逼真的触觉反馈技术帮助企业解决工人培训成本高、效果差的问题。

岱仕科技的车企客户正在使用 Dexmo 培训新入职员工，学习安装技术，让工人的动作准确地反映在虚拟训练中，灵活使用手指学习操作步骤，并及时得到评估，确保工人在正式上生产线前达到规范要求。这节省了大量的时间和成本，也杜绝了安全隐患，参见图1-21。

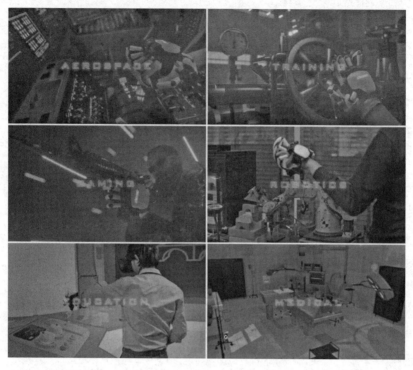

图片来源：岱仕科技官网

图1-21 Dexmo 应用场景举例

除汽车企业之外，Dexmo 还被航天、航空、大学、医院等机构采用。比如，机舱紧急逃生培训、可视化操作、组装机械。

腕带

一直以来，手持式控制器都是 VR 和 AR 头显用户的主要交互工具，但脸书早已在规划一种用户不再需要握持控制器的产品。为了实现这一点，脸书 Reality Labs（FBL）日前展示了一款名为 Tasbi 腕带的原型设备，它能够通过用户的手臂和手腕提供各种触觉反馈。据悉，这款设备是由六名 FBL 研究人员，以及一位来自莱斯大学的实习博士后共同开发而成的。用户的两个手腕都分别佩戴 Tasbi。这款设备主要是结合振动和挤压（动态张力调节）来模拟虚拟对象的触觉反馈的。另外，Tasbi 的腕带由一系列小型触觉器组成，并且接入中心位置的计算组件。每个小型触觉器都包含线性致动器，能够精确地从手腕的不同位置提供振动反馈，动态地调整张力。

Tasbi 致动器可以根据数字生成内容产生"振动线索"和"挤压线索"，从一侧到另一侧产生振动，从而产生了接触和碰撞，又或者是从前到后产生振动以表示按钮弹性和质量。Tasbi 同时可以允许用户与诸如全息图这样的"虚拟幻觉"交互，并且明显为非真实的界面或对象提供不同的反馈。

Tasbi 缺少的是实际的控制硬件。从概念上讲，这种腕带设备可以与 AR/VR 设备的计算机视觉系统配对，并用于检测手和手指的运动，这样用户无须握持控制器，都可获得触觉反馈。另外，脸书在大会中探讨了利用机器学习腕带来将电信号解释为手指位置改变的可能性。再结合 Tasbi，未来行业有可能完全摆脱对传统控制器的需求。

值得一提的是，微软曾展示了一款全新的触觉控制器原型 TORC（手持式控制器）。其他厂商则在努力研发不同类型的触觉手套和腕带。对于这一系列的尝试，大家都希望尽可能地提升用户与虚拟对象的交互真实感与自然感。

同脸书的大多数 AR/VR 研究项目一样，他们尚未公布 Tasbi 的实际发布日期、价格，甚至没有保证它一定能成为商业产品。但显然，这家公司相信这项技术的潜能。据介绍，他们将在未来公布完整的研究论文。

背心/衣服

2018 年，Woojer 公司在 Kickstarter 上发起众筹，为其触觉反馈背心 Ryg 寻求资金支持，参见图 1-22。据悉，这款背心几乎支持所有游戏主机、VR 系统、PC 游戏和智能手机。它将为玩家的游戏体验增添全新体验，即让他们感受其在屏幕上看到的动作体验，比如感受恐龙在胸腔的吼叫声。

Woojer Ryg 拥有一张 7.1 声道的集成环绕声卡、8 个触觉反馈区域及每个区域都有一个振动帧执行器。这些被 Woojer 称为 Osci 执行器的组件据说比竞争产品中使用的任何类似组件要强大三倍。

Woojer 表示，虽然 Ryg 提供了"地震波"级别的动力，但实际上这件背心非常轻，质量只有 5.4 磅（约 2.5 公斤）。另外，这套装备还具备了即插即用功能，可以自动检测穿戴者的音频信号，同时还拥有蓝牙功能（未来可通过它来进行远程自动升级）、3.5mm 耳机输出口、立体声有线麦克风。

支持你的游戏

图片来源：kickstarter

图1-22　触觉反馈背心 Ryg

此外，这件背心使用的材料可以擦拭，内有一件可拆卸清洗的里衬。买家可以额外选择一个 PC 安装架和两个电池组。5 200mAh 的电池可以提供 8 小时的使用时间。

除了 Woojer 的背心之外，还有 Tesla Studios 研发的全身体感衣 Teslasuit，参见图 1-23。

图片来源：Teslasuit 官网

图1-23　Tesla Studios 研发的全身体感衣 Teslasuit

Tesla Studios 目前设想了两种款式的体感衣，在传感器数量和功能上略有不同。第一种是 Pioneer，它全身上下共 16 个独立的触觉反馈点。第二种是 Prodigy，拥有 52 个触觉反馈点。此外，Teslasuit 使用的主体材料为氯丁橡胶，传感器部分也做了防水处理，因此可以水洗。

整套体感服包括外套和裤子，由智能弹力布料制成，拥有多种尺码可选，并支持通过蓝牙或 WiFi 无线传输。套装内置计算单元，可兼容 Windows、Linux、macOS 和安卓系统，兼容 Unreal、Unity 3D 和 MotionBuilder 开发平台。

Teslasuit 套装主要依赖神经肌肉电刺激技术（简称 EMS），它也被应用于医疗、电疗及职业体育比赛中，提供触觉刺激和温度控制。Teslasuit 使用了温和且轻微的电子脉冲来刺激身体，通过触摸传递不同的感觉。为了完成起立的动作，Teslasuit 还配有 T-Belt，里面包括控制芯片、蓝牙设备及电池。电池可以驱动套装使用 4 天时间。

通过切换全身上下不同的触觉反馈点，Teslasuit 承诺创造"一系列触觉感受"。使用不同的力度和脉冲刺激持续时间。它可以模仿任何感官体验，从虚拟世界中与虚拟对象互动，到子弹和爆炸物的影响等，甚至游戏内的天气也可以转化为电刺激，通过可选的温度控制模块提供额外效果。

Teslasuit 还可能配有触控编辑器/播放软件，可以创造预编程的刺激程序，以及虚拟现实彩弹游戏等。除了游戏，还有"虚拟会议应用"，允许你被游戏中的人触摸，或触摸游戏中的景物。

Teslasuit 套装中没有振动或噪声装置，Tesla Studios 称其并不笨重，可以像正常衣服那样穿着。它完全支持无线通信技术，有望与现有虚拟现实头盔 Oculus Rift、热门游戏机和其他计算机、平板计算机及智能手机等设备兼容。

当用户穿上 Teslasuit 后，它便可以通过 EMS 向用户的神经系统传递反馈。最新原型可以在皮肤上模拟触摸和按压的感觉，所以，如果虚拟世界中有人戳了你一下，那么身体上相应部分会产生对应感觉。此外，该套件还是一款温度控制设备。结合 EMS 传来的反馈，它可以根据虚拟世界环境的影响模拟温度的变化。这意味着用户可以感受撞击、下雨或刮风体验。

根据公司 CEO Sergei Nossoff 讲述，该套装最大的特点是提供逼真的触觉感受，例如战斗场景被击中等情况，无论是温柔的触摸，还是强烈的冲击都可以被模拟。当前，其已拥有企业方面的应用案例，并且正在尝试向医疗和军事培训扩展。Tesla Studios 认为，这种技术拥有广泛的应用潜力，包括可用于游戏、虚拟约会、健康、教育、体育/健身、科学、工程、心理及现实模拟等。

未来，Nossoff 表示还会将整套方案融入游戏中，计划在 2023 年将其整合到各个游戏开发平台中，让游戏开发者可以创建更逼真的游戏。

Valkyrie Industries 是一家专门做 VR 体感装置的公司。近日，这家公司宣布正式推出一款 VR 体感装置——"钢铁侠 v.1"，广告画面参见图 1-24。这款设备可以穿在手臂上，同时具备触觉反馈、力反馈、身体动作追踪功能。

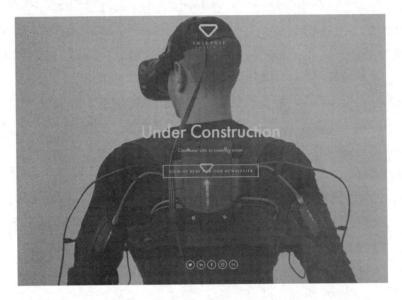

图片来源：Valkyrie 官网

图 1-24　钢铁侠 v.1 广告画面

"钢铁侠 v.1"利用电脉冲来刺激肌肉，以此来模拟力反馈和触觉反馈。除此之外，Valkyrie 并未公开更多信息。Valkyrie 称，尽管它还在原型阶段，电线还露在外面，但看起来有一种"超级英雄电影前半部分"的未来感，而最终版钢铁侠体感装置看起来应该更像一款潜水服。

这家公司目前只有三人，而且产品还在非常早期的开发阶段。因此，除了曾向政府机构和企业进行演示外（演示将体感反馈装置用于远程操作、培训等场景），还未向外界开放产品体验。关于这款产品的应用场景，Valkyrie 也更看好专业的 B 端场景，而不是 VR 游戏，原因是短期内还无法控制更多的成本（原型版的材料成本大约在 1 500 美元左右）。另外，它对于企业来讲也有很多好处，比如可以搭配 VR 来简化企业培训流程，提升培训效果，让员工可以在安全的 VR 中体验危险或复杂的训练场景。

闻得到

在 AR/VR 领域中，气味的应用从一开始就受到开发人员的关注。Oculus 首席科学家迈克尔（Michael Abras）表示：未来五年，VR 发展的时候，将聚焦在视觉的完善、听觉的立体感和触觉的及时反馈上，而如果让用户完全沉浸其中，那么就需要发展嗅觉的化学反应。

气味学家汉斯·哈特认为："嗅觉是生物最原始的感知方式。没有嗅觉，单细胞生物甚至无法觅食，也无法区分易消化和不易消化的食物。"正因如此，与后期进化而来的听觉和视觉相比，嗅觉与人们的记忆和情感系统的联系更加直接。甚至有学者认为，相对于触觉和视觉，嗅觉的记忆能力比其他感受增加 65%。

气味模拟技术还处于发展初期阶段。据调查，最早的气味模拟落地项目可追溯到 2006 年，美国一所创新技术研究所研制开发出一种可模拟战争"气味环境"的 DarkCon 模拟器。该模拟器可以在训练场地中，制造爆炸的炸弹、燃烧的卡车、腐烂的尸体和街道上的污水等物质散发出的气味，让即将部署到伊拉克的士兵提前接触这些难闻的气味，经过这种模拟器训练的新兵能更快地适应实战环境。

气味模拟的早期应用是应用于军事中的。随着技术的发展，早期的气味模拟相对于如今的模拟技术而言要显得落后很多，早期的气味模拟在使用方式上是通过在场地中安装气味释放器来进行气味传播的。因此，在效果上要显得单一和笨拙得多。

随着 AR/VR 的普及和发展，越来越多的人为了追求沉浸的体验，开始把注意力从视觉和听觉，扩散到触觉，而后再进一步扩散到嗅觉领域，寻求便携式的虚拟嗅觉体验。

15 种气味的 VAQSO VR

2017 年，日本 VR 嗅觉开发初创公司 VAQSO 曾获得 60 万美元融资，用于 VR 专用的气味模拟设备开发。

VAQSO VR 相对于 2017 年的初始机有着明显的不同，VAQSO VR 将之前的直板设计改成了扇形的气味发射配件，并且为 VR 头显设计了专门风扇，根据 VR 场景发生的不同情况发射不同的气味。该开发者套件售价为税前 999 美元（运费额外加 10 美元），体积为 $147 \times 30 \times 83mm$，质量为 125g。

现有气味分为环境、食物/饮料和其他三大类，环境包括海洋、火（火药味）、森林、木头、泥土,而食物/饮料包括咖啡、巧克力、咖喱和炸鸡,其他类气味包括僵尸、女人、薄荷、汽油和鲜花等。

值得一提的是,其替换芯为液体,额外购买每颗 70 美元,可选。此外,该公司计划未来推出面向企业客户的气味定制服务,每类气味售价 3 000 美元。

VAQSO VR 可同时装载 5 种不同的气味替换芯,每颗替换芯可持续使用约一个月时间。此外,开发者可通过该公司开发的 API 控制气味的强度,检查气味模拟器电量,切断气味等。VAQSO VR 还支持 Unity、Unreal 和 CryEngine 这类游戏引擎。

2000 种味道的 GTI

位于美国奥兰治县的一家名为 Global Technology Integrators(以下简称 GTI)的企业正在开发数千种模拟气味。据悉,其在佛罗里达大学的商业孵化器公司雇用了 12 名员工,创造了 2 000 种气味,包括甲基实验室、花生酱、喷气燃料、臭鼬和热苹果派等。

GTI 成立于 2015 年,从一家供应香水行业的法国公司获得了基础气味。然后,该公司添加其他具有特定气味的液体来制作最终产品。宜人的气味包括饼干、篝火和海风。令人讨厌的气味,如腐烂的肉、口臭和未经处理的污水,可用于军事、医疗或培训计划。该公司已通过分包与美国陆军和海军陆战队达成的部分协议来完成工作。

该企业现已研发了四款气味发射器,GTI 的气味发射器的主要业务是用于大空间沉浸项目的,值得一提的是,GTI 已与不少主题公园、军事训练基地和厂商进行 VR 气味模拟合作,以提供观感的真实性。这可以进一步提升沉浸式空间的身临其境感。

GTI 首席执行官托尼(Tony Oxford)表示:"这是我们可以向用户模拟的世界的一部分,嗅觉是一种特殊的感官,你的大脑会在其他感官对物质进行感知之前,通过气味对其进行反复研究。"

电击刺激的 TII

嗅觉是由两种感觉系统参与进行的,即嗅神经系统和鼻三叉神经系统,这使得获得气味的方式,除了模拟气味的化学物质外,还可以对神经进行物理刺激,从而产生气味模拟。

马来西亚 The Imagineering 研究所(TII)的研究人员展示了一项技术,让人们可以通过互联网传播和电击感知气味,这项技术名为"数字气味界面",它是通过直接用电流刺激鼻子深处的气味受体神经起作用的。

据悉，TII 采用的电击方法无须填充化学品，空气中也不会充斥粉末，在理论上几乎可以复制任何气味。事实上，气味可能是一个数字文件，甚至可以通过互联网进行传输，就像今天的视觉和听觉信息一样。这可以让你在虚拟的花园中闻到玫瑰的味道。

研究人员表示，目前使用的电流仅几毫安，因此，不存在任何疼痛或安全问题。但在现阶段，对消费者来说，使用这种方法并不现实，它需要在用户的鼻孔末端放置电极棒。对于一些 VR 爱好者来说，这可能是为了嗅到虚拟世界而付出的可接受的代价，但是大多数消费者不太可能只为了 VR 而把电极棒放到鼻子中。

为了使气味成为 VR 体验的一部分，必须找到一种较少入侵性的方式（可能是无线方式）来应对电流的方法。对此，TII 也表示对于这项技术现阶段的主要研究方向以模拟气味为主，使用形式是下一个阶段的主要研究方向。

255 种不同气味的 FeelReal

FeelReal VR Mask 是通过磁性安装固定在 VR 头显上，并通过蓝牙方式进行连接的。该设备中内置 9 个独立的香薰胶囊，可以配合 VR 场景按照指令喷洒到佩戴者的脸上。在调香师和嗅觉学家 Bogdan Zubchenko 的设计下，FeelReal VR Mask 能够模拟 255 种不同的气味，例如，咖啡、薰衣草、燃烧的橡胶或者火药等。

而且 FeelReal VR Mask 不仅仅模拟各种气味，而且引入了名为 "multi-sensory" 的技术，可以将温暖或者凉爽的空气推到你面前，从而让人的感觉更加真实。利用超声波电离系统应该可以重现你脸颊上的水雾感，就像现在的大多数控制器一样，里面有触觉电机振动。

这家公司的官网宣称："我们选择了能够准确模拟游戏和电影氛围的独特香味。FeelReal 香气可以安全吸入，与食品行业中的香味相似。"

FeelReal 支持 Oculus Rift、宏达电 Vive、Oculus Go 和 Gear VR，兼容蓝牙或 WiFi。开发商提供了白色、灰色和黑色三种选择，而设备可通过磁性组件附接至头显，易于装卸。电池可实现四小时的续航时间。

这家开发商同时表示，设备已经支持《天际 VR》、*Beat Saber* 和 *Death Horizon*，以及他们自行开发的，旨在展示面罩各项功能的 "FeelReal Dreams" 体验，参见图 1-25。用户可以通过 FeelReal 播放器观看 360° 视频。

图片来源：微博

图 1-25　"FeelReal Dreams" 体验

除了以上提到的企业和实验室外，其实还有很多企业和实验室在进行气味模拟的探索，例如游戏界的代表——育碧，就曾开发过一款名为 Nosulus Rift 的模拟屁味的装置，试图在未来的游戏体验中，增加新的体验形式。

此外，国内也有企业在进行探索。杭州气味王国是一家致力于数字气味化的企业。该企业表示：其主要业务方向在于将日常闻到的气味进行编码、解码，并运用到影视、广告、教育等多个领域中。

除了气味感受的探索，日本东京工业大学曾以影响心情状态（CONSCIOUSNESS-ALTERING）的气味作为研究方向，制作了装置，该实验室负责人表示："影响心情状态的气味，例如恐惧气味，它存在于那些害怕或恐惧的人的汗液里，有着非常复杂的成分。而这需要大量的数据来创建不同气味的气味元素成分数据库。"此外，实验室负责人表示这项研究不止可以用于体验，还可以用于心理治疗，来缓解病人的恐惧。

那么模拟气味在现阶段要如何落地？

以 VAQSO VR 为例，现阶段的开发者套件价值就已达到 999 美元，并且额外购买一个气味瓶需要花费 70 美元，定制特殊气味还需要 3 000 美元。这种价格远不是 C 端消费者能够消费得起的。现阶段的气味模拟技术能够实现的效果，对于 C 端消费者的期待值有着较大差距。

反观 B 端市场，模拟气味已在 VR 主题公园中有所普及。

在迪士尼的大片《无敌破坏王》改编的虚拟现实游戏《虚空》中，VR 景点"迪士尼温泉"（*Disney Springs*）就采用了模拟气味。在用户体验 15 分钟的场景中，玩家沉浸在与卡通兔子的短暂战斗中，兔子向屏幕上扔纸杯蛋糕。当它们击中目标时，玩家确实可以闻到"纸杯蛋糕"传来的甜味。

此外，在美国洛杉矶已有大学采用模拟气味配合 VR 进行消防演练，以使学生在演练中，更好地身临其中，获得危机感。

可品尝

真实的食物，不仅是三维立体的，散发出香味，还是可以品尝的，具有不同的味道。

虚拟的酸甜苦辣咸

新加坡国立大学由尼莫莎（Nimesha Ranasinghe）博士带领的研究团队近年来一直在进行一个名为 Taste+研究项目：通过触及舌面的仪器刺激来操纵人的味觉，参见图 1-26。

图 1-26　Taste+研究项目

图 1-27 上的方盒子被称为"数码味觉接口",包含两个主要模块。其中的控制系统会通过改变电流频率和温度高低来实现不同性质的刺激。这些刺激结合起来后可以欺骗人体的味觉传感器,让它们以为正在体验和食物有关的感觉,通过改变电流频率来模拟酸、咸和苦的口感。另一个模块叫作"舌头传感器",是两片薄薄的金属电极。目前用户能感受到的只有少数几种基础味道,通过改变温度的高低带来薄荷清凉味、辣味和甜味口感。使用者只需要张开嘴,把能够传递这两种刺激的金属片放在舌头上,就可以获取味道体验了。

这个研究团队表示正在优化这个"数码味觉接口",将把它改造成一个外观像棒棒糖的仪器,只需含在嘴里便可以体验不同的味觉口感。

虽然 Nimesha Ranasinghe 博士的"数码味觉接口"目前还只能简单、粗暴地模拟酸、甜、苦、辣、咸和薄荷这几种简单的味道。对于复杂的味觉组合体验、香气和触感都还没有涉及,但已经是相当了不起的突破了。

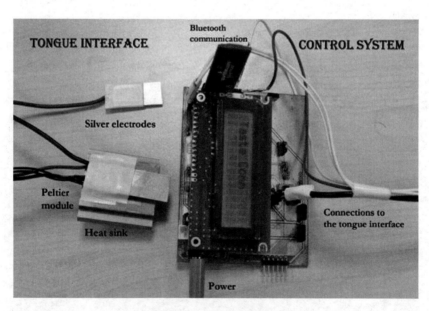

图 1-27　"数码味觉接口"

东京大学的 Takuji Narumi 博士在操纵嗅觉方面的研究可以和 Ranasinghe 博士的虚拟味觉研究相互参照。通过带着 6 根管子的奇怪头戴装置,可以让你嘴里的饼干尝起来具有完全不同的味道。6 根管子都可以通到鼻子跟前,通过控制不同的香味气体的释放,你正在品尝的饼干的风味也会因此而随时改变。虽然这一研究还没有达到模拟嗅觉的程度，但是却操控了人品尝到的味道。

研究人员计划将此项技术应用到 AR 和 VR 餐厅中。

吃虚拟大餐不长胖

洛杉矶 Kokiri Lab 公司推出的 Project Nourished 项目，已经设计出未来虚拟大餐，它可将用户带到另一个世界，让他们在那里尽情品尝"禁忌"食物，同时又不必担心长肉。

这个未来美食体验来自洛杉矶 Kokiri Lab 的设想，灵感却源自 1991 年的美国电影《霍克船长（Hook）》。在电影中，彼得·潘（Peter Pan）学习利用想象看到空无一物的桌子上出现食物。Kokiri Lab 创始人安珍秀（Jinsoo An）认为，Project Nourished 可开拓全新的饮食方式。那些担心卡路里摄入过量或患有健康相关疾病的人，能够不受限制地品尝美味食物。

安珍秀表示："我对长期以来饮食方式没有太大改变感到失望，我希望能帮助人们意识到：他们不必遵循旧有传统。我还希望表明，我不是想用这种方式取代我们的真正饮食，它只是另外一种有益的替代方案。"

尽管安珍秀的灵感源自 20 世纪 90 年代的电影里，但这个概念却非常先进。按照 Kokiri Lab 的设计，体验虚拟大餐不需要刀叉、餐巾、碗碟等，只需要芳香扩散器、骨传导传感器、陀螺仪、虚拟鸡尾酒杯及 3D 打印食物。

用户可以戴上看起来更像艺术品的虚拟现实头盔，它可以帮助用户进入另一个世界的门户，他们将会沉迷于这个世界的美食中。骨传导传感器绑定在脖子上，可以模仿咀嚼的动作。通过软组织和骨骼作为传输通道，咀嚼的感觉被从佩戴者的嘴部传送到耳膜。一旦你进入虚拟世界，会发现自己坐在桌子旁，芳香扩散器会利用超声波和加热的方式，散发出各种美食的香味。

现在，你已经可以闻到烹饪美食的香味，配有传感器的陀螺仪可追踪你的动作，并将其转化为虚拟世界中的相应行为。还有内置传感器的酒杯，它可以模拟饮料或酒的芳香，让人陶醉不已。用餐包中还包括一小管 3D 打印食物，它可充当人们品尝美食味道、观赏纹理的完美载体。

这个新概念不仅是为那些想要减肥或对某些食物过敏的人设计的，Kokiri Lab 发现它们的产品还有助于患有饮食紊乱症的病人康复，帮助孩子学习如何吃健康食物，甚至让宇航员在太空中依然能够享受他们喜欢的食物。

Kokiri Lab 解释："我们对美食的感知来自不同的感官，这些感官又源自我们对所吃下食物的视觉、味觉、听觉及气味、纹理等的反馈。通过分离各种气味，并重塑食物的口味和纹理剖面，再与虚拟现实、芳香扩散及感官结合，我们就可以模仿惊人的饮食体验。"

Project Nourished 已经可以接受预订，"Pepa 001 Starter Kit"套餐包括气味盘、可下载的 360° 全景 VR 视频等，价格为 59.84 美元。但是，用户必须自备智能手机，才能享受 VR 美食体验。

喝虚拟鸡尾酒，千杯不醉

一家特别的虚拟现实酒吧在英国开业，他们希望通过虚拟鸡尾酒"Vocktails"来令消费者认为自己正在享用的白水是真正的酒水。一个高科技马提尼杯会把气味喷射到饮用者的脸上，并利用舌头上电脉冲来刺激味蕾，掩盖饮用物的真实气味和味道。

这种玻璃杯专门用来混淆用户的视觉、嗅觉和味觉，能够实现酒精口感，令白水品尝起来就像威士忌或酒水。饮用者可以通过一款手机应用来控制相关的功能，这意味着他们只需轻轻按几下就能调配出各种鸡尾酒。用户可以通过手机应用来控制体验玻璃杯，释放香味，并刺激饮用者的味蕾。

"Vocktail"意思是 virtual cocktail（虚拟鸡尾酒）。2018 年 4 月，Vocktail 在伦敦举行"Future Tech Now and Virtual Reality Show"的虚拟现实酒吧中进行首秀。发明人现在正与企业合作，希望在不久的将来将产品推向市场。

这项发明是围绕马蒂尼玻璃杯设计的，并且在 3D 打印的底座搭配了三个气味筒和三个微型气泵。这种"气味分子"可以改变饮用者对味道的感知。例如，用水果香味来模拟酒水，或者用柠檬香味模拟柠檬水。玻璃杯上的两个电极条设置在边缘，它们可以发出电脉冲刺激味蕾，并模拟不同的味道，比如酸味、咸味和苦味。

玻璃杯底部的 LED 可以闪烁用户选择的颜色。研究人员介绍，这种颜色可以进一步增强对味道的感知，如蓝色给人一种咸味的感觉，绿色则让人感觉酸。你可以使用真正的酒精来增加口味，或者只是使用水，这将完全改变你对饮用物的感知。

大多数尝试它的人都会发出"哇"的惊叹声。一旦他们出现了这种反应，就会对尝试不同的效果感到好奇。

研究员希望这项发明在未来可以用于帮助饮食限制人群，或者帮助人们减少卡路里摄入。这项发明在未来可以帮助有饮食限制的老年人，或者帮助人们摄入更少的卡路里，但仍然支持他们通过增强口味来享用饮料或食物。这也适用于酒吧，比如让你的鸡尾酒味道更酸一点，或者让不想喝酒的人尝试。

自从 1826 年摄影术问世和 1888 年留声机被发明出来，人类在记录和再现图像和声音的技术领域突飞猛进，直到今天才有了初步能够操控视觉和听觉的虚拟现实产品。但是，在嗅觉和味觉方面，从来没有类似的科技突破。

摄影摄像和录音技术的出现，彻底重塑了绘画、音乐和表演这些领域的价值和体验。通过视觉和听觉传感器和再现方式，我们才有了电影、电话和 CD 等新事物。如果人类可以通过科技，像视觉和听觉一样，完全模拟和操纵嗅觉和味觉，甚至还可以创造出前所未有的嗅觉和味觉体验，这将对整个餐饮食品行业、饮品行业带来极大的冲击和改变。

通过这样的"黑科技"，你将能够像拍摄照片一样记录某一时刻的香气和味道，并通过网络分享给其他人，而其他人可以通过你发布的"香味照片"获得接近甚至完全一致的体验。这意味着，嗅觉和味觉的个体体验是可以被记录和再现的，这个时候，只需下载一段代码，便可以不再花费高昂的价格去体验一瓶稀世美酒的美味，这简直令人难以想象。

不过风景名胜的照片和影像虽然满世界流传，但人们还是希望能够亲临现场体验真实的感受。同样的道理，即使嗅觉和味觉的传感器和模拟器能够发展成视觉和听觉所达到的水平，人们也会更加珍视品尝一瓶佳酿或者去一家米其林三星餐厅吃饭的体验。

人机交互

具体来看，人机交互方式的发展经历了以下三个阶段。

1）计算机发展早期——以文本界面（一维）方式为主。自 1960 年至 1970 年，无论是打字机，还是早期的大型计算机，人类同机器的交互方式主要以穿孔卡片、纸带输入设备或二进制的编程语言为代表的一维文本方式为主，键盘是主要的交互设备。

2）20 世纪 80 年代到 20 世纪 90 年代——驯化计算机的交互方式 GUI（二维）出现。GUI，即图形用户界面，是人类交互设计史上最大的突破，其所见即所得的特点使动作代替了复杂的代码，有力地推动了计算机走向消费级市场。这一时期，键盘和鼠标是主要的交互设备。

3）21 世纪，智能手机在用户界面上也未能跳脱 GUI 的范畴，触控的交互方式正向着更加人性化的方向迈进。

观察整个人机交互的发展史，我们不难从中总结出几个特点：1）每一次人机交互方式的跨越都伴随着时代的更替；2）每一个新的时代都较前一个时代而言，更大限度地拓展了人机交流的带宽，提高了整个社会的生产力；3）作为载体的界面需要 15 年到 20 年更新一代。

AR/VR 的出现契合了作为载体的交互界面的更替规律，它将成为继互联网、智能手机之后，人类生活方式又一次实现的大跨越。而三维的虚拟现实也必将颠覆过去我们在二维屏幕上的交互方式。未来多通道的交互将是 AR/VR 时代的主流交互形态。

PC 束缚了整个身体，交互方式是基于键盘和鼠标的被动式信息获取。智能手机虽然便于携带，但依然需要占用眼睛和手进行主动、缺乏持续性的指引，整个交互过程与真实场景分离。更自然的交互方式应能使手和眼睛解放，交互场景可连续、实时获取。

AR/VR 带来了交互方式的新革命，实现了由界面到空间的交互方式变迁。

2D 交互即为界面交互，主要有 3 种交互模式：1）在办公和桌面系统中，使用鼠标键盘，这一套系统为用户提供了较多的操作选择；2）在游戏领域，使用手柄，操作选择十分有限，而且高度特性化；3）在移动领域，触屏成为主流的交互方式，它适合于灵活多变但深度极为有限的交互。

AR/VR 的 3D 世界要比平面图形多一个维度，AR/VR 的交互也要比平面图形交互拥有更加丰富的形式。AR/VR 交互会超越平面交互，用户通过双手在 AR/VR 世界与物体互动的能力提高了用户沉浸式的感官体验。通过感知触觉，推动了用户与 AR/VR 内容的情感参与。

空间计算平台给人机交互带来了根本性的变化。在空间计算中，创造有意义的体验意味着我们必须使用自然的方式与 AR/VR 新技术进行交互。所有的操作和日常生活一样自然，而不是刻意去学习使用鼠标、键盘、触摸屏等。"这是我与现实世界互动的方式吗？"空间互联网完全革新了和数字设备进行互动的方式。

目前，手机的直观交互主要通过双手触摸，PC 的交互主要通过打字和鼠标，在 AR/VR 上这样的交互将会更加广泛。AR/VR 使用者可以解放双手，利用眼球追踪、手势识别、手柄控制，甚至在人体移动范围进行信息输入。AR/VR 的基本功能是解放使用者的双手，当设备可以捕捉多种手势的时候，就可以实现无线输入。还有眼球的朝向和动作，若设备捕捉到，则可以用眼神进行交互。

键盘、鼠标、触摸，这些输入并不直接，也不高效。人机互动的发展方向应该是越来越人性化，要能"听"，能"看"，能主动探索和回应需求，并且是非常自然的。

眼球追踪

人的身体有视觉、听觉、嗅觉、味觉、触觉和运动六大感知系统，然而我们所接收的 80%的信息都来自眼睛。眼睛不仅是我们的输入主设备，也是我们的输出设备。俗话说："眼睛是心灵的窗户"，情侣之间的爱意也是靠眼波婉转表达的。眼睛透露出我们很多"秘密"。所谓眼球追踪，是指一项技术能够追踪眼球的运动，并利用这种眼球运动来增强某个产品或服务的体验。近年来，将 VR 与眼球追踪技术结合逐渐成为一种趋势，眼球追踪技术不仅可以作为 AR/VR 的一种交互/输入方式，也可以与注视点渲染结合，从而降低头显的功耗，提高渲染效率。

早在 2016 年，VR 市场刚刚兴起时，眼球追踪作为一种轻交互技术就受到 VR 硬件开发商的青睐。Oculus、谷歌、Vive 先后以收购、合作的方式与眼球追踪企业展开合作，包括德国的 SMI、瑞典的 Tobii、日本的 Fove，以及国内的七鑫易维都是这个领域的佼佼者。

眼球追踪对于 AR/VR 的关键作用在于以下方面。

①眼球追踪能够实现注视点渲染。

当前 AR/VR 普遍使用全局渲染，即无论是焦点视线内的内容，还是余光之中的内容，AR/VR 全部使用同一个标准渲染，这不符合人类的观看方式。而眼球追踪技术的应用，能够使 AR/VR 实现局部渲染，实时注视点渲染，将你的目光所到之处渲染，目光之外的保留虚化、模糊，和真实的人眼体验一样。

这项功能有助于提高 AR/VR 设备的性能。

在 VR 技术中，我们的视觉范围是以漏斗状的形式出现的，我们的大脑会自动从视线范围前方的区域抓取大量的细节，而部分忽略周围的内容，因此，在我们生活中会经常出现不注意周围事物的情形。

使用这项原理，在 VR 游戏中通过追踪用户的眼球，可以只让玩家观看的区域呈现高清细节，而这意味着在提高游戏画面效果和体验的同时，不会给图形处理器带来更大的负担。周围其余场景可以通过更低的质量呈现，只有色彩和对比度保留了下来，这么做会让我们对眼前的目标细节变得更敏感。

这也解决了 VR 技术一个更大的问题：想要通过高分辨率渲染游戏图形，对于显卡的要求高，价格贵，而且体积也大。

目前的 VR 能达到每秒 36 次的刷新速率，而要达到人眼场景转换的速度则需要 2 000～3 000 次每秒刷新速率。要实时渲染出这些场景，就连很高配的计算机都做不到。在 VR 场景里，使用眼球追踪的注视点渲染技术，就会看哪里，渲染哪里，周边渲染少一些。这样能降低硬件设备的计算量，又不影响使用者的体验。

目前，英伟达等显卡公司都在进行注视点渲染技术的研发。

②画面显示。

AR/VR 画面有时会由于眼球的移动而产生畸变。如果这个时候有眼球追踪功能干预，进行实时追踪，那么这种畸变便能够得到修复。

人的瞳距不同，佩戴方式不同，注视点不同，都会导致人眼的瞳孔偏离出瞳位置，造成实时观看中畸变形状不同，降低用户体验。通过眼球追踪技术可以获得人眼的注视点，以及人眼与镜片的相对位置，能够进行实时矫正，这样便可以更好地解决畸变和色散问题。

VR 平台有一个独特的问题就是显示画面比较狭窄，因此，想要获得完美的体验，就需要将头戴设备绑紧，并且将眼睛对准正中央，才能获得最好的图像质量。而通过眼球追踪传感器，Tobii 公司认为可以帮助玩家直接进行目光实现的校准，在佩戴好头盔之后，在提示之下很快找到准确的位置，而不用在进行一段时间的游戏之后才能找准位置。

③更好的交互。

有了眼球追踪功能，我们可以使用眼球的运动来进行交互。例如，当你的眼睛看着一扇门的时候，门可以自动打开，那么我们就不需要使用手柄或者手套了。

眼睛是我们在现实世界中的输入传感器，这也是空间互联网时代的输入传感器。对于虚拟现实和身临其境的体验，类似眼球的控件已被广泛使用。

平时看东西，我们习惯先转动眼球。如果眼睛无法看到，才会配合头部转动。而多数VR 头盔都是强迫人一直转头来和界面交互的。所以，眼球追踪配合头动追踪，与 VR 用户界面来交互，符合人的生理习惯。

大多数玩家都会非常喜欢在 VR 游戏中与其他玩家互动，不过，目前 VR 技术的互动很生硬，因此，如果能够加入眼球追踪的互动环节，那么就知道对方的目光是否落在了自己的身上，知道对方喜欢什么，不喜欢什么了。

④更好地了解玩家。

对于开发者来说，这种技术的乐趣在于可以让玩家游戏时，直接检验自己的游戏水准，并且以非常直观的形式显示。而这对于玩家来说，才能发现自己和高手之间的差异在哪里。

⑤简化部分类型的游戏。

当我们通过 VR 方式玩游戏，需要进行物理精度控制，例如，扔飞镖或投掷石块等，都希望越精准越好。而当我们在进行这种类型的游戏时，眼球追踪就可以直接帮助我们瞄准目标。

当玩家知道自己在看哪里，就可以实现自动瞄准而提高精度，这会让部分类型的 VR 游戏玩起来更容易。

⑥减少眩晕。

VR 要带给人沉浸感，就要做到能让人在虚拟空间里自然运动，这需要通过运动追踪来改变场景的呈现。目前的 VR 设备主要是利用空间定位技术来捕捉人的身体的位置运动，用惯性传感器来捕捉人的头部的运动。人在转动头部时，视角会发生相应的变化。

但是这只是比较初级的动作捕捉，人其实大多数时候都是通过转动眼球，而不是头部来改变视觉的。人们习惯用眼球转动（而不是头部转动）观察。

目前的 VR 只追踪头部，不追踪眼球运动，容易使人眩晕。人类对于头部转动和相对应的视野的变化是极度敏感的。如果用户的头转动了，视野转动有延迟，但是即使很微小的延迟都能感觉得到。有多微小呢？研究表明，头动和视野的延迟不能超过 20 毫秒，不然就会非常明显。而眼球追踪技术运用在这里正好可以解决这一问题，以眼球的变化来控制场景的变化。

目前眼球追踪市场中的主要厂商包括 Tobii（瑞典）、SensoMotoric Instruments（德国）、Seeing Machines（澳大利亚）、Eye Tracking（美国）、Smart Eye AB（瑞典）、EyeTech Digital Systems（美国）和七鑫易维（中国）等。这些厂商有独立开发产品的，也有和大厂合作研发产品的。

Vive Pro Eye

瑞典 Tobii 是世界领先的眼球追踪和控制技术供应商，他们的技术广泛应用在不同的领域，并针对各种不同的需求进行定制。Tobii 旗下有四个主要部分，其中，Tobii 科技专注于提供眼动追踪设备。

Tobii 在 CES 2019 大会上展示了一款 VR 头显——Vive Pro Eye，这款 VR 头显的亮点就在于其核心的眼球追踪技术。

有了眼球追踪功能，用户可以查看不同的菜单选项，不需要转动头部，只要盯住哪里，就可以把光标移到哪。当用户目不转睛地盯着看时，一个小圆圈出现了，它的形状像一个棒球。几秒钟后，这个圆圈充满了颜色，用户的选择就生效了。

虽然眼球追踪是一种奢华且比较前卫的功能，但它肯定能在 VR 游戏中派上用场。例如，在全垒打大赛中，你要用到球拍，有了集成眼动跟踪，你便无须在球拍和 VR 控制器之间来回切换。

HoloLens

第一代 HoloLens：如果你想选择一个对象，需要时间来识别你的注视，然后需要你做一个手势，倾斜你的头，有时还要四处走动。眼球跟踪使得原来需一分钟的配置时间，变得更短。

HoloLens2 新增了眼球追踪新功能。HoloLens 可以知道你的目光在哪里。这个功能可以用来驱动某些交互，例如，用户目光看着页面底部就可以触发滚动文档功能。眼球追踪硬件还可以提供虹膜扫描生物认证。

当用户阅读文本时，眼球追踪技术非常灵敏，当阅读到最后一两行时，文字就会向上滑动，露出下一行。如果想要回到开头的地方，只需要把眼睛移到盒子的顶部。

Oculus

Oculus 最近在招聘，脸书目前通过其招聘门户网站发布了 400 多个与 AR/VR 相关的职位广告。脸书的 AR 实验室的电子工程师发布了一篇《AR/VR 中的眼球追踪》帖子。

Oculus 目前有几个以眼球追踪技术为中心的职位在招聘，包括一个计算机视觉工程师职位、一个机电一体化工程师职位，以及一些向博士候选人开放的研究职位。

Oculus 表示："这些候选人将负责生产高度优化的电气系统，这些系统是为下一代 Oculus 的 AR 和 VR 产品带来变革体验的核心。"

Oculus 开发自己的眼球追踪解决方案已经有一段时间了。Oculus 首席科学家迈克尔·艾布拉什在 Oculus Connect 3 和 2018 年的 Connect 大会上都发表了观点："到 2022 年，我们就能实现可靠的眼球追踪功能，使其成为 VR 硬件不可或缺的一部分。"为了强调这一点，该公司不仅发布了多项眼球追踪专利，还展示了它的可变焦距显示头显原型机，被称为"半圆顶"（Half Dome），包括眼球追踪功能。

因此，尽管所有关于眼球追踪的讨论都不足为奇，但 Oculus 似乎离将这项技术纳入大规模生产设备的目标越来越近了。

尽管目前致力于解决眼球追踪技术的厂商很多，却没有一套完善的解决方案。以眼球追踪技术目前的情况来看，成本高、功耗大都是制约其发展的重要因素。相信随着技术的发展，眼球追踪技术的突破也将是解决眩晕的一大利器。在不久的将来，眼球追踪技术将成为 AR/VR 头显技术中不可或缺的一部分。

手势识别

手是我们自然互动的核心。在经典计算机中，它已成为标准，鼠标成为计算机标配。不过，手虽然方便，但还处于 2D 范式，不够直接。

手势识别通过摄像头来捕捉图像作为输入，包括二维和三维手势识别。AR/VR 设备可以检测手指的移动，让我们直接用双手在三维空间中和虚拟数字对象交互。三维手势识别需要通过深度摄像头输入有深度的信息，在硬件和软件两方面都比二维手势识别要复杂得多。

手势识别通过光学原理或摄像头的融合来捕捉手部的空间三维信息，从而能够实现指令的输入和输出。手作为人类从事劳动的主要工具，具有灵活、简便的特点，精确、准确的手势识别将大大提升人机交互的效率，但手势识别有时需要腾空操作，因此，在操作体验上可能影响用户的感受。

Nimble Sense

Nimble Sense 是手势识别领域的代表产品，其最大的特色在于能够快速识别用户的手势，然后同步到相应的 VR 游戏或软件中，没有滞后感。使用者能在虚拟世界中感受到自己双手的存在，而且在使用过程中不需要穿戴任何的产品即可实现，进一步增强了用户体验。

这款产品的运作原理是基于固定在 VR 眼罩中小巧的 Kinect 传感器的，这种传感器用途广泛，通过它能够识别使用者的双手，甚至手指的运动情况，然而它也有固有的弊端，那就是精确度不够，无法识别更细致的物体。不过就现阶段而言，这款产品在虚拟现实领域也算是成功的，比如就覆盖的空间范围而言，它能够覆盖眼前大约 110° 的范围，比 Oculus 的可见角度还大了 10°，虽然目前还无法有效识别使用者左右和身后的区域，但是在当前市场上也还算是比较先进的。

Gear VR

三星为旗下的 Gear VR 头显研发了一款可以识别手势传感器，让用户可以用手势隔空操控 Gear VR。

在三星 Gear VR 的左侧上方可以添加识别手势传感器。识别手势传感器可以隔空识别用户的手势操作，并反馈给 Gear VR，实现选择菜单、图标、照片、视频并单击的操作，完全不需要使用设备上的任何真实按钮。如果这项专利能在 Gear VR 上成功应用，那么 VR 的操控会变得更加随心所欲，也将对 VR 领域产生巨大影响。

同时，科技公司 Gestigon、Pmd 和三星在 Gear VR 上合作研发手势识别，结合 Pmd 的 CamBoard pico flexx（深度传感器）和 Gestigon 的 Carnival AR/VR Interaction Suite（增强/虚拟现实互动套件），在现有 VR 设备上进行无触摸手势交互。

目前，跟 Gear VR 应用的交互方式非常有限，用户需要左右转动头部和点头来显示菜单选项。Gestigon 的 Carnival SDK 实现了一项更自然的交互，把用户的双手放在应用当中。比如，使用手势识别从多项选择菜单中选择，或者跟虚拟对象互动。Carnival SDK 需要 Pmd 的 CamBoard pico flexx（深度传感器）提供深度信息，该传感器就安装在 Gear VR 头戴设备的前面，并且跟智能手机的 USB 接口连接。

HoloLens

HoloLens 是微软开发的 AR 眼镜，内置高端 CPU 和 GPU，拥有全息透视镜头，并搭载全息处理芯片，可以不借助手机和 PC 完全独立使用，参见图 1-28。HoloLens 眼镜的镜片包含了透明显示屏，立体音效系统让用户不仅可以看到，同时也能听到来自周围全息景象中的声音。同时，HoloLens 也内置了一整套传感器用来实现各种功能。

HoloLens 被认为是"豪华设备"，用户可以在家中或者办公室等场所体验让虚拟物品或者人物出现在自己面前——虚实之间，其乐无穷。既然从屏幕搬到了现实，那么当然也不能靠键盘和鼠标，或者单击屏幕来操作 HoloLens 了。HoloLens 的玩法更加接近现实，用户可以使用"凝视"和"手势"两种方式来控制应用和游戏。另外，还可以通过蓝牙来增强"动作"信息，这种方式效果更好。

HoloLens 放出了这样一段非常有趣的视频：通过手势控制灯具。戴上 HoloLens 眼镜之后，用户可以在现实中的台灯处看到一个提示标志。对着标志做一个类似按下开关的手势，台灯就会被关闭。再来一次，台灯则可以打开。还可以通过上下滑动手指，调节灯光强弱。

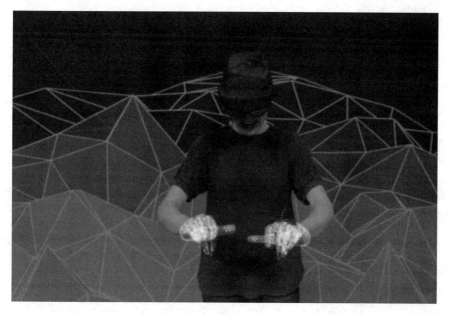

图片来源：微软网站

图 1-28　HoloLens AR 眼镜

HoloLens2 将手势追踪模块升级为 Azure Kinect，包含了一个 TOF 深度传感器，最多可追踪单手 25 个关节点，密度更高，覆盖更全面，手指弯曲等细节动作也能捕捉到。

语音交互

早期的人机交互主要利用键盘，如打字机和 DOS 系统的计算机。随着鼠标的发明和可视化图形界面的普及，人机交互迎来了第一次重大创新。

随后，随着触摸屏的普及及多点触控的出现，令人机交互进入了二维层面。相比鼠标和键盘，多点触控能更方便、多样地实现输入。

至此，人机交互依然没有脱离手动的信息输入，在人机分离下无法实现互动，语音交互的出现将使这一问题得到解决。

语音交互是基于语音输入的新一代交互模式，通过说话就可以得到反馈结果，参见图 1-29。语音交互的关键步骤主要包括：语音识别（ASR）、自然语言理解（NPU）、对话管理（DM）、自然语言生成（NLG）和语言合成（Speech Synthesis），每一步算法的提升都会带来更好的使用体验。

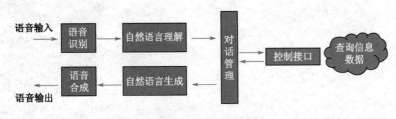

图 1-29　语音交互模式

语音交互的出现，一方面能实现人机分离情形下的互动；另一方面，在人机交互领域激活了人类最本能的沟通方式：语言。

在 AR/VR 中使用语音交互，非常贴合人类表达的本能，具有很大优势。

（1）信息密度高，自然且普适。

语言是人类与生俱来的一种能力，从学习成本角度而言，显著低于其他手段，语音交互天然适合人类。从普及度而言，几乎人人都会用语言进行沟通，但是在全球范围内依旧有许多不会书写文字的人。假设语音交互能够普及，在理想状态下，每个人都可以用语音命令操控智能设备，实现智能体验。

语音是人类方便、高效的信息沟通方式。根据 Ratatype 的数据显示，键盘打字的平均速度为每分钟 41 个字，而人每分钟平均可以说 150 个字。可见，在输入效率上，语音的信息交换效率远远领先于键盘输入效率。

（2）解放双手，更少的感官占用。

除了高效的信息沟通外，语音交互可解放双手和眼睛，不需要与设备接触即可沟通，使我们能够实现一心多用和在特定情况下集中精力。诸如在处于驾驶状态时，我们可以通过语音助手查看智能手机上的信息，从而避免注意力不集中等问题。

根据 Statista 的调研数据显示，2016 年，在美国，用户使用智能语音识别的主要原因中，双手和眼睛被占用是首要理由，占 60%。可见，智能语音识别对提升用户便利性有很大帮助。

（3）突破空间限制，传统交互需要人机在小范围内，语音交互可以扩大交互圈，几米、十几米远的距离都可以。

Oculus

脸书早在 2017 年已经给 Oculus Rift 和三星 Gear VR 头盔加入语音搜索功能，这项功能虽然在之前 Oculus Home 的 Beta 版本中出现过，但与 VR 操控进行融合尚属首次，目前可以支持简单的语音搜索和操作。

这一功能名叫 "Oculus Voice"（Oculus 语音），可以通过一个全新的图标来激活这一功能。为了激活这一功能，用户需要说出 "Hey Oculus"，类似激活谷歌助手说 "Hello 谷歌"，然后会出现一扇透明的窗户，展示可以使用的语音命令。

单击"查找（Find）"可以找到特定类型的应用或者游戏，单击"开始（Launch）"可以启动应用，单击"重新居中（Recenter）"可以校准视线，单击"取消（Cancel）"则会离开 Oculus Voice 功能。

此外，在演示中还出现了类似"找到冒险游戏""启动我的世界"这种命令。在 Oculus 的支持界面已经有一篇文章，介绍这一新功能。不过，目前只支持英语。

脸书开发的这款语音系统还有不少缺陷，比如在语言支持数量和可完成操控上，无法通过语音完成个人档案的查看、进行应用更新或个人设置等，最为重要的是无法进行对人物、事件等的搜索功能，无法像 Siri、Cortana 等那样提供相应的搜索反馈。

据 CNBC 报道，2019 年，脸书正在开发类似亚马逊 Alexa 和 谷歌 Assistant 的语音助理。

脸书表示，该公司会更少地关注发送信息功能，更多关注通过语音控制和手势控制来实现免手持式操作的交互。脸书发言人表示：我们正致力于开发语音和人工智能辅助技术，这些技术可能适用于我们的 AR/VR 产品，包括视频聊天设备 Portal、Oculus 和未来的产品。这意味着脸书可能不会将该产品定位为 Alexa、Siri 等的竞争对手，而是将其作为硬件设备的独有功能。

这意味着 Oculus Rift 将拥有人工智能驱动的语音交互功能。智能语音助手可以为 VR 用户提供对 Oculus 平台的语音控制。每一个现有和即将推出的 Oculus 头显（Rift，Go，Quest 和 Rift S）都配有内置麦克风。你可以在不按下菜单按钮的情况下召唤语音助手，并立即打开虚拟窗口进入桌面。

语音操控的 VR 游戏

养过宠物的朋友都知道，一般训练有素的"宝贝"都会听从你的指示完成任务，就像懂人话一样——现在虚拟现实中的动画也能够实现这项"神奇"的功能了。Project Intimate 技术可以在 VR 世界中实现对游戏角色的移动和控制，而且这完全不需要手柄和鼠标进行复杂操作，仅仅通过语音指令就可以完成了。

在 SIGGRAPH 大会上，Project Intimate 向观众展示了语音控制在 AR/VR 世界的应用：它能够用语音对虚拟现实世界的角色进行交互，也可以通过语音指令让 AR/VR 中的虚拟人物或宠物完成任务，还可以对棋牌类游戏进行实时操作，"输出全靠吼"完全不是梦！

该技术的实现并不是表面看上去那么简单粗暴的，它需要开发人员提前对语言和动作建立一个完整的信息库，每一个语言指令对应一次 VR 动画的改变，从而实现动画跟随人类语音变化。未来，虚拟世界跟现实世界的界限将会越来越模糊，人们与虚拟角色的交互完全可以像现实生活中的交谈一样简单。更令人惊喜的是，即使是不会动的物品，在 VR 世界中也能被用户随心所欲地操控——愚公移山可能需要子孙去努力，而在虚拟现实中，你的想法却可以用一句话轻松搞定。

单纯地用视觉动画给人提供现实生活的效果或许很难，但通过人机交互，程序与用户的真实动作（或语音）产生的世界，会让 VR 沉浸感效果更加逼真，这也是 Project Intimate VR 语音控制的目标。

Human Interact 发布的虚拟现实游戏 *Starship Commander* 会让你操纵一架星际飞船进行冒险。跟其他游戏不同，*Starship Commander* 只会接受你的语音命令，这是全球首款语音交互控制 VR 游戏大作。

Starship Commander 是一款第一人称 VR 叙事故事游戏。你可以扮演一名 XR71 太空飞船的指挥官，任务是把货物运送至特定的地方。除了故事之外，该游戏的输入系统会让人惊讶。*Starship Commander* 并不接受任何物理输入命令，必须通过口头输入向系统发送指令。正如《星际迷航》中企业号的舰长一样，指挥官都是通过口头传达命令的。

你在游戏中一般不会用到语音识别功能，因为其效果不是特别好。Human Interact 表示，为了给 *Starship Commander* 带来语音指令功能，他们尝试了几种现成的语音识别技术，但都没有获得成功。

于是，Human Interact 把目光投向了微软的 Cognitive Services，并通过 Custom Speech

Service 将游戏的故事情节中的自定义方言插入人工智能字典中。在 Microsoft Build 2016 期间，微软推出了 22 个认知服务 API，允许开发者把源自 Cortana 的技术集成到他们的应用程序中。该公司展示了其技术如何解释年幼孩子的语言，如何自动识别照片中的对象，并针对性地创建描述字幕。

Human Interact 的首席艺术家亚当（Adam Nydahl）说："我们能够训练 Custom Speech Service 了解游戏中的关键词和短语，这极大地促进了语音识别的准确性。在游戏中可能发生的糟糕事情是，当一个角色回应一条与玩家无关的话语时，魔法就会崩溃。"

Human Interact 表示，微软的语音识别可让你感觉自己仿佛就是故事的一部分。你可以把自己的个性添加至游戏的对话中，而不是只跟随游戏的脚本。虚拟现实的卖点是沉浸感，能够与内容进行真实的对话，这将会大大地提升沉浸感。

位置追踪

AR/VR 的沉浸式互动体验让使用者津津乐道，但对于很多用户来说，不舒适的眩晕感也成为 AR/VR 饱受诟病的一大障碍。在 AR/VR 全视角屏幕中，当人转动视角或是移动的时候，画面呈现的速度跟不上，晕眩感由此产生。支持体感交互的 AR/VR 设备能有效降低晕动症的发生，提高沉浸感，其中，最关键的就是可以让你的身体跟虚拟世界中的各种场景互动。而位置追踪技术是核心技术，其好坏直接决定了用户的眩晕感及沉浸感，是新一代人机交互的基础。

不论是追踪头部、手臂、手指，还是其他物体（如武器），位置追踪可以带来如下好处。

（1）根据用户的动作（如跳起、下蹲、前倾）改变用户视角。

（2）在虚拟世界中显示用户的手或其他物件。

（3）连接现实世界和虚拟世界。例如，如果软件可以检测到手的位置，就可以实现用手移动虚拟物体。

（4）检测复杂动作。通过分析一段时间内肢体的位置，可以检测到较复杂的动作。例如，当用户用手在空中画出一个"8"时，软件立即可以识别出来。

位置追踪有两个级别：三自由度定位和六自由度定位。

三自由度定位追踪范围小，仅限头部，主要用于观看 360° 全景视频，可以通过自由旋转身体或头部来观察。

六自由度定位可以跟踪全身，不仅可以旋转，还可以移动，应用范围非常广。

以位置追踪技术的发展过程来说，可以划分为四个阶段：桌面级三自由度→桌面级六自由度→房间级交互→仓库级多人交互。总体来说，是从头部追踪发展到运动追踪的过程，参见图 1-30。

图 1-30　位置追踪技术的发展过程

最早使用的是桌面级 VR 头显，如 Gear VR，只能通过传感器处理三个方向的旋转，如左右转头、上下摇头和左右摆头，被称为"桌面级三自由度"。随后出现 VR 头显，如 Oculus rift DK2。除旋转外，传感器还能处理上下、前后、左右的平移，被称为"桌面级六自由度"。这两种追踪都只能做到头部追踪，并不能定位 VR 使用者的空间位置。

房间级交互及仓库级多人交互都加入了位置追踪技术。房间级交互的典型产品是 Oculus、宏达电 Vive、Play Station VR 等 PC 头显。随着覆盖面积进一步增大，仓库级多人交互成为可能，目前已有多家虚拟现实主题乐园实现了这一技术，如 Zero Latency 等。每一次空间的升级都会带来更多的玩法和更好的沉浸式体验。

为了让用户能够在一个更大范围内行走，无线解决方案是必须的。在沉浸感很强的游戏中，数据线不仅限制身体的移动，还很容易破坏游戏的沉浸感。无线解决方案可以归纳为以下几类。

1）手机头显或者一体机。它们可以用无线的方式和世界交互，可以进行更大范围的行走。

2）背包系统。我们在身后背 PC 背包，同时在背包上接一个有线头显，人背着背包行走。

3）基于 PC 的无线虚拟现实头显，需要通过高宽带传输数据，否则会出现延迟，画面会出现颗粒感，影响体验。

PC 背包虽不是最理想的 VR 体验设备，但是作为目前最佳的 VR 解决方案，这种形态会存在一段时间，并且很有可能成为一定规模的 VR 体验馆的标配，而比较理想的无线传输方式离正式商用仍需时日。

位置追踪定位让我们能自由地在 AR/VR 空间漫步。从技术上来看，又可以分为内向外（inside-out）和外向内（outside-in）追踪。

外向内追踪（outside-in）

如果你尝试过"三大"VR 系统（Oculus Rift、宏达电 Vive 和 PSVR），那你已经体验过外向内追踪。头显和配件都由外部设备进行追踪。Vive 是通过 Steam 定位器（Lighthouse）进行追踪的，而 Oculus Rift 则通过像麦克风一样的传感器进行追踪，PSVR 跟 Oculus 系统类似。

高端的 AR/VR 头盔通过外置的摄像头或激光阵列解决空间定位问题。它们可以通过追踪头盔上的传感器来确定使用者在空间中的位置。这种"由外向内"的追踪方式是目前虚拟现实领域最好、最准确的追踪方式，可以确保使用者在现实中的行为与虚拟空间的行为一致。但这种方式的实现需要额外的硬件和配置，而且配套的头盔只能在安装了设备的特定空间使用。

优点：外向内解决方案是当前精度最高的系统。你可以在房间中添加更多的追踪器以提高准确度。宏达电 Vive 采用由 Valve 公司研发而成的 Lighting House 定位技术，是公认的效果最好的 outside-in 定位技术之一。

当前，外向内追踪的时延更低，这会减少你出现晕动症的概率。除非其他解决方案能实现相近的追踪质量，否则，外向内追踪将会成为最强大的追踪解决方案。因此，这种追踪方案对移动 VR 而言存在一定优势。

缺点：一个主要的限制在于遮挡。如果你突然走到沙发或高大植物的背后，远离传感器的视距，系统将会难以追踪你的具体位置。传感器需要有效地对你进行 360° 追踪，否则，系统将会丢失对你的追踪。

另一个主要问题是传感器的限制。跟内向外追踪不同，你需要一直维持在传感器视场范围之内。一旦你超出范围，沉浸感就会被打破。如果 VR 设置的空间有限，这个问题将会更加突出。

内向外追踪（inside-out）

在这种情景下，设备本身集成了追踪器，检测设备相对于外部环境位置而变化。当头显移动时，传感器会重新调整房间中位置的坐标，这样给人的感觉是你正在虚拟环境中实时移动。内向外追踪可以使用标记或不使用标记。

头盔本身能够追踪位置，即实现"由内向外"的追踪方式，使用者不再需要额外的硬件，并且在任何空间都可以使用。这一追踪目前主要用于 AR 领域。

现在已经有企业提供极具吸引力的内向外追踪解决方案，包括高通的 835 参考头显。Eonite 同样展示了他们的内向外解决方案，他们把一个传感器附在宏达电 Vive 头显上，虽然头显仍需要缆线连接至计算机，但我们可以自由地在虚拟世界中漫步，无须任何外部传感器。最知名的应该是微软，HoloLens 和 Windows 混合现实头显都将集成内向外追踪，包括宏碁"混合现实"头显。

优点：自由！有了内向外追踪，你将不再局限于一个游玩空间。移动性会增加，而虚拟现实会让人感觉更加真实。

对增强现实和混合现实来说，内向外追踪将变得至关重要，因为我们需要系统提供更多的移动性。

缺点：精度和时延。内向外追踪需要优秀的计算机视觉，但这种技术目前落后于外向内追踪。

头显必须完成的计算任务，对设备的性能要求十分高。

未来走向

当你在虚拟现实中探索一个浩瀚无垠的宇宙时，谁希望会突然撞到一台计算机桌呢？

VR 分析师安歇尔·沙格（Anshel Sag）表示："我认为我们只会在高端桌面 PC 中看到外向内追踪的存在，而在转至内向外追踪之前很有可能这是最后要考虑的一种解决方案。"

"我相信我们将会看到可以加速内向外追踪发展的新追踪方案，但现在尚未出现。最终，诸如 VR 和 AR 这样的技术将会整合在一起，而内置追踪方案存在优势的理由有很多，尤其是对 AR 来说。大部分原因跟移动性和功耗有关，这两者都是当前大部分缺乏内向外追踪的 VR 解决方案的痛点。"

或许未来的解决方案不需要在技术上实现飞跃，而是利用人类本身的弱点。一种有趣的运动技术被称为"重定向行走"，这主要是利用了人类无法走在一条直线上的原理。没错，如果你不相信，你可以让你的小伙伴蒙住眼睛向前走，那时你就会明白。

这意味着有可能操纵某人的轨迹，让他们相信自己仍然走在一条直线上。虽然在现实世界中，这是一个弱点，但在虚拟世界中能成为定位追踪的一个优势。

一个半径至少为 22 米的圆弧被用来欺骗人们，用户会以为自己一直走在直线上。但问题是，我们需要足够大的游玩空间才能发挥作用，但对定位追踪来说，"无限走廊"是一种值得探索的技术。

虽然内向外追踪已经开始浮现，但诸如 Daydream VR 和三星 Gear VR 都尚未使用这种技术。不过相信假以时日，未来的移动头显将会集成内向外追踪。这是空间追踪的逻辑发展方向，尤其是考虑到 AR 的潜能和要求之后。

意念控制

想象一下，也许有一天，只要运用你的意念，就能够改变 AR/VR 世界。波士顿神经科技公司 Neurable 发布了全球第一个 VR 脑机接口（Brain-Computer Interfaces，BCI）原型，让开发者可以用自己的脑波意念来创造 VR 内容。

Neurable 展示了一个与宏达电 Vive 搭配，配备有脑波图（EEG）传感器设备的头带，透过分析用户的大脑活动模式，读懂用户的意图，并反映到平台上。也就是说，这项革命性技术只需要你的大脑意念，就能与 AR/VR 环境互动。

想象一下大脑在 VR 中的力量。你在一个阴暗的洞穴中醒来，并发现自己被雪怪悬吊在半空中。你的光剑被扔在触不能及的地方，于是你平静自己，集中精神，召唤原力来抓取武器。你及时切断了绳子，并杀死了可怕的捕食者。

Neurable 成立于 2015 年，是一家来自波士顿的神经科技新创公司，2019 年年底获得了 200 万美元投资。其目标是提供一个能够支持任何硬件或软件设备的标准人机交互平台，帮助用户分析大脑，利用脑波图来记录大脑活动，然后再透过软件对信号进行分析，并决定应该执行什么样的动作。以神经科技的角度切入 AR/VR 领域，Neurable 并不打算自己制造硬件设备，而是与 AR/VR 设备厂商合作，并采用无线操作方式，透过蓝牙向计算机传输数据。

"我们预见了一个生态系统，可以提高 AR/VR 环境对用户行为的感应速度与适应能力。" Neurable 指出，虽然现在已经有很好的动作捕捉、触觉、视觉追踪、自然语言处理技术，但缺少一个将混合现实计算平台与用户大脑连接起来的方式。脑机接口透过分析用户大脑来确定意图，这项技术目前已经可以用在虚拟键盘打字跟控制假肢上，而这种由大脑意念所驱动的互动模式，在 AR/VR 领域很有发展潜力。

未来最理想的状况是脑机界面，让用户透过意念，就可以滑动选单，选择应用程序，发起活动，操控物件，甚至光凭想法就能输入文字。这种不具侵入性、直观又具有高性能的互动方式，将会为 AR/VR 带来生产力的颠覆。

接下来，在游戏领域的应用会是这项新技术的试验场所，例如，Neurable 就与游戏商 eStudiofuture 合作研发 VR 游戏 *Awakening*，让玩家在游戏中，透过自己的大脑意念操纵目标和对抗敌人，而不需要使用任何手持的控制器。*Awakening* 是一个未来派的故事，让人联想到《怪奇物语》：你是一个被拘留在政府科学实验室中的小孩。你发现科学实验赋予了你隔空取物的能力。为逃离实验室，你必须使用这种能力，并打败机器人监狱看守。游戏允许玩家通过自己的大脑意念操纵对象和对抗敌人，而不需要使用任何手持控制器。

这种体验是通过 Neurable 的机器学习平台开发而成的。这种机器学习平台可以实时解释你的大脑活动，并提供隔空取物这样的虚拟超能力。这一复杂的机器学习管道已经整合成一个兼容 Unity 的 SDK。借助 Neurable SDK，Unity 开发者可以轻松地为任何游戏增加脑部意念控制输入功能。

系统主要通过 Neurable 为宏达电 Vive 设计的升级头显进行脑信号采集。Neurable 表示，他们的解决方案是把脑传感器和神经技术与 AR/VR 设备集成的示范原型。

另外，创业公司 MindMaze 获得来自印度 Hinduja 集团高达 1 亿美元的 A 轮融资。在此之前，它们发布了第一款靠意念控制的 VR 游戏系统原型，并获得 850 万美元的天使轮融资。高昂的融资也引起了不少人对意念控制的注意。

除了游戏领域之外，未来脑机接口的应用还不仅限于娱乐。随着 AR/VR 设备开始有更广泛的应用，脑机接口也能继续支持更复杂的应用。从长远来看，预计 AR/VR 头显公司会把脑传感器直接集成到他们的产品中。最近的公司公告和其他公开信息都表明，主要科技公司正在积极开发商用脑机接口技术。触摸界面成就了智能手机，而脑机接口将成就 AR/VR 头显。

AR 与 VR 走向融合：MR

虚拟现实和增强现实并非泾渭分明，未来二者一定将相互融合。在更远的未来，AR 与 VR 互相融合，虚拟世界和现实世界互相融合，完成人类生活革命。

Oculus

在 F8 开发者大会上，Oculus 的项目管理负责人玛丽亚（Maria Gernandez Guajardo）介绍了代号为 "Half Dome" 的新款 VR 头显原型机，这款设备相比 Oculus Rift 拥有更广阔的视野及可变焦的特点。Half Dome 将通过新的可变焦距技术，改变目前 VR 设备无法看清近距离物体的弊端，进而带来更加清晰的视觉体验。同时，分辨率也达到了 4K×4K 像素，但是随之而来的很可能是发热及续航问题。

尽管理想的 Half Dome 遥不可及，但在本次开发者大会中，Oculus 透露了一部分可变焦显示技术的进展。Oculus 的首席技术官约翰（John Carmack）从 "注视点渲染" 攻克难题，也就是根据人类视觉聚焦点清晰，其余部分模糊的特点渲染局部画面，并且这个 "局部" 是根据用户的眼神变化而变化的，减少性能压力，并提升视觉体验。而对用户眼睛的识别则借助于脸书的深度学习研发能力。

值得注意的是这项技术将会支持 AR 与 VR 设备，这意味着这家 VR 设备的开发商，可能对 AR 领域感兴趣，并有可能开发一款将 AR 与 VR 融合在一起的虚拟现实设备。实际上，这和 Oculus 的观点一致。早在 2016 年，Oculus 的创始人鲍尔默（Palmer Luckey）就曾经预言 "AR 和 VR 是统一的，最终两者会通过更奇怪、更新颖、更酷的方式结合在一起"。John Carmack 也持有相同的观点，他指出："当下 AR 和 VR 所需的显示技术是朝着两个完全不同的方向发展的，但到某个时候，显示技术的演进将带来一款形态更人性化，同时支持 AR 和 VR 的设备"。

Hololens

HoloLens 是微软于 2015 年初推出的头戴式计算设备，内置 CPU、GPU、HPU，可以独立使用，无须连接计算机或智能手机。其中，CPU 和 GPU 采用基于英特尔 14 纳米工艺 Cherry Trail 芯片，HPU（Holographic Processing Unit）全息处理单元全称 Holographic Processing Unit，是一块 ASIC（Application Specific Integrated Circuit）专门定制集成电路。HoloLens 黑色镜片完全透明，在视线中心有一个矩形区域，是进入增强现实的窗口。

HoloLens 相比以往任何设备的强大之处，在于其能够实现对现实世界的深度感知，并进行三维建模。HoloLens 拥有 4 台摄像头，左右两边各 2 台。通过对这 4 台摄像头的实时画面分析，HoloLens 可覆盖的水平视角和垂直视角都达到120°，通过立体视觉技术（Stereo Vision）获得视觉空间深度图（Depth Map），并以此重建三维场景。

微软 Hololens 从总体上看属于增强现实产品，但如果 HoloLens 能够提供调节"挡风玻璃"透光度的 API，那么当其调成完全不透光时，就完全隔绝了现实世界，能够实现沉浸式的虚拟现实效果，虚拟现实和增强现实也就实现了融合和实时切换。

NASA 与微软的火星合作计划都是虚拟现实的应用,而沉浸式游戏也显示了 HoloLens 在虚拟现实领域的潜力。

HoloLens 作为一款概念性产品，技术实力毋庸置疑，但受电池续航能力、显示效果、佩戴舒适性和发热等问题影响，短期可能不会推向消费者市场。

但是这款与众不同的产品证明了以下两点。

- 不再依赖桌面 PC 和智能手机实现完全独立，并且具备强大计算能力的独立可穿戴 AR/VR 产品是可行的。
- 虚拟现实和增强现实之间具有相互融合、互相配合的潜力。沉浸式虚拟现实扩展了互联网社交和应用的深度，而增强现实扩大了应用的场景和范围。虚实结合可以完美融合线上线下资源，创造无数新的应用模式。

Magic Leap

Magic Leap 是谷歌在 AR 领域的一笔重要投资。2014 年 10 月，谷歌向 AR 技术公司

Magic Leap 领投一笔总额为 5.42 亿美元的融资（总估值约 120 亿美元）。谷歌安卓及 Chrome 负责人皮察伊加盟 Magic Leap 董事会，谷歌企业发展负责人唐·哈里森（Don Harrison）成为该公司董事会观察员。这说明 Magic Leap 是谷歌做的一次战略性投资，而非谷歌旗下的投资部门谷歌风投的一般尝试。

Magic Leap 称自身技术为电影现实。CEO 罗尼·阿伯维茨（Rony Abovitz）认为虚拟现实和增强现实都已是过时的说法，Magic Leap 可提供比 Oculus 更真实的 3D 体验，计划让用户在真实世界的基础上看到栩栩如生的 3D 物体，他称这项技术为"电影现实"（Cinematic Reality）。

根据披露的 Magic Leap 专利信息，Magic Leap 产品将会在人脸前侧显示 3D 高清画面，这种画面可能是通过一副眼镜投射在眼前。就好像"光场相机" Lytro 一样，通过调节人眼聚焦，可以看到不同的视角或者景深。Magic Leap 也将自己的技术形容为"一种 3D 光塑"技术，即用光线在现实世界中塑造虚拟物品的形象。公司可以在现实世界中"叠加"虚拟物体，从而带来一种浸入式的视觉体验。

实际上，从 Oculus Quest 及先前微软发布的 Hololens 来看，AR 及 VR 的技术路径在不断地靠近，比如两款设备都需要借助摄影机对环境进行识别。同时不管是 VR 设备，还是 AR 设备，均是由两个屏幕共同组成的，也就是说，将来的虚拟现实设备的运行方式将会是用摄像头拍摄画面，再传输到两个屏幕，形成"AR"，或者直接将虚拟的画面投射到屏幕上，这种形式完全不需要将 AR 和 VR 分裂为两个设备。

因此，虽然目前 AR 和 VR 看似在各自发展，但在某一阶段，两者的融合将会成为不可避免的趋势。届时，没有 AR 和 VR 之分，只有 MR（混合现实）。

第 2 章

5G+AR/VR 的融合方式

5G 具体与 AR/VR 如何融合呢？都有哪些实际案例呢？

云化 AR/VR

云计算是一种模型，它可以实现随时随地、便捷、随需应变地从可配计算资源共享池中获取所需的资源（例如网络、服务器、存储、应用及服务），资源能够快速供应，并释放，使管理资源的工作量与服务提供商的交互减小到最低限度。云服务具有随时接入、自助服务、资源共享、弹性扩展、服务可计量等特点，可以满足政府企业数据量急剧增长且弹性变大的办公需求。

5G 极大地提升了云化服务的安全性、可靠性。在 5G 时代，移动互联网整体架构的云化趋向，把移动互联网中的硬件和软件营业份额比重进一步压缩，新的产业链正在向云化服务的业务层服务内容偏移。目前，广大政企客户逐渐认可了云桌面、视频云、协同办公、影像云和政府云等应用，当更多的企业将 IT 系统迁移到云上后，会对企业上云及云和云之间的安全性、可靠性及效能产生更高的要求。5G 通信技术的 1G（bps）级别大带宽、1 毫秒级别低时延、$10Mbps/m^2$ 级别高可靠、高效能的网络连接能力、本地服务能力及安全优势将极大地提升云化服务能力。届时，云计算市场规模会有一番质的增长。根据 Gartner 的最新数据，全球公有云服务市场规模在 2018 年达到 1 864 亿美元，2021 年预计达到 3 025 亿美元。5G 应用场景之云 AR/VR 参见图 2-1。

随时随地体验蜂窝网带来的高质量 AR/VR，并逐步降低对终端和头盔的要求，实现云端内容发布和云渲染，是未来的发展趋势。依赖于 AR/VR 自身相关技术、移动网络演进和云端处理能力的进步，Wireless X Labs 提出云 AR/VR 演进的五个阶段。其中，5G 能帮助云 AR/VR 缓解该领域所面临的设备和成本压力，参见图 2-2。

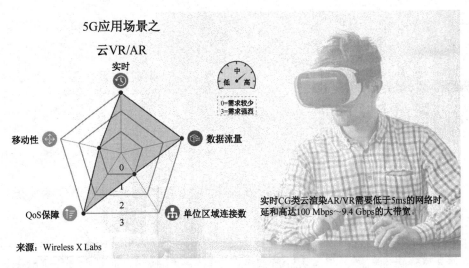

图 2-1　5G 应用场景之云 AR/VR

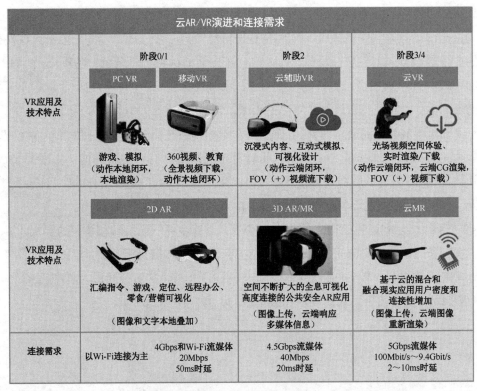

图 2-2　AR/VR 连接需求及演进阶段（数据来源：Wireless X labs）

随着 AR 和 VR 在内容、服务和应用方面的发展（例如，从家庭/办公室扩展到公共场所的无缝使用），远距离、多地点的应用将需要更高的带宽及服务连续性。当前的移动网络和固定网络能够支撑现有的 AR/VR 应用，但受到视频应用带来的冲击及未来硬件设施带来的压力，当前的移动网络（甚至固定网络）将不堪重负。此外，从内容下载转变为云端依赖需要更可靠、覆盖更广泛的网络连接，尤其是在位置服务和广告业务繁多的人口密集地区。

下面探讨的演进阶段是基于目前的市场预期和推出的产品之上的。但是，如果各公司和网络运营商采用的新技术比预想的更先进，或者未能达到预期，该时间线也可能有所变化。

PC VR、移动 VR 与 2D AR

目前，AR/VR 市场中的头显支持使用移动设备的坐式/站立 VR，以及使用有线外置追踪设备的房间范围的 VR 体验。360° 流视频以外的多数内容都是在本地下载处理的，如智能手机或 PC。相比之下，AR 市场的产品更加多样化，覆盖更广。但是，目前的市场更倾向于可替代平板的免持装置，如使用波导微型显示器的单眼智能眼镜。这类装置以 2D 为主，3D 相对受限。现在的 VR 市场中，谷歌和三星领军移动 VR，索尼、宏达电和 Oculus 都是头显领域的领头羊。在中国市场，应用商店和平台上市遇到的障碍较少，头显供应商数量也因而尤其多。VR 面临的挑战不仅包括价格高昂、内容有限等问题，还包括用户接受缓慢等问题。

AR 市场则更加多样，被分为硬件供应商和软件平台供应商。其中，Vuzix、ODG、谷歌、微软和爱普生等是智能眼镜市场的领头羊。PTC、Wikitude、UpSkill 和 Atheer 等公司是领先的平台供应商，苹果公司的 ARKit 同样具备极大的潜力。同时，还有一些公司在研究集成系统，例如微软（HoloLens）、谷歌（Glass/安卓）和平台（ODG/ReticleOS）。

目前，AR 和 VR 市场都缺乏行业统一标准，主要是由上述市场领导者共同推动发展的。后续阶段，即使没有具体标准，也会出现更多的通用指导方针，将相对碎片化的市场整合起来。

云辅助 VR 与 3D AR/MR

第二阶段标志着硬件、软件和服务的第一次演进，基于云的动作处理和基于动作的适当视场（FOV）下的图像传输扮演着越来越重要的角色。尤其是在 VR 空间中，硬件将从坐式/站立体验转变为整个房间范围的体验。这一转变需要通过外置追踪装置（或是使用外部摄像头，或是使用植入式视觉解决方案，例如 Tango 或英特尔的 RealSense）。除房间范围的追踪以外，室内定位也会在 AR 和 VR 中发挥越来越重要的作用。

对服务和内容而言，这意味着更高水平的互动和浸入体验，内容定价会因此提高。VR 在广告中的应用仍处于试验阶段，虚拟对象及连接传统广告的虚拟门户需要在虚拟环境中运行。一旦内容供应方和广告公司锁定了消费者接受度最高的互动广告类型和交付模式，VR 广告将逐渐定型，并步入正轨。以谷歌和脸书为例，他们已经向开发商和内容供应方展示了新平台，探索变现方案（例如，在 VR 环境、公共场所等地展示 2D 视频/广告）。VR 用例仍会集中在家庭和办公室环境中，而 AR 将渗透到公共环境中。随着消费级智能眼镜和智能手机的 AR 应用普及，公共环境中的 AR 市场机会也会随之增长，这标志着混合现实时代的开启。教育系统将会更多地使用 VR 提供沉浸式学习体验，激发学生的学习兴趣，提高课堂的影响力和参与度。教学项目与计划，例如旨在推动 STEM 的教学项目，能通过 AR 和 VR 激发学生的好奇心和学习兴趣，从而发挥更大的影响力。虚拟体验并不会完全取代亲身体验，而是让学生能够探索在现实的教学环境中无法涉足的地域和文化。高等教育同样会得益于 AR 和 VR 技术，先进的实验室工作和更有代入感的教学情境可以让学生更好地融入现实世界，参与现实活动中。

凭借互动式体验，AR/VR 未来也会被职场人士视作得力的工作助手。AR/VR 势必成为计算机的未来。要实现这一愿景，整个领域需要从第二阶段开始奠定基础。在第二阶段，各类实验应该已经十分普遍，通过光场（覆盖一个场景内的所有光线，捕捉光线强度和方向的信息，实现空间映射）等技术解决一些悬而未决的问题。

采纳创新技术提高内容处理和传播效率有利于减少现有传播渠道的障碍。比如，混合型云处理可以大大降低房间视频体验对处理能力和带宽的要求，解决网络时延的问题。移动边缘计算（MEC）能实现蜂窝网络边缘的云计算，可用于公共场所和企业其他业务的内容传输（例如，可以出售体育馆或音乐会的高级门票，让观众从多个视角观看）。在 5G 到来之前，这些技术弥补了技术发展和现实需求的差距。

云 AR/VR 的开端

第三阶段是云 AR/VR 的开端，跨度约 3 年，直到 2022 年，也标志着 AR/VR 发展 5～10 年黄金时代的开端。第二阶段仅涉及视频匹配，而第三阶段的不同之处在于引入了基于云的计算机制图（CG）虚拟图像实时渲染。用户不再依赖游戏机或本地计算机的 GPU，而是像接收任何其他流媒体一样，从云端服务器接收视频游戏或虚拟内容。该技术可以为更多样、互动性更强的 VR 素材带来机遇，降低 VR 设备的价格，使 VR 设备变得更轻便，并且无须连线。在此阶段，光场显示和房间范围的视频体验等新技术应该已经出现，并且越来越风靡一时，主流设备的分辨率至少为 8K。在前三个阶段中，屏幕分辨率会不断提高，直至无法区分虚拟世界和现实世界。这将彻底解决 VR 显示中的现有问题，如纱窗效应或像素化。

眼动追踪和视网膜凹式渲染（降低外围视觉的图像质量限制对数据和处理的需求）等技术对高分辨率头显而言至关重要，但是带宽和时延要求将促使市场越发需要 5G 技术。

很多电信运营商已经着手准备，刺激消费者的感官体验，保证运营商和客户收益最大化。

至此，消费级 AR 智能眼镜应该已经迎来转折点，AR 用户基数会加速增长。智能眼镜有利于增强市场冲击力，推动室内定位和基于位置的服务。头戴式设备在日常活动中将更加普遍。公司和运营商也将更频繁地评估广告、内容和服务的运营模式，确保更精确地匹配这些设备。5G 将成为这类服务的关键支撑技术和辅助技术，确保运营商为终端用户提供最佳体验。随着 AR/VR 内容的增多，单用户的连接设备将越来越多（如智能手机、智能眼镜、智能手表等），对移动网络的需求也将越来越高，尤其是在日间高峰时段和人口密集地区。

某些高端内容会依赖云端服务器缓解带宽和本地处理的压力。仅基于云的服务，此时应该已经出现。混合型云服务能够为其奠定基础，将用户体验转至云端，有望使低成本的"轻薄型"AR/VR 头显成为可能。服务和平台将与硬件关系不大，消费者能够从不同的设备中获得相对一致的用户体验，这在很大程度上取决于数据服务的质量。

云 VR 与云 MR

最后一个阶段将出现于黄金时期的 5～10 年之后，此时 AR/VR 应该发挥了最大的增长潜力。这一潜力通过以下多种技术来实现：5G、云服务、潜在的硬件优化，例如从不透明的 VR 显示器到半透明的 AR 显示器。

这一阶段的技术不确定性最多。比如，同时满足 AR 和 VR 应用需求的新型显示器此时已经具备一定的市场潜力，但是技术问题仍然可能会成为发展的阻碍。虽然 VR 头显也能实现 AR 体验，但是笨重的显示器会让多数用户不愿在公共场所使用（基于位置的 VR 服务除外）。VR 和 AR 的结合能为用户提供广泛的内容和服务，并实现未来 AR/VR 市场应用的宏伟蓝图。

显示器分辨率和高度沉浸的内容也会大大推动用户去寻找更高质量的数据服务视场角。FOV 的范围在单眼 $1\,080 \times 1\,200$ 到单眼视网膜 VR 显示（$6\,600 \times 600$）之间，要求低端数据速率（30 FPS）和高端数据速率（120 FPS）在 100 Mbps 到 9.4 Gbps 之间。

移动时延（motion-to-photon latency，从头部运动开始到显示更新完成的时间）一直是一个难题。随着 5G 网络的到来，该问题将迎刃而解。5G 网络边缘的时延预计在 1 毫秒到 4 毫秒之间，而 4G 网络的时延通常为几十毫秒，大大高于 5G（总时延低于 20 毫秒时，VR 体验最佳）。

到 2025 年，AR/VR 的应用将广泛地渗透到日常生活中，无人驾驶汽车等革命性应用将为用户带来更多的 AR/VR 体验，远距离支持这类设备将成为 5G 时代的另一个典型应用。

从零阶段到第四阶段，整个领域需要完成很多突破。要让 AR/VR 成为下一个伟大的计算平台，实现云 AR/VR，网络连接是关键的一环。目前，要满足广大用户和企业的 AR/VR 需求，5G 无疑是最佳的解决方案。

◎ ┃VR 云┃

VR 云，是 VR 的云化，也叫云 VR。云 VR 将云计算、云渲染的理念及技术引入 VR 业务应用中，借助高速稳定的网络，将云端的显示输出和声音输出等经过编码压缩后传输到用户的终端设备中，实现 VR 业务内容上云、渲染上云。凭借降低消费成本、提升用户体验、普及商业场景和保护内容版权等显著优势，云 VR 已成为 VR 产业自主选择的规模化发展之路。随着产业的不断推进，从爆款 VR 终端出现、业务平台解决方案成型、内容不断丰富，到由运营商发布面向家庭场景的云 VR 业务，标志着云 VR 产业在逐步成熟，云 VR 正在向更多场景延伸。

从交互强弱来看，云 VR 可分为两类：以 VR 视频、直播为典型的弱交互 VR 和以 VR 游戏为典型的强交互 VR。从长期来看，大部分业务都会向强交互方向发展。

VR 云将带来什么？

与本地 VR 相比，通过云端渲染的云 VR 为 VR 发展提供了更佳的解决方案。云端可以提升逻辑计算、图像处理能力。超多核服务器、GPU 集群、云的分布式计算能力均能得到很好体现。利用最新的 GPU 技术做渲染和人工智能做分析的能力来弥补独立 VR 终端的不足。因此，本地 VR 向云 VR 演进成为必然趋势，VR 一体机未来逐步云化之后可以享受近似于主机 VR 的体验效果，因此，将会获得更快的发展。

通过云端渲染的云 VR 为 VR 发展提供了更佳的解决方案，云 VR 的优势和发展驱动力主要体现在以下四个方面。

降低用户消费 VR 成本

华为 iLab 对 VR 体验研究发现，为了保障基本的 VR 体验，配套的高端 PC 或主机有最低配置要求：GPU 要求英伟达 GTX 970/AMD290 等效或更高；CPU 要求 Intel i5-4590 等效或更高；运行内存要求 8GB+ RAM。PC VR 头盔和配套的高端 PC 或主机的整体架构投入需要超过 10 000 元。对于普通家庭用户来说，这是一笔不小的资金投入。

5G 可以从根本上解决 VR 设备沉重带来的种种问题。5G 的高带宽、低延迟特性，可以将复杂的功能通过云计算、云渲染和云存储实现，这意味着 VR 设备将不再需要计算硬件、存储硬件，PC 头显麻烦的线材连接也不再是必须的，导致 VR 一体机沉重的存储、计算等硬件板块也可以去掉，这些都将大大降低 VR 终端设备的成本。

VR 云化后，终端侧设备只需要视频解码、简单的末端渲染、图像呈现，控制和交互信号的接收和上传。例如，可采用 VR STB 进行解码、末端渲染等处理，加上 PC 式 VR 头盔，终端总投入只需 3 000 元左右。

据国外媒体测算，提供业界最佳体验的主机 VR 设备需要配备价格约 2 000 美元的高性能 PC。相比之下，云 VR 的用户只需购买约 300 美元的多功能 VR 眼镜，即可通过 5G

高速网络享受高质量的 VR 内容。这样一来，云 VR 总体成本降低了 70%~80%，但体验与高端 PC 一样好。

促进 VR 内容

超高速、低延时的 5G 提供了超高清视频传输所需的带宽能力，这势必催生更多的 4K 以上高清影视、直播、游戏等 VR 内容。更加清晰逼真的内容是 VR 体验质变的前提，而 5G 则提供了基础技术支持。

视频已经成为当今主流的媒体传播形式。随着技术的发展，视频的分辨率由标清、高清向超高清发展，视频的观看方式由平面向 VR 全景发展。超高清视频主要是指 4K 及 8K 清晰度的平面视频。超高清视频制播分为三个环节：超高清视频采集回传、视频素材云端制作、超高清视频节目播出。4K 视频在播出时需要 60～75Mbps 的传输带宽，8K 视频需要 100Mbps 的传输带宽，因此，只有基于 5G 的网络才能保证超高清视频回传质量。

另外，现在大量的 VR 内容是离线体验，很多优秀的 VR 内容分散在多个厂家，难以有效共享和快速分发给用户。本地 VR 大量的内容是离线体验，对于内容的管控难度大，无法保障 VR 内容提供者的版权。

VR 云化后，内容可以快速共享和分发，并且容易管控，版权有保障，可以在云端对数据精准管理和发放。

提升用户体验

VR 云化后，云端可以提升逻辑计算、图像处理能力，从而大大提升用户体验。

无线化

现有的高端 VR 体验需要用户使用线缆连接计算机。连接 VR 眼镜和 PC 的电缆会极大地干扰用户的活动。云 VR 通过 5G 实现 VR 眼镜数据的高速传输，消除对线缆的需求，使用户可以更自由地享受 VR 服务。

加速普及 VR 商业场景

现在单用户消费成本高，内容缺乏，推广困难，没有良好的生态循环。VR 云化后，大大降低了用户成本，容易进入千家万户。为了丰富人们的体验，高品质 VR 内容和 VR 商业场景也会繁荣起来。

四个发展阶段

云 VR 业务的发展以体验为主线，是画质、交互感等不断提升，沉浸感越来越好的演进过程。传输技术和网络技术的匹配度决定了云 VR 沉浸体验能达到的程度。云 VR 业务体验提升的演进可经历如下四个阶段：发展早期阶段、入门体验阶段、进阶体验阶段和极致体验阶段。对于每个阶段，终端、内容、体验、网络及商用到来时间点都有所不同。

发展早期阶段

当前发展阶段属于云 VR 发展早期阶段，即 Pre-VR，尚未进入入门体验阶段。这一阶段应当以目前可普遍获取的软硬件较高水准作为衡量基准，如终端以宏达电 VIVE 等为代表，终端屏幕分辨率 2K，内容以 Youtube 上 4K 分辨率的 VR 视频为代表，用户看到的画面质量可接近于在传统电视上观看标清视频效果。

对于弱交互 VR 业务，这一阶段主要采用全视角传输方案。对于强交互 VR 业务，需要比弱交互 VR 更高的帧率以保障用户业务体验。

入门体验阶段

在入门体验阶段，即 Entry-Level VR，在当前可普遍获取的软硬件最高水准上再提升一步，如终端屏幕分辨率提升至 4K，全视角分辨率提升至 8K，使用户看到的画面质量可接近于在传统电视上观看的效果。

对于弱交互 VR 业务，全视角传输方案依然会被首先考虑，以保证良好的观看和交互体验。但随着全视角 8K 的 3D 视频出现，超过百兆的带宽需求会促进 FOV 方案的使用。对于强交互 VR 业务，分辨率相比前一阶段会有进一步提升，带宽需求也进一步增大。

进阶体验阶段

在进阶体验阶段，即 Advanced VR，其终端的屏幕分辨率、芯片性能、人体工程、内容质量，都有较大提高，用户看到的画面质量可接近于在传统电视上观看的高清效果。这个阶段，云 VR 各类业务对网络的带宽、时延要求也将显著提高。对于弱交互 VR 业务，继续全视角传输方案对网络带宽要求变高。对于强交互 VR 业务，用户交互体验的提升要求更低的网络时延。

极致体验阶段

在极致体验阶段，即 Ultimate 级 VR，终端和内容的发展可使用户拥有最佳使用体验，分辨率、帧率等显著提升，单眼画质达到视网膜级，用户看到的画面质量可接近于在传统电视上观看 4K 超高清的效果。另外，H.266 硬件视频编码标准、光场渲染技术等将被广泛应用。

云 VR 对网络的要求

不同的交互形式带来了不同的网络需求。VR 业务所需要的网络，关键在于保障 VR 业务的每一次交互体验。弱交互 VR 对网络的带宽提出了较高要求；而强交互 VR 则对网络的带宽和时延等提出了较高要求。图 2-3 是云 VR 视频业务和强交互业务对比图。

根据华为iLab《Cloud VR解决方案白皮书(2018)》，在理想体验阶段的云VR需要1Gbps以上带宽。

阶段		起步阶段	舒适体验阶段	理想体验阶段
云VR视频业务	带宽要求	≥60Mbps	全视角:≥140Mbps FOV:≥75Mbps	全视角:≥440Mbps(12K) ≥1.6Gbps(24K) FOV:≥230Mbps(12K) ≥870Mbps(24K)
	RTT要求	≤20ms	≤20ms	≤20ms
	丢包要求	9E-5	1.7E-5	1.7E-6
云VR强交互业务	带宽要求	≥80Mbps	≥260Mbps	≥1Gbps(12K) ≥1.5Gbps(24K)
	RTT要求	≤20ms	≤15ms	≤8ms
	丢包要求	1.00E-5	1.00E-5	1.00E-6

来源：华为iLab

图 2-3　云 VR 视频业务和强交互业务对比图

云 VR 业务沿着体验提升的主线，在四个阶段有不同的网络要求，包括带宽、时延、丢包率，并按照弱交互 VR 业务和强交互 VR 业务分类表述。云 VR 不同发展阶段对网络的要求参见表 2-1。

表 2-1　云 VR 不同发展阶段对网络的要求

Standard		Pre-VR	Entry-Level VR	Advanced VR	Ultimate VR
连续体验时间		<20 分钟	<20 分钟	20～60 分钟	>6 分钟
商用开始时间		现在	现在~2 年	3~5 年	6~10 年
视频分辨率		全视角 4K 2D 视频（全画面分辨率 3 840×1 920）	全视角 8K 2D/3D 视频（全画面分辨率 7 680×3 840）	全视角 12K 3D 视频（全画面分辨率 11 520×5 760）	全视角 24K 3D 视频（全画面分辨率 23 040×11 520）
单眼分辨率		1 080*1 200[视场角 100°]	1 920×1 920（视场角 110°）	3 840×3 840（视场角 120°）	7 680×7 680（视场角 120°）
色深（bit）		8	8	10	12
编码标准		H.264	H.265	H.265	H.266
帧率（弱交互 VR/强交互 VR）		30/90	30/90	60/120	120/200
弱交互 VR 业务	典型码率	16Mbps	全视角：50Mbps（2D）80Mbps（3D）FOV：26Mbps（2D）42Mbps（3D）	全视角：420Mbps FOV：220Mbps	全视角：2.94Gbps FOV：1.56Gbps
	典型带宽需求	25Mbps	全视角：75Mbps（2D）1 20Mbps（3D）FOV：40Mbps（2D）63Mbps（3D）	全视角：630Mbps FOV：340Mbps	全视角：4.40Gbps FOV：2.34Gbps
	典型 RTT	30ms	30ms（2D）20ms（3D）	20ms	10ms
	典型网络丢包率	2.40E-5	2.40E-5	1.00E-6	1.00E-6

续表

Standard		Pre-VR	Entry-Level VR	Advanced VR	Ultimate VR
强交互 VR 业务	典型码率	18Mbps	40Mbps（2D） 60Mbps（3D）	390Mbps	680Mbps
	典型带宽需求	50Mbps	120Mbps（2D） 200Mbps（3D）	1.4Gbps	3.36Gbps
	典型 RTT	10ms	10ms	5ms	5ms
	典型网络丢包率	1.00E-6	1.00E-6	1.00E-6	1.00E-6

云 VR 平台案例

云 VR 有望切实加速推动 VR 规模化应用。预计 2020 年，VR 用户渗透率将达 15%，视频用户渗透率达 80%。

由于云 VR 的计算和内容处理在云端完成，VR 内容在云端与终端设备间的传输需要相比 4G 时代有更优的带宽和时延水平。利用 5G 网络的高速率、低时延特性，电信运营商可以开发基于体验的新型业务模式，为 5G 网络的市场经营和业务发展探索新的机会，探索 5G 时代的杀手级应用，加快投资回收速度。在这一过程中，运营商凭借拥有的渠道、资金和技术优势，聚合产业资源，通过云 VR 连接电信网络与 VR 产业链，促进生态各方的共赢发展。

国内三大电信运营商积极开展云 VR 创新业务布局。中国移动福建分公司于 2018 年 7 月开启全球首个电信运营商云 VR 业务试商用。2018 年 9 月，中国联通发布了 5G+视频推进计划，将从技术引领、开放合作、重大应用、规模推广等四个方面启动 5G+视频未来推进计划，并以 8K、VR 为代表的 5G 网络超高清视频应用构成未来中国联通 5G+视频战略核心。中国电信同期发布了云 VR 计划，将立足中国电信 1.5 亿户宽带用户的产业基础，依托于网络、云计算和智慧家庭等方面的优势资源，联合合作伙伴制定云 VR 规范，加速推进云 VR 技术的产品化和商业模式创新。此外，为加速虚拟现实产业普及和推广，工信部在 2018 年 12 月印发《关于加快推进虚拟现实产业发展的指导意见》，提出发展端云协同的虚拟现实网络分发和应用服务聚合平台（云 VR），旨在提升高质量、产业级、规模化产品的有效供给。

移动

福建中国移动：云 VR 的先驱

2018 年 7 月 18 日，福建移动开启全球首个运营商云 VR 业务试商用。依托融合视频平台、云化渲染技术，"和·云 VR"将 VR 内容上云，在保证视频码流稳定传输和高精度图像显示的前提下，降低了对 VR 头显终端硬件计算能力的要求，简化了 VR 设备硬件系统，使 VR 消费门槛下降 70%~80%，降低了产业整体运营成本，摆脱了数据线缆对头戴设备的束缚。

作为福建省领先的全方位服务运营商，福建移动专注于客户体验，以部署高质量的通信网络，例如，为福建省的 400 万宽带电视用户提供超高清 4K 视频服务。为了进一步发掘网络潜力，最大化千兆家庭宽带的商业价值，并扩展其在网络、服务和质量领域的领导地位，福建移动与华为、VR 行业合作伙伴携手推出了全球首个云 VR 服务——和·云 VR。

平台架构方面，福建移动云 VR 平台充分基于福建移动大视频平台基础架构进行改造和搭建，主要分为三部分：VR 视频平台（直播系统+点播系统）、云渲染系统、投屏系统。平台通信传输设计通过千兆网络和 5G 网络进行传输，平台前端对接统一定制化的 VR 一体机用户界面层。

其中，VR 视频平台方面，包含直播和点播系统两个组成模块，直播系统由转码、编排和开放接口 API 三大系统功能组成，包含接流服务、编排、CMS、逻辑服务、系统列表服务、实施转码和出流服务等模块；点播系统主要是媒资管理系统，提供给编辑人员的集媒体资源管理、节目生产、频道管理于一体的综合性平台；云渲染系统方面，在云 VR 架构中，所有 VR 应用运行在云端，利用云端强大的计算和 GPU 的渲染能力实现 VR 应用运行结果的呈现，云端运行的画面和声音经过低时延编码技术的处理，形成实时的内容流。实时流通过分发，实现低时延解码并呈现于 VR 显示设备上，实现用户与应用的互动；投屏系统方面，主要实现 VR 一体机和电视大屏间的同步展示，基于三屏融合平台消息通道，通过福建移动自有"八闽视频 App"实现 VR 一体机与电视机顶盒配对绑定，完成投屏与互动控制。福建移动云 VR 平台架构参见图 2-4。

福建移动云VR平台架构

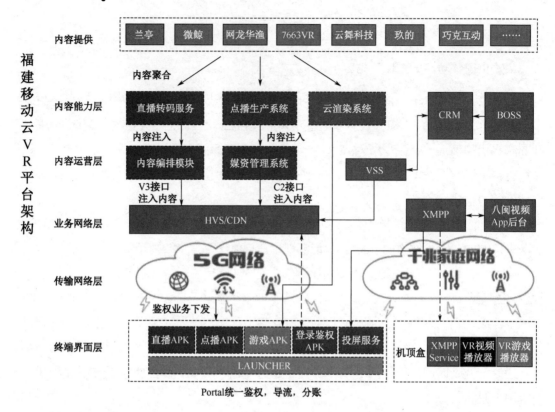

图片来源：中国信息通信研究院

图 2-4 福建移动云 VR 平台架构

在内容应用方面，福建移动云 VR 业务依据 VR 内容特性及大众用户需求特征，设计了六大内容场景。主要设置栏目有："巨幕影院"、"VR 直播"、"VR 趣播"、"VR 教育"、"VR 游戏"、"文件管理"，参见图 2-5。

在网络保障方面，由于现阶段多数家庭网络并未采用扁平化的组网设计，为保证 VR 业务承载质量，在典型的 VR 用户家庭场景，为保障上网、VR、电视三种不同业务类型的使用需求，福建移动针对识别的 VR 业务流进行带外提速，使其不受上网套餐带宽限制，其中 VR 视频/游戏和上网流量独立限速，互不抢占，同时修改 VR 业务报文优先级以保障用户体验，从而实现高码率 VR 内容播放运行"不卡、不顿、不掉线"的高品质沉浸体验。

图片来源：中国信息通信研究院

图 2-5　福建移动云 VR 业务五大内容场景

在终端设备方面，福建移动主推的 VR 业务系列设备均为福建移动定制版，相应终端厂商根据福建移动云 VR 产品的要求进行开发适配。目前，福建移动和云 VR 业务涉及 VR 一体机头显、无线路由器 AP、增值配件与机顶盒多类终端的产品适配。其中，VR 一体机头显是 VR 用户佩戴体验的核心设备，AP 用于支撑 VR 连接高速 WiFi 网络，增值配件包含 VR 头显的交互手柄和定位外设等，可用于六自由度等更强交互体验的云游戏；电视机顶盒用于将 VR 头显中内容体验同屏至电视端，这一多屏融合功能顺应虚拟现实应用社交化的发展趋势，如脸书于 2019 年 9 月发布了 Oculus Go 的投屏功能。

在市场营销方面，福建移动云 VR 采取了"体验营销+试点推广+全面营销"的阶梯式营销规划策略，逐步培育和布局云 VR 大众用户市场。由于 VR 产品单价较高，对于个人家庭用户的使用门槛及使用条件要求也较高，福建移动采取免费体验、折扣策略等营销方式，逐步开拓 C 端用户市场。在 2018 年 9 月，福建移动通过体验营销的推广策略方式，面向首批 100 名体验用户在福州展开免费体验，将 VR 一体机与 AP，提供给体验用户免费使用半年，用户仅须签订免费体验协议即可参与活动。2018 年 12 月，在总结首期免费体验营销经验，并解决出现的问题之后，福建移动正式面向福州地区开展试点推广的营销活动，通过全城招募千名"头号玩家"的方式开展试点用户发展工作。通过福州移动官微、电渠等在福州地区的电台、报纸、公交车、出租车、地铁电视、公交车电视等线上陆续投放招募广告，吸引大批用户报名参加。通过线上报名，享受 5 折购买 VR 设备的优惠权益。

2019 年 10 月，中国共产党罗源县委员会与中国移动福州分公司签订合同，利用 5G＋云 VR 技术打造虚拟现实党建馆，利用 5G 将云视讯、移动云服务等引入党建课堂，打造科技型智慧党建，使党政建设工作更加生动、直观，让党员获得身临其境的感受，更好地提升学习兴趣，加强学习力度和学习效果。据了解，这是国内运营商云 VR 平台在行业应用领域获得的首个商用合同，具有良好的示范性和规模复制性，将为云 VR 商用打开全新空间。

罗源县委在新时代积极应用新科技、新技术推进党建设新的伟大工程。罗源县委准备建设的党员政治生活馆，本着科技助力全面从严治党的理念，采用移动公司的"党建云服务"信息化方案，主要包括以下三个模块。

（1）党建云 VR："虚拟展馆漫游"包括古田会议旧址等 7 个红色圣地，让党员身临其境，参观红色圣地；"庄严时刻"包括 VR 开国大典、三中全会、十九大开幕等，让党员身临经典场景，重温庄严时刻；"红色经典"包括红色老电影经典片段、红色时政片段。

（2）党建云视讯：通过全高清视频、辅流分享，现有罗源县政府接入云视讯会议室、5G 移动终端接入，犹如置身同一会场，实现党员活动中心与政府相关部门更好的互动、学习、工作汇报、远程协同办公。

（3）党建公众号：结合本次党建云 VR 红色教育内容，将党建馆的展示内容，浓缩入罗源党建公众号中展示，以专题网页形式播放，让无法去展馆实地的党员也可以学习党建知识。

作为以上功能的信息化支撑，移动公司为党员政治生活馆提供 5G 网络和 WiFi 网络全覆盖，并通过云专线，提供云桌面、云存储和云管理服务。5G+云+专线全面保障智慧党建信息化系统的高质量接入和运行。

云 VR 游戏平台：咪咕快游

在海内外头部厂商，诸如谷歌、微软、腾讯等纷纷抢滩云游戏市场时，作为最早参与 5G 研发和获得 5G 专利最多的运营商，中国移动也在 2019 年 6 月正式推出了 5G 云游戏平台：咪咕快游。

咪咕快游是一个手机、计算机、电视机机顶盒三端互通的云游戏平台。在中国移动 5G 网络环境下,依托云游戏技术,不仅可以让游戏画质达到 4K,体验更加出色,还可免费畅玩海量精品游戏,千余款 3A 主机/PC 大作及高质量手游免下载安装,即点即玩。不仅如此,得益于 5G 的大带宽、低时延,咪咕快游可以将 VR 游戏渲染计算能力置于云端,使 VR 游戏摆脱了对设备的限制,用户只需一台 VR 设备接入 5G 网络就可畅玩 VR 游戏,不用为高配置、高售价的游戏终端买单。

业内普遍认为 5G 商用将加速云游戏、VR 游戏产业的爆发,基于 5G 大带宽、低时延的特性,云游戏、VR 游戏将突破网速和时延的局限,为用户带来更加极致的沉浸式体验。对此,用户也满怀期待。

2019 年 10 月 26 日,在上海举办的中国移动 5G 快游戏线下体验活动现场,中国移动对场馆进行了 5G 网络全覆盖,为玩家设置了基于 5G 网络环境下的云游戏、云 VR 及云电竞体验区,满足了部分玩家的好奇心。

玩家们在现场体验区可以通过手机流畅操控《刺客信条:本色》等游戏大作,还能通过 VR 设备真实感受《节奏空间》《绝命战场》等云 VR 游戏的沉浸式体验。

不同于传统的游戏试玩,本次咪咕快游试玩现场并没有任何大型硬件设备,只有手机及轻型 VR 设备,轻小、便携,用户在体验的过程中可以真正感受未来云游戏的场景交互。

在云 VR 游戏《节奏空间》体验中,玩家体验到了超乎现场的沉浸感,这令玩家们惊叹不已。

据现场玩家描述,此前在玩《节奏空间》时,由于设备佩戴比较沉重,会感到头部非常不适,并且整个游戏过程中沉浸感不佳,没有身临其境的感觉。而在中国移动 5G VR 体验区,再次玩《节奏空间》,简直是颠覆了此前的游戏感受。

玩家只需戴上中国移动的 5G VR 设备,轻装上阵,便可进入最真实的虚拟游戏世界。玩家双手握手柄,挥动光剑,怒斩迎面飞来的方块,伴随着节奏感十足的音乐,玩家还可以享受到疯狂得分的快感。整个游戏过程如行云流水般,一气呵成,沉浸感十足。

据现场工作人员介绍,之所以在这些交互性很强的游戏中,玩家每一个动作都能被灵敏传递,并获得响应,主要得益于中国移动的 5G 网络实现 VR 游戏的高带宽分发、低时延互动,结合云端服务器的超强处理能力,通过 VR 设备将用户带入真实的虚拟场景中,无卡顿,不眩晕。

此外，游戏在云化模式下，用户在任何时间、任何地点使用任何设备，都可以在咪咕快游中找到自己喜欢的游戏，即点即玩。游戏的跨端操作也将同步实现，游戏的存档全部保留在云端，即使更换设备也能同步游戏进度，真正做到走哪，玩到哪。

中国电信

2018年9月13日，在第十届天翼智能生态博览会上，中国电信副总经理高同庆表示，云 VR 是中国电信和华为在智慧家庭方向上的重点产品，也是与产业链各方一道，构建共享、共赢、共创价值的"生态魔方"的重要一步。中国电信将与华为、视博云、英特尔等产业合作伙伴，携手打造 5G+云 VR 生态闭环能力，务实推动产业发展。2019年，世界 VR 产业大会期间，中国电信云 VR 系统平台与应用软件项目，凭借在云 VR 领域的平台系统技术创新、应用软件创新和商业模式创新，荣获"2019 世界 VR 产业大会 AR/VR 创新金奖"，受到全球 VR 产业界的高度关注。

评审组委会表示："中国电信云 VR 系统平台与应用软件，在业界首创了集约化方案架构，利用运营商云网一体化的优势，创新性地实现了一点建设、全国接入的部署模式，并与中国电信在千兆带宽和 5G 网络建设方面的优势结合，在平台处理能力、业务分发网络和终端播放应用等多个方面，构建了业界领先优势，引领了行业发展。该方案目前已在四川、江西实现放号商用，大大促进了 VR 产业的发展。"

据了解，中国电信云 VR 系统平台与应用软件，是中国电信和华为基于 BJIC（商业联合创新中心）框架联合开发的成果。该系统基于天翼云集约化部署，由集团统一建设集约化 VR 业务平台，完成 VR 内容存储、VR 视频转码、交互内容渲染、用户管理、业务计费等功能。同时，各省部署本地节点，与集约化平台通过高速专线对接，实现本地 CDN 分发、交互内容渲染等功能，从而做到 VR 内容一点接入，并通过千兆带宽网络和 5G 移动网络全网分发，面向公众用户提供直播、点播、巨幕影院、教育、文旅和游戏等服务。同时，VR 的内容生产企业通过天翼云 VR 的渲染 PaaS 能力，可显著提高 VR 内容的制作效率，降低成本。

中国电信云 VR 业务系统，打通了终端与内容之间的对接瓶颈，有效聚合了 VR 产业链端到端数十家优秀合作伙伴，解决了以往 VR 产业长期存在的生态孤岛问题，并通过中国电信覆盖全国的营销渠道，将云 VR 业务带给千家万户，有力推动了 VR 产业向前迈进了一大步。

韩国 LG U+合作引入云 VR 内容

为了让用户能够持续体验优质、高清的云 VR 内容，2019 年 10 月 17 日，中国电信号百控股与韩国 LG U+签订了 VR 内容引入和 VR 直播合作协议，独家引入 LG U+超高清 VR 内容，首批内容将与天翼云 VR 业务同步上线。在 VR 直播方面，将开展体育赛事及文艺演出等领域的拍摄合作，借助 LG U+领先的 VR 直播技术，呈现 3D+180 度+多机位的超高清视界。

为了让用户能够持续体验优质高清的云 VR 内容，中国电信与韩国 LG U+签署战略合作协议，加强合作共同推进 5G，同时中国电信号百控股也与其签订协议，独家引入 LG U+超高清 VR 内容和 VR Live 解决方案。

对于中国电信和 LG U+的合作，中国电信集团号百控股公司董事、总经理陈之超坦言，LG 既有 VR 内容，又有良好的生态，已经与产业链各方形成了良好的合作，可以通过投资和合作快速制作 VR 内容。号百控股与之合作，不仅可以丰富 VR 内容，还可以通过尽快提升自制内容的策划制作能力，节省 5G 时代在 VR 上的探索时间，而 LG U+也在寻求走出国门，实现国际化的落地，双方可以形成合作共赢的格局。

正如陈之超所言，号百控股看中的是 LG U+的差异化优势。目前，LG U+ VR 应用有纪录片、喜剧、太阳马戏团表演等丰富的视频内容，不少是韩流明星带来的独家视频。

作为国内第一个引入海外优质内容和先进制作经验、第一家也是独家提供百兆码率的高品质 VR 视频平台，天翼云 VR 率先引入 100Mbps 高码率和 60fps 高刷新率 3D VR 内容，并在中国电信 5G 商用发布当天同步首发。

这些为 5G 网络量身定制的超高画质 VR 视频超千部，包含风景人文、偶像 MV、魔术、瑜伽、舞蹈、艺术等各类型为用户体验真正高品质内容提供保障。在最新版本天翼云 VR 中的《星动福利》频道，用户可根据个人喜好选择观看 LG U+的丰富内容和多样风格。

在直播技术上，LG U+也有独特的优势。以 U+职业棒球和 U+高尔夫为例，这两个应用提供赛事直播和精彩回放，支持多角度观赛、多屏播放和实时图形叠加"AR 立体转播"，能够展示球的飞行轨迹和选手数据统计。

据悉，中国电信与 LG U+合作引入技术、硬件设备。抢先体验过天翼云 VR 配合 4K VR 一体机使用的用户普遍反映，与市场同类产品相比，天翼云 VR 画面清晰度提升了 100%，沉浸感提升了 70%，而之前其他产品被诟病的眩晕不适感降低了 50%。

在网络覆盖、套餐价格等各方面趋同时，开发独家内容是实现差异化的有效手段。来自研究机构 Strategy Analytics 的最新报告显示，LG U+运营商通过 AR/VR 业务的成功运作，提升了市场份额。截至 2019 年 6 月，LG U+的 5G 用户市场份额已达 29%，5G 市场份额较 4G 时代高出了 9%。它的成功经验显然可以为中国电信的 5G 发展提供有益借鉴。

功能全面的天翼云 VR

2019 年 10 月，中国电信在成都举办 5G 千兆&光网千兆正式商用发布会，发布了业界首款主打云 VR 业务的千兆带宽套餐。此次发布的主打云 VR 业务的千兆带宽套餐，支持每户家庭用户接入速率均达到千兆带宽，全面满足家庭云 VR 业务的带宽需求。

该业务采用华为 SingleFAN Pro 解决方案，官方称单台设备可支持 16 000 个云 VR 用户同时在线，同时，华为 10G PON 光猫支持最高 10Gbps 的网络传输速率，可以有效确保家庭用户体验千兆的 WiFi 接入速率。

流畅度方面，华为 10G PON 光猫采用 EAI 算法，可智能识别 VR 视频和游戏业务，为云 VR 视频、游戏等业务提供专享传输通道，网络时延小于 7 毫秒。

四川电信副总经理黄大九表示，双千兆时代已经来临，云 VR 业务是新一代信息技术的重要前沿方向，被认为是信息产业的"下一个风口"。

四川电信依托于自身精心打造的高品质的千兆光宽带网络，携手华为公司及产业合作伙伴，建立了一整套云 VR 业务体系，推出面向家庭普及能力的云 VR 业务。该业务主打 VR 直播、VR 全景视频、3D 影院、VR 游戏等场景，让用户足不出户便能身临其境欣赏演唱会、体育大赛、电影大片、奇彩风光，或是来一场酣畅淋漓的 VR 游戏，沉浸在虚拟现实技术构建的无限魅力中，享受更加美好的生活。

四川电信在终端采用了 Pico G2 4K VR 一体机，基于云化的 VR 业务平台，通过视频 FoV（Field of View，视场角）分片和解码技术，同时配合 8K VR 播放器，实现了 8K 内容在 4K 解码能力头盔上的播放。通过智能调度技术的运用，使得云 VR 游戏的渲染资源利用效率提升 30%以上，结合低时延编码技术提升画质 20%，提升操控精准度 20%，使用户获得了更加逼真的沉浸式体验。四川电信建立的整套云 VR 业务体系参见图 2-6。

图片来源：C114 中国通信网

图 2-6　四川电信建立的整套云 VR 业务体系

在中国电信最新发布的 5G 套餐中，用户可以享受首批特色的 5G 应用，包括天翼云 VR。天翼云 VR 包含推荐、VR 全景视频、3D 巨幕影院、欧亚旅行与畅游天府等栏目，为用户打造身临其境的虚拟现实空间。

以 VR 栏目为例，云 VR 提供最高码流和高清晰度沉浸式互动视频，首批上线 VR 视频内容包括探索、动画、魔术等类别，涵盖风光、动物、旅游、探索、教学、文化、艺术等多种内容。天翼云 VR 有 VR 眼镜和裸眼 VR 两种模式可供选择。其中，VR 眼镜模式支持头部视控，裸眼 VR 支持手指触控，用户无须购买昂贵的一体机或专业 PC，只需选择相应的模式，即可连接虚拟和现实，打开一个全新感知、交互和融合的世界。

在家就能坐进巨幕影院 VIP 宝座，惬意独享私人院线模式；一键单击即可欣赏女团 AKB48 Team SH 的新歌《持续的爱恋》，近距离、立体观看自己的偶像表演；一部 VR 头显、一个遥控器就能全景 3D 沉浸到街舞、魔术、格斗等场景中……这些就是中国电信 5G+VR 业务所带来的舒适愉悦的交互体验场景。

在全民直播时代，VR 直播也被认为是下一个爆发点。2019 年 10 月 28 日举行的中国音乐金钟奖闭幕式晚会就引入了天翼云 VR 直播服务，借助中国电信大带宽、低时延的 5G 网络，视频和声音无损传输到头戴式显示设备上，用户零距离感受了无延时、超高清的视听体验，仿佛自己就坐在喜欢的艺术家面前。

中国联通

2018 年 9 月 5 日，中国联通发布 "5G+视频" 推进计划，云 VR 也作为中国联通 5G 的重点创新业务列入全面规划中。中国联通未来计划是用户可以随时、随地体验或使用 VR 业务，而这需要 5G 网络才能实现。

2019 年 1 月 31 日，青岛第三海水浴场、青岛联通携手信通院、联通网研院和华为公司，顺利完成基于 5G+云 VR 的智慧赛场测试，打造多媒体全新体验的 AR/VR 海上赛场，同时进一步验证了 5G 与云 VR 在技术上的天然融合。

借助联通部署的 5G 试点网络，通过在帆船、无人机、运动员身上安装高清摄像头和配置 5G 通信模块，将数据通过 5G 网络实时传送至云化平台，进行视频内容编辑及软件拼接缝合，再将精彩内容推送用户端，让观众感受沉浸感直播；也可以通过无人机挂载 360° 全景镜头进行拍摄，全景相机完成视频采集、拼接处理与视频流处理，通过 5G 网络将视频上传至云 VR，再通过下行链路传输为用户提供超低时延的 VR 高清视频内容源。观众通过大屏幕、VR 眼镜、头盔等设备观赛，以运动员的视角与大海 "零距离" 接触，感受帆船运动的智慧与勇气。

如今，随着美颜摄像头、编码硬件、云端存储及 CDN 技术的快速发展，互联网直播越来越受人青睐。然而，由于带宽受限，VR 直播仍难以流畅地实现。依靠 5G 网络的超高带宽和强大的传输处理能力，不但能够轻松突破带宽瓶颈，更能支持将渲染放在性能更强的 "云" 端，从而提供最广泛的移动性能，以及更加灵活的商业模式，为解决终端高成本和渲染能力不足等问题提供新的解决途径。

◎ |AR 云|

目前，我们看到的大多数 AR 内容，只是独立的内容，通过特定的方式触发或者在特定的地点呈现，而这些内容之间互不关联，完全孤立，就像是 20 世纪 90 年代一个人在网上冲浪，没有朋友。

那么，由此衍生出以下问题：多用户之间如何实现通过 AR 互联？AR 如何拓展屏幕，连接整个世界？如何分享 AR 内容给其他用户使用？其他 AR 设备上的用户如何在 AR 中与我们沟通？我们的 AR 应用如何理解世界，并与之互动？我们如何将 AR 内容留给他人查找和使用？

这些问题都需要靠 AR 云来解决。

什么是 AR 云？

AR 云的英文为：AR Cloud，这一词最早由奥瑞（Ori Inbar）于 2017 年提出，他将其定义为：现实世界中的持久 3D 数字副本，可以在多个用户和设备之间共享 AR 体验。AR 云是一个 3D 空间，现实世界中的每个对象都将拥有 1:1 的数字孪生体，并实时更新，形成一个镜像世界。

AR 是增强现实，是真实环境中的 AR 信息呈现与叠加；云通常表示存储、互联、共享的意思。AR 云被视为计算领域中重要的软件基础架构，其复杂的技术架构可以帮助开发人员将 3D 虚拟地图叠加到现实世界中。在 AR 云中，信息和体验将得到增强、共享，并与特定的物理位置关联，以便在应用和设备之间发生和持续存在。

AR 云是一个共享的云，在其中可以体验和访问任何 AR 应用程序中存在的、与地理位置相关联的项目。它将成为所有虚拟数字对象的一本"空间维基百科"，这种空间记忆使用户能够分享体验、视频和消息。有了 AR 云，就可以在事物本身找到相对应的信息，比如一个文物古迹的历史，一个人的背景。这意味着我们将以全新的空间方式来组织世界信息。

我们正处于信息组织方式发生根本性转变的时代。如今，世界上大多数信息都以数字文档、视频和存储在服务器中的信息片段形式组织起来，并且全部链接到网络上。AR 云可以通过模拟真实 3D 世界来重新组织信息，让信息高度真实，并实时场景化。

根据最近的谷歌统计数据，超过 50％的搜索是在移动中完成的。现在，人们越来越希望在需要的地方找到信息。AR 云将充当世界的软 3D 副本，并允许你重组物理世界中的信息。有了 AR 云，就可以在事物本身找到如何使用每个对象的信息。谁控制着 AR 云，谁就能控制世界信息的组织和访问方式。

那么构建一个 AR 云系统需要哪些能力呢？

首先，需要构建一个与真实世界一致的坐标系，可以用于多用户互动和持久化信息存储，包括现实世界的位置坐标信息、场景视觉特征、AR 信息内容等。

其次，可以在真实世界中呈现数字化 AR 信息，并能够实时同步，支持不同设备之间的体验和交互。另外，支持用户在任何地方创建 AR 信息，并同步到云端实时共享。

AR 云可以在一个场景中满足多人实时体验，用户创建的 AR 信息也可以实时同步，并持久保留，当其他人到来时依旧可以体验。借助 AR 云，整个世界变成了一个共享的空间屏幕，可实现多用户参与和协作。

除了这些基本特征外，需要对现实环境有更好的理解，比如本地生成的 AR 信息应该与环境有更好的虚实融合。

这种共享 3D 空间网络将作为数据框架，在数亿个数字设备中作为共享空间屏幕使用。

多年来，互联网已从文本转变为图像，或视频。这些媒体都可以在地球上的任何地方创建和共享。数据中心网络可以快速、可靠地将内容从中心位置分发到全球各地端点。但是，这种集中化对延迟敏感的本地化 AR 应用程序没有意义。

AR 云创建了"现实世界的地图"，这意味着它可以提供更准确的地图可视化。就像谷歌为网络编制索引，并通过浏览器提供文本信息一样，AR 云将作为现实世界的索引。

因为 AR 云创建的这个 3D 虚拟世界覆盖了现实世界，其中内容被锚定到物理位置，所以信息需要实时访问。即使延迟几毫秒也会对服务产生负面影响。例如，如果在你走过餐厅后弹出 AR 菜单，那有什么意义呢？

AR 是在本地创建和使用的，因此，AR 内容应该靠近其物理位置存储以最小化延迟，而不是 AR 头盔必须一直到达远处的某个服务器以检索它需要渲染的数据信息。这需要得到 5G 的支持，5G 可以提供高带宽、低延迟的网络，从而实时将 3D 虚拟内容与现实世界融合。

AR 云的功能特征

AR 云必须具备两个功能。

（1）时间维度：持久化。

持久化的能力能解决 AR 体验的不可连续性，用户使用智能设备创作的信息，被以点云地图的形式保存起来。当用户的智能设备再次扫描到相同的特征点，通过重定位技术，可以再次开启以往的创作内容，并且保留原内容的坐标、方向信息，这极大地扩大了 AR 的应用场景。

（2）空间维度：多人共享互动。

所有参与 AR 体验的用户都会获得同一世界坐标，即所有参与者可以从不同角度观察同一 AR 物体。这将改变 AR 孤立的局面，让社交、互动可以融入 AR 之中，为 AR 行业注入新的血液。

这个能力特性可以让 AR 云用作游戏体验,比如谷歌发布的 *Just a Line* 游戏,多名玩家可以创作同一副 AR 作品;也可以在营销运营类活动中使用,比如会场或商场的互动营销活动。

AR 云系统

一个完整的 AR Cloud 系统应该包含以下三个部分:

(1)一套与真实世界三维轴保持统一的永久点云系统——像一个可以共享的真实世界的虚拟版本;

(2)即时定位能力(真实世界的定位与虚拟世界的定位一致),不管是从什么设备或者地点触发;

(3)在虚拟世界中存置虚拟信息,并且能够与之实时交互的能力,不管是从本地设备交互,还是从远程交互。

持久的点云系统

点云在维基百科的定义是"一套具有特定维度轴线系统(x,y,z)的数据点"。当前被广泛应用在三维测绘和重构、测量、监察,以及其他工业领域和军事领域。在工程师的行话里,根据现实物理环境生成点云是一个"已经被解决了的问题"。好多种硬件、软件都已经在市场上存在多时了,比如激光雷达扫描仪 LiDAR、景深立体镜头 Kinect、单眼相机照片、航拍 / 摄影测量算法处理过的卫星照片,甚至是利用合成孔径雷达新系统(电磁波)的 Vayyar,或者星载雷达。

摄影测量法是根据摄影技术发明的,第一套点云系统早在 19 世纪就被提出来了。

要保证有最全面的覆盖,并且能保持和真实世界同步更新,这个永久的点云系统会有一个新问题:这个云数据库需要一个机制,这个机制能获取和储存统一标准,并且来自不同设备的点云能让这些数据同时被众多用户实时访问。

解决方案可以是用现有的设备自带的极佳扫描和追踪能力(ARKit,ARCore,Tango,Zed,Occipital 等),但必须储存在一个能跨平台的数据库中。

用户分享自己的点云数据就像 Waze 用户主动分享自己的路况信息动机一样：用户可以获得有价值的服务（例如，更优导航路线），同时，系统在后台也会分享你设备上获取到的信息（例如，在当前路线的速度），这样可以更好地完善这个平台，进一步帮助其他用户。

景深相机可以极大地帮助三维地图重构。有了景深相机，系统可以更好地捕捉物理环境的形状。算法可能类似于你的普通相机上的算法，获取的点云阵列会更加密集和准确，从而构建高质量的 AR 云。

有少数设备具备此功能，但这些功能并没有得到推广：Tango 是一个只卖了几千台的试验品；Occipital 传感器也只卖了几千份；2017 年发布的基于 Tango 的联想 Phab 2 Pro 是第一台具备景深相机的智能手机，但没有被普及。

iPhone X 并没有内置景深相机。一旦内置，它可以给用户带来指数级的价值增长。

多人同时访问，需要 AR 云具备与现有服务器类似的 MMO（Massively Multiuser Online）能力——可以让大量用户从各地实时访问和协作。不同点在于 MMO 是一个人造的永久开放环境，通常是文字、故事、内容，而 AR 云的开放环境就是你身边的真实环境，需要基于点云的增强信息和这个环境无缝匹配。

三维地图已经被广泛利用于无人驾驶汽车、机器人和无人机领域，甚至像 Roomba 这样的无人吸尘器也是利用三维地图来导航的，而且还要考虑跟亚马逊、谷歌、苹果等共享地图。

如果一个三维地图太精致，反而会导致移动设备处理速度过慢。如果一个三维地图太粗糙，又会导致用户无法从各个角度精准定位，致使体验断裂。换句话说，AR 云是拥有自己的一套参数的点云。谷歌 Tango 称它为"环境学习"（让设备拥有看见并记住世界的关键特征：边边、角落、其他特征，并且能轻易地再次认出它的能力）。

室内环境和室外环境处理方式不一样，但都有一个基本的要求就是即时定位。

即时定位能力

真实世界的定位与虚拟世界的定位一致。即时定位意思就是快速知道你镜头的方向与位置，这是 AR 之本。

为了让使用 AR 应用的用户定位符合开发者们预期的定位，设备需要知道当前镜头在环境中的位置。

要告诉镜头"我在哪"，设备需要对比镜头里的关键特征是否与自己云端特征相符。为了达到即时定位，AR 云的定位器要根据当前设备方向和 GPS 缩小搜寻范围（例如利用 WiFi 和蜂窝信号等具备三角测量能力的信息）。然后，这个搜寻可以通过大数据和人工智能来进一步优化。

当前有很多解决方案，像谷歌 Tango，Occipital Sensor，当然还有 ARKit 和 ARCore。但这些解决方案只能一次解决一个本地环境的问题，无法复用。微软的 Hololens 可以本机复用，但无法跨用户、跨平台复用。

实时交互

在虚拟世界中，需要存置虚拟信息，并且能够与之实时交互的能力。一旦拥有了永久的点云和终极定位器，就需要能够嵌入到三维点云世界中的虚拟信息了。"嵌入到 3D"是一句科技行话，意思就是"匹配同步真实世界"。虚拟信息要具有交互性。众多用户可以从不同角度去实时地和虚拟信息进行交互。

要去管理和维护这个 AR 云及它的应用就像开启了上帝模式一样：可以在世界任意角落远程添加和移除另一个地方的三维内容。有点像 *Black and White* 游戏一样让用户从上帝视角进行操作：选任意一个地图上的点，从不同角度观看，实时监控一切行为，还能为所欲为。这个可以通过计算机、平板计算机，或者其他设备来操作。

AR 云发展的现状

其实不仅仅是科幻作家，行业内、学术界对 AR 云都特别关注，作为移动 AR 的下一阶段，许多企业都在竞相开发联机式/共享式的持续体验，包括谷歌、苹果、Wikitude 等。

谷歌：ARCore 云锚

ARCore 1.2 发布时，支持了云锚（Cloud Anchors），通过采集视觉特征锚点，进行云端存储，然后生成独立 ID。云端锚点 ID 可以在用户之间进行共享，从而实现 AR 场景共享。

锚点托管到谷歌服务器后，其他用户可以获取。在锚点解析过程中，服务器会匹配当前环境与云端锚点的视觉特征，匹配后处于同一物理空间范围的其他设备就能获取云端锚点的场景信息，然后多个设备之间就拥有相互的锚点，可以对相同场景进行交互。

但目前云端锚点的数据具有一定存储和访问限制，例如发送至服务器的云端锚点数据只能保存七天，七天过后无法再进行查看和体验。

ARKit1.2 发布后，谷歌更新了 *Just a Line* 应用，同时支持多用户在真实空间中画线涂鸦，还可以分享给其他用户体验。

云锚这项工具，就是为了让人们能够通过设备，在现实空间绘制虚拟锚点，而这些锚点的经纬度能上传到云端，同一环境中的用户可以将云锚点添加到自己的设备上，然后观看锚点处创建的 AR 图像，并与之互动。

现在谷歌已经更新了云锚点系统，开发人员正在改进云锚点的可视化处理和它们的位置数据库。

人们可以在实地场景中创建更大区域、更多角度的 3D 图像，创建图像后，视觉数据就会被删除，只有锚点 ID 可以被共享，其他对象能通过锚点 ID 参与进来。

这对人们来说会是一种全新的体验，想象一下，你将能和他人共同重新设计你家的虚拟空间，留下一整年的记忆；能在游乐园周围为你的朋友画下 AR 音符；在世界各地的特定地方隐藏 AR 物品，让人们来探索和发现。

未来，谷歌还希望进一步开发云锚，让人们在更大的区域和更长的时间内映射和锚定内容，渐渐弥合数字和物理世界。

现在该功能处于私人访问状态，并未完全开放，谷歌正在寻找更多的开发人员一起来测试这项 AR 技术，然后才能更顺利地推出。

苹果：ARKit 协同技术

ARKit2.0 发布后，支持协同技术，通过加载和保存地图，提供了全新的持久化及多人体验。WWDC 会上演示的 *LEGO* 支持多人互动，通过 3D 对象检测，桌面上的乐高模型可以直接生成 AR 游戏舞台，多人可以在同一 AR 场景下游戏。

加载和保存地图是跟踪的一部分，在 ARKit API 中，通过 ARWorldMap 接口实现，ARWorldMap 映射了物理 3D 空间，绘制出物理空间中的锚点（Anchor），以便在相应的位置放置虚拟物体。锚点可转化为想要的数据格式，存储在本地或云端。基于此可以实现以下两种功能。

（1）持久化。

在场景中放置物体，然后保存为 WorldMap，再次回到之前的场景，重新加载，可以获得相同的 AR 体验，看到同样的内容。可以重复不断体验，实现持久化的跟踪体验。

（2）多人协同。

ARWorldMap 支持多人体验，用户可以生成地图，并将其共享给其他用户。WorldMap 代表了现实世界中的坐标系，用户可以共享同一个坐标系，并且从不同的视角体验同一个 AR 场景。

英伟达：CloudXR 平台

在近期举行的洛杉矶世界移动展览会上，英伟达 CEO 黄仁勋展示了最新的 CloudXR 平台。该平台的功能主要是用来在 5G 网络下传输云端渲染的 AR 和 VR 内容。据悉，该平台可直接支持 SteamVR 或 OpenVR 内容，英伟达还推出 CloudXR SDK 来支持开发者从云端提供 AR 和 VR 内容。

英伟达希望利用基于 GPU 的云基础设施，使企业能够远程呈现高端 AR/VR 视觉效果，并传输给 5G 客户：渲染云空间的 VR 视觉效果，并将其传输到主机设备上，从而使 AR/VR 不拘泥于高端昂贵的硬件，走向平民化。

与此前英伟达推出的 GeForce Now 云端渲染服务（参见图 2-7）相比，CloudXR 针对的不是传统游戏，而是为 SteamVR/OpenVR 内容提供的专门支持。此外，CloudXR 与 GeForce Now 的定位不同，并不是面向消费者，而是为企业用户提供面向客户串流 AR/VR 内容的一套工具。5G 网络将会是 CloudXR 的一个关键，英伟达希望运营商能够将 CloudXR 串流服务作为吸引用户的方式。支持 CloudXR 串流内容的终端设备包括 Windows 系统的电脑或安卓系统的移动设备、VR 头显，甚至移动 AR 场景。

在洛杉矶舞台上，黄仁勋现场展示了 CloudXR 在移动 AR 场景下渲染的效果，可以看到手机叠加到真实环境中的 3D 汽车模型足够逼真，甚至能看到皮革的细节。

英伟达表示：CloudXR 系统能够动态优化串流参数和图像质量及刷新率，让 XR 内容能够在任何网络环境中保持最佳质量。不过对于最低延时要求，英伟达并未透露，只是说 CloudXR 的延时与本地渲染的结果没有可识别的差别。

图片来源：英伟达

图 2-7 英伟达推出的 GeForce Now 云端渲染服务

Wikitude

Wikitude SDK 8 也支持多种新功能，包括实时 AR 体验、持续不间断的内容和即时的本地化，这些功能作为 AR 云的特征，将单个内容的用户体验升级为共享体验。

与 ARKit 协同技术类似，Wikitude 通过即时目标实现保存和加载地图的能力，从而为不同设备之间实现 AR 共享提供基础。

即时目标是通过视觉重定位（一旦跟踪丢失，如果检测到已经覆盖的区域，它将再次拾取）保存即时跟踪会话，SDK API 中提供接口允许序列化保存即时目标地图，通过共享或上传方式存储供其他用户使用此目标进行加载体验的 AR。

例如，检修人员可以通过即时目标标注重要信息，然后留给其他维修人员进行修复。但 Wikitude 更提倡信息的私密化，与 AR 云要求可以在任何地方随时访问共享体验和持久内容不同，提倡"微 AR 云"概念。

除了上述列举的公司外，还包括很多其他行业公司都在从事 AR 云相关技术的研发或者产品化工作。从技术现状来看，AR 云正在朝着一个理想的方向发展，虽然并不成熟，但未来可期。

随着苹果、微软、谷歌等越来越多大公司瞄准了 AR/VR，人们有朝一日将能通过它做更多难以想象的事情，譬如在虚拟世界留下笔记、视频、艺术作品，甚至打造一个新的 3D

虚拟世界。

AR 云的发展阶段

AR 云的发展会经过四个阶段，每个阶段的应用场景都是不一样的，参见图 2-8。

场景规模	桌面尺度	房间尺度	建筑物尺度	城市尺度
大小	超小	小	中	大
数据量	较小	小	大	较大
应用场景	AR 说明书	全息房间	AR 导航	AR 城市

来源：视+AR

图 2-8　AR 云发展阶段

桌面尺度：通常指不大于一个桌面的大小，说是"桌面"只是便于直观理解，并非只是局限在桌面上。在这个尺度下，数据量较小，一般本地即可存储。在这个场景规模下会出现"AR 说明书"等应用场景，比如视+AR 做的汽车 AR 说明书，用户通过手机或者 AR 眼镜扫描汽车就能获得汽车各个部位的详细说明和使用指南，省去了翻阅纸质说明书的麻烦。

房间尺度：通常指不大于一个房间大小的范围，说是"房间"，只是便于直观理解，并非只是局限在室内。在这个尺度下，数据量较小，一般本地即可存储。在这种场景规模下，全息房间会成为一个很强的使用场景。举个例子，未来的某一天，你去故宫游览，在故宫御书房，你可以看到古代皇帝在御书房批阅奏折的虚拟 3D 场景。

建筑物尺度：通常指不超过一个建筑物，或者一条街道的范围。数据量较大，一般来说，不建议存储在本地。在这个场景规模下，"AR 导航"大有可为，我们不会再因为城市复杂的道路而走错。另外，还能直观显示眼前商家的折扣活动，AR 导航在零售、生活服务场景上的应用非常有想象空间。

城市尺度：通常指城市规模。数据量很大，不可能在本地存储，而且面临高并发的场景。

AR 云对于企业的意义

增强客户参与度和忠诚度

许多企业，尤其是零售企业，都发现 AR 云正在极大地促进客户参与度的提高。由于具有分析物联网数据，然后使其持久化的能力，AR 云带来个人数据的互连性和透明性，这将使企业能够提供超个性化的交互。企业可以轻松地提供指导性的交互和定制的产品。

客户和品牌以超个性化的方式建立联系。例如，美国服装公司（American Apparel）正在为客户提供移动应用程序驱动的新体验。购物者可以打开 AR 应用程序，扫描标牌图片，产品详细信息就会被显示出来，包括客户评论、颜色和价格等。

眼镜电商企业 Warby Parker 推出了 AR 虚拟试戴功能，可以让用户预览戴上眼镜后的效果。Warby Parker 曾帮助苹果推出深度感应前置传感器测量客户脸部功能。近日，这家公司推出了 AR 应用程序，这项程序能够帮助用户足不出户试戴眼镜。通过 ARKit 的面部追踪功能和 TrueDepth 相机的面部贴图功能，Warby Parker 现在可以让客户在家中就可以实时预览眼镜公司的时尚眼镜和太阳镜外观。在虚拟试穿体验中，客户可以滑动屏幕快速查看各种样式。一旦他们看到喜欢的东西，可以将其收藏。Warby Parker 的用户最多可以选择五种样式，通过邮件接收样品进行评估，并在试穿完毕后将样品返还公司。

大规模创建共享的体验

AR 云实现共享体验的能力将在商业、游戏和医学领域带来很多机会，并将为员工创造新的协作方式。汽车行业的人们已经意识到创造共享体验的价值。例如，在美国负责汽车共享调度服务的 Lyft 收购了开发 AR 云技术的 Blue Vision Labs，将 Blue Vision 的 3D 地图和 AR 空间共享技术用于 5 级自动驾驶。

Blue Vision Labs 是伦敦的一家初创公司，致力于开发 AR 云技术。它被认为是使用智能手机传播移动 AR 的重要技术。Blue Vision Labs 正在开发城市规模的 AR 云技术，采用收集街点数据并使用 AR 云技术，在伦敦等 3 个城市中公开了可用的 SDK。

Blue Vision Labs 宣布的 AR 云开发工具 AR Cloud SDK 允许 AR 应用程序开发人员开发多个用户共享 AR 体验的应用程序。该公司在伦敦、旧金山和纽约三个城市创建了 3D 地图。

Lyft 的工程副总裁 Luc Vincent 说："我们期待使用 Blue Vision 的技术来制作大型地图。"

"我们需要一张出色的地图,我们需要知道乘客和车辆的位置,Blue Vision 的技术对于提高服务效率和消除不满情绪很重要。"

Blue Vision 的精确绘图技术对于 Lyft 业务的扩展非常重要,而调度服务的车辆可以是收集地图信息的"相机"。它使用放置在仪表板上的智能手机收集旅行信息,还可以存储乘客数据。

使用 Blue Vision 技术时,需要注意的另一件事是"分享"AR 体验。例如,你可以考虑如何使用如 Lyft 的驾驶员和寻找汽车的乘客之间的通信,以及让乘客更容易找到汽车。

连接全球劳动力

很多公司正在越来越多地研究增强现实和虚拟现实技术,以提供新的工作场所体验,例如改善协作或使数据访问更容易。这些工作场所的典型示例包括培训、设计和现场服务。诸如 Oculus Rift 和连接到 AR 云的 HoloLens 的 AR 头戴设备,可以创建虚拟会议场所和通信平台,使文件和信息得以持久保存,从而使用户能够开展协作业务、团队合作和交易。福特汽车正在使用 Oculus Rift 创建汽车的虚拟模型。虚拟现实可以减少福特对物理原型的需求,并允许工程师探索创意设计。

降低支持成本

许多公司都在转向 AR 以改善维护、维修和支持流程,降低技术人员的差旅成本。优点是可以在正确的位置快速提供重要信息,从而可以更快地进行维修,并防止出错。

电梯制造商蒂森克虏伯(ThyssenKrupp)正在使用微软的 HoloLens 在技术人员到达现场之前将电梯维修情况可视化。技术人员到达现场后,可以在安装电梯时,使用 AR 来查看手册和维修指南的数字叠加图。另一个例子是 Re'flekt,它提供了实时视频支持和 AR 的组合,可在移动设备上提供视频指导。这种远程协助减少了机器的停机时间,消除了技术人员的昂贵的差旅成本。甲骨文的客户正在与 AR 合作,通过可视化的方式提供改进培训内容。

甲骨文已经为 ARKit 完成了一个 AR 工具包,并在 2020 年计划将其推广给内部团队,以及客户和合作伙伴。当个人将 AR 眼镜对准车辆时,数字叠加层会显示组件的指标。

提升转化率

在增强现实世界中,零售商可以在购物过程中指导和告知用户,提供类似礼宾服务的营销和指导，而这在实体商店中是很少见的。沃尔玛（Walmart）和宜家（Ikea）等许多零售商开始采用沉浸式 AR 体验，使购物者可以使用手机查看产品在其房屋中的放置状态。零售商 Wayfair 已发布了一个 AR 应用程序，该应用程序使用手机的摄像头创建内部的数字版本。然后，该应用程序可以将 3D 对象（例如，虚拟沙发）放置在房间中，以查看其在某些位置的适合程度，并尝试给沙发套上不同颜色和图案的织物。AR 策略可以提升转化率。另一家家居用品零售商 Houzz 报告，公司的 AR 应用程序让购物者购物的可能性提高 11 倍。

全景直播

AR/VR 主要作用是使用户有身临其境的感觉，对于以文字、声音和二维视频介绍为主的直播产业来说，VR 可以使用户感觉自己置身于直播现场。

2015 年 10 月 13 日，美国民主党 5 名总统参选人的首次电视辩论采用了 VR 直播的方式，这让观众感觉自己坐在候选人身边观看辩论。

2015 年 10 月底，美国 NBA 新赛季揭幕战成为全球第一场使用 VR 技术转播的 NBA 比赛，用户带上 VR 头盔观看比赛会感觉自己似乎是到了比赛现场，而且座位还是第一排。

美国 ABC 广播公司推出 VR 新闻报道 *ABC News VR*，让用户"亲临"新闻现场，例如叙利亚战区。BBC 的研发部门在突发新闻报道中使用 360° 视频。

不仅在国外，中国国内也开始出现 VR 直播模式。

2015 年 10 月 25 日，腾讯直播 BigBang 演唱会使用了 VR 技术。

2015 年 11 月 6 日，CKF 国际战队三番赛首站在西安搏击运动中心开赛。此次比赛与暴风科技合作，以 360° 全景呈现的方式进行全程录播，赛后视频放在暴风分发平台，暴风魔镜用户可以实时 VR 观看。

直播对网络传输速度和编解码技术要求极高。如果这两方面做得不够好，用户的观看体验将会大打折扣，进而影响用户留存。即便是龙头平台斗鱼，也经常因为蓝光画质模糊而被弹幕调侃"斗鱼刷新了我对蓝光画质的认知"。如今，5G 牌照已经发放，基础的网络传输速率跃升一个台阶，使 AR/VR 直播的诸多技术具备了创新条件。

5G 推动 AR/VR 数据传输速率和时延特性大幅改善,有望推动 AR/VR 在直播领域的大规模应用落地。从内容来看,AR/VR 的虚拟场景可以丰富直播的内容形态,提供人像级、屏幕级和场景级的特效。

除直播码率和清晰度的提升外,AR/VR 的普及也为直播打开了一扇新的大门。2017年 7 月,YY 试水 AR 直播,联合旗下金牌主播 MC 天佑举办了一场 AR 寻宝活动。2019年 4 月,虎牙成功实现国内直播行业首个 4K+5G 高清户外直播及全国首次 5G 手机 VR 直播。2019 年 5 月,斗鱼在成都国际马术嘉年华应用 5G+VR 高清直播。

AR/VR 直播与传统直播的不同在于实现了 360° 的全景拍摄、3D 场景及交互性。5G+AR/VR 直播,将传统直播升级为全景直播新时代。

◎ | 优势 |

传统方式的视频直播中,观众往往不能全方位了解直播对象的周围环境状况,无法切身感受现场氛围,而 AR/VR 直播将活动现场还原到虚拟空间中。借助 AR/VR 头显,观众可以身临其境地在现场观看比赛,增加观众观看节目的趣味性,并且可以自由选择位置和角度,时刻关注自己感兴趣的场景。

AR/VR 全景直播在直播领域可以直接应用于目前包括影视娱乐、体育在内的泛娱乐产业中。全景直播作为一种新兴的直播方式,可以满足用户日益增长的观看需求。秀场 VR 直播、体育 VR 直播等预计将被越来越多的消费者所知晓。

演唱会、体育比赛等都具有场地的限制,通过直播技术可以解决场地限制的问题,观众可以在任何地方观看直播。其实直播由来已久,广播使用声音来直播,电视或计算机可以使用视频形式来直播,而全景直播将为观众提供全新的观看与体验方式。在内容不做很大改变的情况下,主办方当然乐意试水全景直播,因为这有利于主办方赢利。

与影视类似,全景直播技术能够给观众带来更好的沉浸体验,将演唱会直播、在线演艺、赛事直播等用虚拟现实技术呈现出来,能够提高演出或者直播的展示效果。观众不仅可以自由选择不同视角来实现全景跟踪观看,同时还能够弥补观众无法去现场观看的遗憾。全景直播使用户不在现场也能享受极高品质的现场体验感,有效解决现场座位有限的问题,让活动面向所有地区的消费者开放,并且极大地降低了消费者体验活动的成本。

2016年4月13日，湖人主场对阵爵士，科比·布莱恩特的谢幕战门票平均价格为26 500美元。NextVR为这场比赛开通了360度全景直播，球迷在家里观看VR直播，如同坐在湖人队的替补席一样，可以清楚地看清科比的每一个动作。这样的待遇如果真去现场，估计得花10万~20万美元。用VR观看NBA只需要6.99美元。

从目前的情况来看，全景直播可以运用于演唱会等娱乐项目，还可以运用于赛事直播与新闻播报等领域。VR直播领域的领军人物"NextVR"已与NFL（美国职业橄榄球大联盟）、NBA（美国职业篮球联赛）、NASCAR（美国纳斯卡车赛）合作进行VR赛事直播，开始了VR直播的尝试；华尔街日报推出了WSJ Virtual Reality专区，为读者提供虚拟现实新闻。在5G的助力下，全景直播技术开始慢慢向多个领域渗透。

根据高盛的数据，全球VR直播市场空间将不断增加，并且增速不低于30%，预计将于2021年突破10亿美元，参见图2-9。

虽然目前全景直播已经开始进入人们的生活，但是全景直播的应用依旧存在很多难点需要克服。

（1）AR/VR直播技术不成熟，体验感差。

AR/VR直播技术之所以目前应用效果不佳，归根结底还是技术问题。分辨率低，画质差，网络延时明显，易产生晕眩感，用户带宽受限，手机配套跟不上，"头显"设备佩戴不舒适，声音无法产生临场感等都是AR/VR直播（包括AR/VR产业）发展需要克服的难题。

资料来源：Goldman Sachs Global Investment Research，安信证券研究中心

图2-9　全球VR直播市场空间增速图

（2）AR/VR 直播成本高。

不单单是内容产出者成本高，就连观看内容者所需的成本也高。例如，假设普通的视频网站会员一个月需要 20 元到 30 元，但是如果使用 VR 直播想要保持同样的利润率，则需要会员支付 10～100 倍的价格。

（3）AR/VR 直播应用生态尚不成熟。

目前 AR/VR 直播的应用场景和应用人群还非常有限，AR/VR 直播的应用生态尚不成熟。绝大多数的 AR/VR 直播都停留在娱乐影视、体育直播和网红直播中。前两者一般是由专业的团队、专业的设备和专业的人员完成的，而后者的模式只能依靠个体本身的影响力和内容质量。设备不足致使优质内容缺乏，内容的缺乏无法产生黏性，也无法创造商业价值。

那么以上这些存在的难点和问题是否会在未来的 5G 时代有所改变？

5G 时代下，AR/VR 直播的出路如下。

（1）快速推动 AR/VR 技术的发展。

5G 对于 AR/VR 的发展具有推动作用，这是毋庸置疑的。而 AR/VR 产业的前行在哪些地方需要 5G 的支持呢？

例如，AR/VR 的移动化需要 5G 网络；高清的 8K 及以上的内容传输需要 5G 网络；AR/VR 技术中的语音识别、视线跟踪、手势感应需要 5G 网络；AR/VR 视频采集设备的无线化需要 5G 网络；提升 AR/VR 的沉浸感、交互感、体验感等都需要 5G 的支持，5G 将造就 AR/VR，AR/VR 也将造就 5G，它们两者是相辅相成的关系，互相成就对方。

（2）加强 AR/VR 直播的垂直化、商业化应用。

在过去的几年，AR/VR 直播在综艺娱乐和体育赛事中不断试水，而在前不久，中国移动研究院副院长魏晨表示，AR/VR 技术将从传统的娱乐行业向各垂直行业应用拓展，AR/VR 在垂直领域的融入将不断提升，例如在房产、教育、旅游、医疗、企业管理培训等都会有更深入的应用。

（3）降低 AR/VR 直播应用成本。

在过去几年，VR 的发展虽然略见成效，但是造价成本高，使用程度也多停留在体验层面。而到了 5G 时代，可使得运营商以低成本为用户提供服务，这也意味着用户可以以更低的价格享受 VR 的内容资源，加上相关的硬件设备不断升级，包括拍摄设备到"头显"设备等，不仅在企业应用中会加强，在个人使用中也会加强，有可能从人手一部的智能手机到人手一部的全景拍摄器和 VR 眼镜，让 VR 无论在内容的产出和观看中都变得更加方便、普及。显而易见，AR/VR 直播的出路在于解决上面的问题，5G 时代的到来让 AR/VR 产业向前迈进一大步。

◎ ┃ 体育直播 ┃

直播实时球赛，用户最关注的莫过于沉浸感。用户想要的是与球星面对面，并且有身临现场与粉丝团一起欢呼呐喊的氛围体验。而 AR/VR 可以帮用户获得这种体验，用户不仅享有视听的体验，还可以与异地朋友一起分享比赛、交流战术，也可以让你和身边的人做虚拟击掌。

目前，5G+AR/VR 直播已经在体育赛事上有多个成功应用案例。

CBA 联赛

2019 年 11 月 1 日，CBA 2019—2020 新赛季揭幕战打响，广东东莞银行队主场对阵辽宁本钢队。在这次比赛中，广州移动联合 CBA 联赛公司，率先推出 5G+VR 赛事直播服务，打造沉浸式观赛"第二现场"，令人眼前一亮。在本次 VR 直播过程中，Pico VR 一体机用户作为首批尝鲜群体，第一时间感受到新奇的 5G VR 直播观赛体验。

据了解，本套直播方案通过在赛场架设多台 VR 摄像头，全方位、多角度实时拍摄比赛画面，经过 5G 网络为 VR 一体机用户实时传输比赛数据。Pico 一体机用户只需在应用市场下载 GVR 应用，进入界面后根据提示操作进入演播大厅，即可观看超清、宽屏的比赛场景，感受经由 5G 实时传输的赛场画面和声音。

本次沉浸式"第二现场"，不同于传统观赛平台观看者的俯视角度，用户在 VR 中的观赛视角就在赛场旁边，甚至就在教练席和评论席后方，以最清晰的第一视角观察每一场比赛中的细节，以等同于超级 VIP 的位置融入整场比赛之中，完全模拟现场观赛感受，体验超强的比赛临场感。同时，在 VR 一体机应用中，用户也可以通过切换视角的方式获得更为细致、多面的观赛体验。

随着 5G 商用正式开启，5G 逐渐赋能各个产业。VR 技术与 5G 体育比赛直播的结合，为广大体育爱好者提供一种更加新颖的观赛方式。在 5G 网络加持之下，加入超清全景、多机位视角、实时交流的直播观赛体验即将成为趋势。

韩国 LG

目前，LG U+已经提供多种 VR 直播方式。比如棒球赛事和高尔夫赛事的直播。用户可选择从高尔夫球场或棒球场的各个位置观看场内动态，并且支持多屏播放和实时图形叠置"AR 立体转播"，能够展示球的飞行轨迹和选手数据统计。最有创新性的功能是支持棒球选手或高尔夫选手的击球动作回放，用户可自由调整球员周围的视角，从任意角度观看球员击球动作。

LG 的 U+职业棒球/U+高尔夫直播，提供以下服务：

- 提供 360 度赛事直播和精彩回放服务；
- 用户可选择从多个位置放大角度观看比赛，并支持多屏播放和实时图形叠置"AR 立体转播"。

U+职业棒球/U+高尔夫直播可实现选手的击球动作回放，通过在特定位置，如棒球场的本垒板或高尔夫发球台周围设置多台摄像机，用户可自由调整球员周围的视角，从任意角度观看球员的击球动作，可具体观察球员的击球技巧。

U+选择合作模式内容的实现需要改造棒球场及高尔夫球场以设置多个机位，改造费用较高。以棒球场为例，U+与棒球联盟（独家）、转播商一起合作，共享内容。该内容用 5G 播放，每小时约消耗 4.1GB。

平昌冬奥会

在 2018 年韩国平昌冬奥会上，美国电视网 NBC 与英特尔合作，首次引入 5G 网络，采用英特尔的 True VR 技术，对冬奥会进行了超过 50 小时的 VR 直播。

英特尔 True VR 技术在每场比赛中，采用多个摄像机点位拍摄，打造交互式的 360° 虚拟现实环境。观众可以自由选择多个视角来观看比赛，营造真正的沉浸式体验。

平昌冬奥会不仅带来了奥运会历史上的第一个 5G 网络，还是第一次现场 VR 直播的奥运会。VR 直播让体育迷"去现场"，不仅是"看"奥运会，而且是"体验"这一切。

使用英特尔的虚拟现实技术，英特尔与奥运广播服务公司（OBS）共录制了 30 场奥运比赛，提供现场和视频点播内容。

具体是怎么实现的呢?

英特尔 True VR 团队在多个奥运场馆设置了摄像头支架,每个支架配有六对镜头,捕捉立体视图。每个摄像机支架每小时产生超过 1TB 数据,随后通过 5G 网络发送至技术运营中心,被处理为 360 度和 3D 立体视频放送给广大观众。

美国超级碗

2018 年,费城老鹰队(美国橄榄球队)对战新英格兰爱国者队,全美国约有 1.03 亿观众在他们的电视机上做了同样的事情。同时,纽约市的 Verizon 公司员工以不同的方式观看了该比赛:通过 VR,并且完全通过 5G 连接而成。

这是 Verizon 在超级碗(Super Bowl LII)期间悄悄运行的 5G 压力测试的一部分。工程师和支持人员首先在体育场的 Verizon 套件中安装了 5G 设备。该设备配置为使用 Verizon 28GHz 毫米波频谱上的 800MHz 带宽(这是 5G 所需的频谱)。

随后,Verizon 的 AR/VR 合作伙伴 enVRmnt 将两台摄像机放置在套件下的座位上。然后,Verizon 在接下来的几周内安装了更多的设备,并在维京主场比赛中进行了一些初步测试,以确保所有设置都正确。

20 名左右的员工和合作伙伴没有在大屏幕电视上观看比赛,而是轮流戴上配备了三星 Galaxy S8 的 Daydream VR 眼镜。

Galaxy S8 运行的是一个自定义的 VR 环境,将观众放置在明尼阿波利斯的 Verizon 套房中,并配有酒吧和冰箱。在周围的墙上有三台虚拟电视:两台分辨率为 1 080p,一台分辨率为 720p。其中,两台电视显示来自 NBC 和 NFL 的实况转播,另一台则进行了重播。

如果你走到套房的尽头,你可以直接观看赛事直播,能够以 180 度立体视角观看比赛。

NextVR 的 NBA 直播

NextVR 成立于 2009 年,于 2012 年开始从 3D 电视播放技术转向虚拟现实领域,目前已拥有包括内容制作、传输、转换与回放等 23 项虚拟现实直播领域的专利。NextVR 是目前全球唯一一个实现了高清品质的 VR 直播公司。有别于 360 度全景视频,NextVR 采用独特的 Live VR 系统,能够提供实时深度信息的 VR 直播。

2015 年 11 月，在用 VR 直播 NBA 比赛半个月之后，NextVR 获得由 Formation 8 领投的 3 050 万美元的 A 轮融资。跟投方还有：影视制作公司时代华纳、康卡斯特电信（Comcast Ventures）、曼德拉娱乐集团董事长兼 CEO Peter Guber、体育与娱乐领域的风险投资公司 RSE Ventures、体育直播和娱乐领域的巨头 Madison Square Garden Company、电视直播娱乐节目制作者和经营者 Dick Clark Productions。随后的 2016 年 2 月，NextVR 与 Fox 体育签订了 5 年的合作协议，对其旗下的体育内容进行 VR 直播。Fox 体育是美国职业橄榄球大联盟（NFL）的主要转播商之一，也是国家冰球联盟、棒球大联盟、美国高尔夫公开赛、世界杯足球赛（自 2018 年开始）等赛事的转播商，拥有许多体育赛事的内容资源。这一合作将有助于 NextVR 测试与升级 VR 直播技术，抢占 VR 直播市场。

NextVR 与 NBA 合作多年，为喜爱 NBA 的用户提供了观看 VR 直播的机会。2019 年，由 NBA 和 Turner Sports 共同管理的 NBA Digital 和 NextVR 宣布了 2019—2020 常规赛季的实况 VR 直播时间表。

NextVR 适用于大多数 VR 头显（Samsung Gear VR，Google Daydream，Windows Mixed Reality，PlayStation VR，Oculus Go，htc vive，htc vive Pro，Oculus Rift 和 Oculus Quest）。

NextVR 的 NBA 直播通过在 VR 中提供高保真度和沉浸式的 NBA 体验，用户能够在 VR 中享受 NBA 篮球的乐趣。

在 2019 年世界移动通信大会（MWC19）上，NextVR 与高通合作，提供 5G 网络下的 *Fearless* 体验，这是首款具有六自由度的高清晰度 VR 流媒体视频，在高通的展位上通过 5G 流媒体播出。

Fearless 体验由 NextVR 制作，展示了三个专业的潜水员从夏威夷一个 85 英尺（1 英尺=2.54 厘米）高的悬崖处跳入海中的过程。观众可以在悬崖上自由走动，甚至可以走到悬崖边看大海。为了制作这段 *Fearless* 体验，NextVR 使用了能够生成六自由度超高清晰度视频的先进的专业相机。

◎ | 演唱会直播 |

视频网站的演唱会付费模式较为成熟，VR 直播良好的沉浸感将吸引更多付费用户。

腾讯视频 Live Music 已经占据在线演唱会的半壁江山。2015 年，LiveMusic 平台直播了 55 场演唱会，在线观影人数 5 500 万人，播放次数高达 12 亿次，市场份额超过 60%。其中，Tfboys 在线直播观看人数超过 317 万人，粉丝效应强大；Live Music 付费 BIGBANG 澳门演唱会用超过 12 万人的付费数字创下中国演唱会在线付费直播新纪录，最高近百万观众同时在线，360 度全景技术和 VR 技术的配合使用也促使全国演唱会直播首次使用 VR 技术。

LG 的 U+偶像直播

LG 的 U+偶像直播业务充分利用韩流明星在韩国的热度，提供著名韩流偶像团体演出的视频直播和录播，在女性用户和年轻用户中比较受欢迎。

用户可通过 360 度 VR 视频观看演唱会，并且可以选择喜爱的艺人观看他们演出的特写视频，同一时间可以选择 3 个艺人在同一屏幕观看。

用户可以同时观看不同视角（舞台正面、侧面、背面，由 LG U+独家拍摄），还可在不同视角和艺人之间实时切换，并且可以在现场直播期间，返回错过或希望重复观看的部分。

用户还可以设置特定的闹钟提醒，避免错过艺人的表演时间。

音乐会

2019 年 10 月 19 日～10 月 28 日，第 12 届中国音乐金钟奖音乐会在中国成都举行。在中国电信的助力下，本届中国音乐金钟奖成功实现 5G+8K+云+VR 直播，这也是全国首次采用 5G 技术直播国家级艺术盛会。

为助力成都高科技、高标准打造"国际音乐之都"，中国电信成都分公司提前规划，以高品质 5G 赋能盛会，提前完成了场馆的 5G 网络全覆盖，持续 10 天，独家为音乐会提供全程 5G 直播，让广大市民通过中国电信 5G 技术第一时间欣赏比赛和音乐会。

2019 年 10 月 28 日晚，中国音乐金钟奖闭幕式在成都城市音乐厅举行。中国电信提前针对城市音乐厅功能需求进行 5G 建设及优化，将城市音乐厅打造为全国首个 5G 音乐厅，通过电信 5G+8K 直播，以高清的震撼效果呈现现场盛况。

中国电信首创天翼云+VR 全国直播，以优质的 5G 网络为基础，配合高速稳定的电信云技术、全新的沉浸式 VR 拍摄技术，让全国云 VR 用户、现场观众、各 5G 直播点市民都能同步实时观看，360° 全景视野让人们身临其境般欣赏艺术家和优秀选手的精彩演出。

二次元虚拟偶像

在华为举办的 5G 全场景媒体沟通会中，到场参会者置身于高速的 5G 网络环境下，通过华为 VR Glass 体验 5G VR 二次元直播、5G VR 秀场直播等丰富的娱乐项目。现场体验区为消费者带来了全球首个 5G + VR 二次元偶像直播，该技术利用 5G 高带宽、低时延的特性，传输至华为 Mate 30 系列 5G 版手机上，借助麒麟 990 5G 的优秀算力，实时渲染，实现虚拟人物肢体的实时映射，再通过 VR 显示出来，从而将虚拟人物复活，带给消费者前所未有的沉浸式体验。

二次元直播场景是由华为无线应用实验室，与合作伙伴华为云、声网及创幻科技联合开发的基于 3D 的虚拟技术。在 5G 网络下，借助华为 5G 手机，实现虚拟人物的复活。借助二次元虚拟偶像技术，未来人人都可以进行 VR 直播，成为虚拟偶像。

在华为 Mate 30 系列发布会上，华为首次采用 5G+VR 直播的形式，通过 GVR "第二现场" 与上海、杭州和太原的三家华为智能生活馆联动，身处智能生活馆而未能到现场的观众，通过佩戴华为 VR 眼镜，同步观看发布会直播，感受震撼现场。

二次元虚拟偶像技术将直播的流程虚拟化，并将内容从导播台传输至服务器，再一层层借助 5G 传输，实时推流到华为 Mate30 系列 5G 手机里，便于通过 VR 眼镜观看。未来 5G 场景里，借助 5G 手机和 5G 网络，普通消费者就可以直接体验 VR 直播，感受更为震撼的视觉盛宴。

◎ | 展会直播 |

2019 年 9 月 7 日，世界物联网博览会于无锡市太湖国际博览中心召开。在本次博览会上，移动以 "5G+连接美好生活" 为主题，展现了一场跨界融合的 5G "大秀"。中国移动江苏公司带来首场 5G+VR 直播，在传统直播模式上，用 5G 网络技术赋能 VR 全景，打造出 360° 的直播感观，引来超百万观众观看。

世界物联网博览会现场布置多个 VR 全景球机摄像头。江苏移动通过 VR 全景摄像头对现场进行全方位视频采集后，利用 5G 网络高速回传 VR 视频画面源，从而打造出 360°的立体画面，给予人身临其境的沉浸式体验。在线观看直播的观众可以按心情转换画面角度，想看哪里点哪里，如同身处现场一样。

◎ ▎联通 5G 新直播 ▎

2019 年 11 月 7 日，以"新直播，让未来生长"为主题的 5G 直播孵化基地开通，5G 新品发布会在北京·超级秀场举办。会上，中国联通成立了 5G 直播合作赋能联盟，5G 直播孵化基地正式揭牌。

5G 直播孵化基地是由中国联通公司和超级蜂巢合办的全球首家 5G 直播基地，中国联通对基地进行了三方面赋能：一是网络赋能，基地实现了 5G 信号全覆盖，千兆光纤全覆盖（直播间、园区、公寓），基地用户可以享受优惠资费；二是技术赋能，由中国联通提供 5G 终端、智能硬件及包括多视角、自由视角、互动 VR 等在内的高科技新直播技术。中国联通重磅推出第一个杀手级应用：5G 新直播，并给出了定义：新直播就是 5G 新技术赋能后的直播模式，具有"超高清+多视角+互动"等特色，其包括四大核心要素：一是由 5G、AR/VR、高清及泛智能终端带来的新技术；二是为合作方打造"直播及短视频内容孵化创新能力+平台分发传播能力"的新平台；三是由新主播和新观众构成的新人才；四是商业赋能，中国联通将基于自身 3 亿名手机用户和沃视频，实现高效的商业模式孵化，并培育 5G 直播达人，吸收 5G 产业入驻，共同进行营销模式创新推广。

基地具备五大能力。网络能力方面，双 5G 双千兆速率覆盖 18 万平方米，足以服务 6 000 名网络主播。场馆能力方面，基地拥有 5G 网络直播室 10 个、高级主播公寓楼 2 栋。此外，还有 5G 直播大型发布厅、5G 直播大型会议厅、5G 直播智慧生活体验馆。设备能力方面，5G 视频连接设备、超高清直播摄像设备、AR/VR 制作及播放设备、全景摄像设备一应俱全。培训能力方面，据合理预估，每年可输出 10 000+名专业主播。制作能力方面，预计每年输出直播和短视频素材播放时间超过 500 万小时。

3G 和 4G 时代，微博、微信、短视频各领风骚。5G 时代，AR/VR 全景直播有望成为潮流应用。

远程化

5G+AR/VR 可以突破空间距离，让再远的东西也仿佛近在身边。在教育领域，VR 沉浸式教学可实现远程教学、培训；在工业维修领域及远程服务领域，前端使用者佩戴 AR 眼镜，通过摄像头采集到第一视角画面，同步传输给后端协作人员，后端协作人员如同亲临现场，"老师傅"能为"新手"提供智能化、可视化的远程指导、验收和运维工具；现场医务人员只需佩戴 AR 眼镜，便能将病人的生命体征、诊断设备的测试数据传输给远端会诊中心，实现患者与医务人员、医疗机构、医疗设备之间的互动……

5G+AR/VR 掀起了一股远程化潮流。

◎ ▎触觉互联网 ▎

"触觉互联网"一词由德国德累斯顿技术大学教授哥哈德（Gerhard Fettweis）提出。触觉互联网可以定义为一种低延迟、高可靠性、高安全性的互联基础设施，借助于触觉互联网可提供远程触觉感受，对物体进行远程控制、诊断和服务，并实现毫秒级响应。

触觉互联网融合了虚拟现实、增强现实、5G 移动通信、触觉感知等最新技术，是互联网技术的又一次演进。由此，互联网由内容传输网络进一步演进为技能传输网络。同时，触觉互联网提供了一种新的人机交互方式，在视觉和听觉以外叠加了实时触觉体验，使用户可以用更自然的方式与虚拟环境进行交互操作。此外，触觉互联网定义了一个低延迟、高可靠性、高连接密度、高安全性的基础通信网络，是 5G 移动通信的重要应用场景之一，可以被广泛应用于工业自动化、自动驾驶、智能电网、游戏、健康和教育等需要毫秒级响应的行业，并实现网络功能由环境信息监控到环境控制的拓展。

那么，这种远程触觉效果到底是怎样实现的？虚拟现实设备让我们可以获得极度真实的虚拟触觉体验，比如各种虚拟的单击可以获得真实的触觉反馈。触觉互联网的原理与之类似，不过因为是远程触觉，它还要借助高速带宽实现触觉数据的传输。

因为触觉基于抽象感官的数据，要捕捉触觉，我们首先要实现触觉数据化的转化操作，也就是说传输到远程的触觉数据先要在本地捕捉生成，并且可以被计算机识别。大家知道，通过视频捕捉、语音录制等工具，我们可以很轻松地生成多媒体数据。同样的道理，要实现远程触觉，我们也需要对触觉数据进行捕捉。触觉捕捉大多是通过传感器实现的，比如要让用户有握手的触觉，我们就可以通过传感器捕捉这种触觉。这样当用户的手和传感器"握手"连接的时候，传感器就会捕捉到握手数据，同时将它转化为计算机可以识别的数字化数据，这样，这个握手行为就转化为计算机数据了，类似我们使用录音软件，将人的语音输入转化为语音数据。

完成本地数据的采集后，这些数据就可以通过互联网进行传输。不过触觉数据和常规的文本、视频数据不同，它的数据量要比这些文件多得多。比如一个简单的握手操作，因为需要获得类似真实握手的感觉，传感器需要获取手掌触觉数据，包括力度、接触点、关节弯曲度等，这些数据转化为计算机可识别的二进制数据后就变得非常庞大，而且这种触觉需要让对方实时感受到，因此，要将这些数据在网络传输就必须借助高速的网络。5G的无线网络最高速度可以达到每秒10GB，只有高速带宽才有可能实现触觉数据的传输和不延迟。

远程用户接收到触觉数据后需要解码，这样用户才能获得触觉。这个解码操作就类似收到对方QQ发来的视频数据，通过本地计算机的视频解码器才能播放。触觉数据的解码同样需要解码以后才能让我们有握手的触觉体验。解码也是借助传感器实现的。当我们在计算机上接收到远程发来的触觉数据后，通过本地传感器将数据解码。比如可以通过特制的触觉手套，这样计算机在收到对方发来握手数据并解码后，我们通过触觉手套就可以实时获得对方的握手感觉。同样，我们的握手数据也会通过高速网络传输到对方的计算机上，并进行解码，从而实现触觉的远程传输和体验。

伦敦国王学院与爱立信从2015年开始合作进行5G应用的开发，设立触觉互联网实验室，研究通过网络传递实际技能，创造所谓的技能互联网。外科医生通过虚拟现实设备和触觉手套及机器人对患者进行远程手术，通过手套记录钢琴演奏中手指的动作，并实时触动远程学习者的手指，进行钢琴教学等业务展示。日本早稻田大学基础科学和工程学院研究人员已开发出借助于多传感器，从虚拟的图像中获得实际的触觉反馈的技术。美国哈佛大学生物仿生工程研究所开发出一款柔性下肢外骨骼产品——Soft Exosuit，是由灵活的功能性纺织品制成的，可以用来模仿腿部肌肉和跟腱，应用于康复治疗等。

三星、华为、东芝、中国移动、甲骨文等信息企业已经投入触觉互联网研发。此外，一些创新型公司也在进行原型产品开发。英国的 Ultrahaptics 公司开发了一个超声波触觉反馈系统，让用户在空中也能用指尖感受到不同材质的触感。该企业的核心设备是一款外设垫，能够发出 40kHz 频率的声波，通过调节超声波强度模拟出一种虚构的形状和力度，让用户体验到"边缘""平面"等不同虚拟物体的触感。

触觉互联网可以实现远程触摸应用及对机器远程的操控，并经由互联网远程传递技能、体验、服务等，有望彻底改变现有企业的运营模式，推动服务全球化的发展。英国国王大学研究人员估计，未来全球触觉互联网将会带来每年 20 万亿美元收入（占当今全球 GDP 的 20%）。触觉互联网产业化主要体现在以下几个方面。

工业自动化。工业自动化是触觉互联网中的关键应用领域。在工业物理信息系统（CPS）中，控制电路在控制快速移动的设备（如工业机器人）时，需要极低的端对端延迟。当前控制过程主要通过快速现场有线连接实现，例如工业以太网。未来，远程控制工业机器人有望通过触觉互联网解决方案实现。

无人驾驶。触觉互联网具有超高可靠性和主动/预测性能，可以提供小于 1 毫秒的端到端响应时间。借助于触觉互联网，通过车辆之间，以及车辆与路边基础设施间的通信与协调，可以为车辆提供附近及超视距的环境信息，使车辆从自治系统转变为更有效的合作系统的组件，从而提高交通系统效率和潜在的安全性。

设备的远程维修、维护。触觉互联网可以实现远程对机器、设备的高精度控制，可以在危险或人类难以到达的环境中，替代人类活动。例如：在灾难爆发时，遥控远程机器人进行抢险、救助；或当用户汽车、设备等出现故障时，技术维修人员通过触觉互联网远程进行故障诊断、维修指导等。

医疗保健。触觉互联网在医疗保健领域有许多潜在的应用。通过触觉互联网传递医生技能，一位经验丰富的外科医生身处临时医院，通过触觉互联网给世界另一端的病人实施精准的医疗诊断及手术。此外，通过基于外骨骼的假肢和功率放大器为残疾人提供支持和帮助，改善他们的活动能力，确保他们能够自主生活。

虚拟现实。现有的虚拟现实和增强现实应用程序可以从触觉互联网中获益。虚拟现实可以提供共享的触觉虚拟环境，几个用户通过仿真工具物理耦合，在视觉上叠加触摸感知来联合或协作地执行任务。在增强现实中，计算机生成的内容可以在用户的视野中可视化。虚拟现实中的触觉反馈是高保真互动的先决条件。特别是通过触觉感知虚拟现实中的对象依赖于高精度的各种应用，如维护、驾驶员辅助系统、教育。

远程教育。触觉互联网将为远程教育提供增强的交互体验，例如，提供支持更加逼真的运动仿真（如飞行仿真器）的电子教育，使在线教育可以提供对触觉感官的支持，为技能类课程，如：音乐弹奏、美术、运动等提供全新的学习感知。

◎ ｜远程维修｜

你家里的电器坏了，一般会想到请师傅上门维修，或者拨打客服电话，按照电话提示逐步排除故障。在 5G 时代，这些维修工作都可以在家完成，而且是在专家的"现场"指导下完成。

普通市民变维修达人

一台摩托车的发动机出现了故障，市民戴上 AR 眼镜，远在维修中心的工程师直接站在了发动机面前，一步步排除故障，最终发现是电源线老化问题，从而顺利排除故障。以后普通市民也都可以变身维修达人，弄不明白的地方，工程师可以如临现场般远程指导。5G 技术的助力，无疑将为垂直行业的应用场景打开更大的想象空间，搭载于 AR 智能终端的远程通信与协作系统，将改造现有的智能制造、工业 4.0 等行业。

在应用 AR 眼镜的远程维修中，由于前端使用者佩戴眼镜，通过摄像头采集第一视角画面，后端协作人员如同亲临现场，达到"你眼即我眼"的效果，协同更高效。结合空间定位、图像识别等 AR 技术，还可传输文字、图片、语音和标记，以实现 AR 指导。

AR 辅助远程维修

2019 年 9 月，天翼智能生态博览会在广州市广交会展馆开幕，华为在广州现网展示了面向商用的 5G 独立部署（SA）网络，开展了包括 5G 切片和 AR 辅助远程维修在内的多项演示业务。

在本次博览会上，AR 辅助远程维修演示吸引了大量观众的目光。戴上 AR 眼镜，工作台上的发动机旁边自动浮现出发动机内部细节的 3D 模型，随着用户视线焦点的移动，还不时跳出悬浮的小贴士，提示零件的功能等信息。使用"呼叫专家"功能，AR 眼镜所看到的场景可以实时共享给维修专家，专家通过手机或平板计算机即可指导佩戴者进行维修操作。

在 AR 辅助远程维修业务中，AR 眼镜将拍摄到的视频实时传输到云端的 AR 视频渲染服务器上。服务器对视频场景进行识别，并将所需的虚拟影像叠加到真实场景上，再把渲染生成的新视频实时传回 AR 眼镜。这一"上传——处理——下载"的过程不仅需要较大的上行带宽和下行带宽，还要求传输时延足够低，才能满足实时交互的需求，让用户有良好的体验。体验保障需要依靠切片技术来支撑，5G 网络切片是在统一的 5G 物理网络上切割出来的逻辑专网，由 5G 核心网对整个切片的生成进行控制，不同的切片对应不同的带宽、时延、业务优先级、移动性等连接属性，并采用不同的计费方式，从而满足 5G 时代各种业务的差异化需求。比如连接传感器的物联网、用于自动驾驶的车联网和用于 AR/VR 视频的多媒体网络，它们所需的连接特性和计费方式显然有很大差异。

基于 AR 的远程交互应用涉及领域很广，AR 远程维修对操作实时性要求很高，在移动网络传输方面，时延要求小于 20ms，用统一中心服务器处理在时延上消耗会比较大。5G 网络相比 4G 网络，在无线基站的空口时延、核心网架构调整的传输时延上均有大幅度下降。大多数的 AR 交互应用集中在某个企业或区域范围内，因此，通过 5G 核心网的 CUPS 架构，传输时延预计小于 5ms，可以动态识别热点应用，并快速将对应的应用部署到边缘 CDN，就近完成业务处理，满足快速响应的诉求。

通过 AR 技术与 5G 移动网络的结合，可以有效地解决基于 AR 技术的远程交互中遇到的痛点和挑战。5G 网络的超大带宽、超低时延、超大连接、超高可靠等能力，可以满足 AR 远程交互在通信传输中的诉求，带动 AR 产业发展进入新的高度，加速 AR 应用融入人们的生活和工作。

飞机检修

贵州移动与茅台机场合作，运用"5G+AR"成功完成了飞机的远程试点检修。

随着机场航班量的日益增长，茅台机场现阶段的维修能力亟须与其运力适应，同时作为国内试点的智慧机场，更需要一种先进、高效、易部署的技术解决这一难题。移动5G凭借自身"超高速率、超低延时、超多链接"的特性，借助特制AR眼镜，可迅速实现上述诉求。茅台机场借助移动5G网络，通过前端机务维修人员佩戴特制AR眼镜，将停机坪现场、飞机故障点等情况实时回传到维修专家的计算机屏幕上，身在异地的专家以维修者的第一视角清晰获知现场情况，结合图像识别、空间定位等技术，直接将问题点标注在计算机屏幕上，借助语音识别交互方式，前端维修人员在通信过程中可以完全解放双手，按照专家的指导同步排除故障。

移动5G+AR远程检修技术的成功试点，实现了现场维修人员与远端专家直接相联，甚至直接与后台数据库打通，实时享有维修案例的所有信息资料，大幅节省了维修时间，降低了成本，解决了支线机场缺少有经验专家、维修时间长、维修过程无保障等诸多痛点，真正为支线机场机务保障提供了帮助。

◎ ┃ 远程救援 ┃

2019年10月，广州市越秀区在西湖路广场举办第18个"安全生产月"宣传咨询日活动。此次活动以"防风险、除隐患、遏事故"为主题，对标"全灾种、大应急"要求，包括大型商业综合体火灾事故应急救援演练、安全文化艺术表演、安全知识有奖问答竞猜、高新防护技术装备展示、5G+AR/VR远程救援指挥协作系统等系列活动。

此次活动以5G网络低时延的优势为基础，用于虚拟现实技术研发的远程通信、应急救援指挥管理。

通过利用AR智能眼镜、无人机+地面全景相机远程监测，实现地空一体化，实时回传现场超高清视频，提供精准的灾情变化情况，便于各级指挥部及时掌握动态灾害情况，精准实策、高效救援。

灾情现场一线检测救援人员在系统前端通过AR智能眼镜、VR摄像头采集声音、影像及数据，将现场高清视频实时传递给远程专家，让现场技术人员与全球任何角落的专家一起跨平台协作，让远程指挥部专家犹如亲临现场，通过画面标记、多媒体信息推送、语音通话等手段，向现场救援人员快速下达精确指令，最大限度地减少灾情损失。

◎ | 远程驾驶 |

在 2019 年英国古德伍德速度节中，三星公司带来了通过 5G 连线的 VR 远程操控技术，专业的赛车手在外场即可操控赛车进行漂移、烧胎、绕圈等表演活动。

在这次速度节上，三星在试用远程操控技术的赛车内配备了两台三星 Galaxy S10 5G 版，并在车上架设 360 度摄像头。而在外场的专业赛车手头戴 VR 赛车模拟器，利用 5G 网络接收赛车实时状况，针对具体情况进行操作调整，而调控信息也通过 5G 网络实时传输给赛车，从而完成了赛车的相关表演事宜。

通过 5G 连线的赛车远程操控技术具有低延迟、高频宽的特点，这也成为本次速度节的亮点所在。

2019 年 3 月，山东临沂联通公司携手山东临工集团共同打造的远程遥控挖掘机项目，在临工智能矿山综合实验基地亮相。现场通过联通 5G 网络与远端的控制室相连，实时控制位于矿区的无人驾驶挖掘机，同步回传真实作业场景及 VR 全景视频实况。该项目在国内机械企业尚属首次，不仅实现了恶劣环境下的挖掘机作业，也为未来无人工地的实现提供了可能。该项目的成功实施依赖于中国联通领先的 5G 网络技术，现场挖掘机的控制信号和视频信号直接通过 5G 网络传到控制中心平台，空口时延 1ms，整体控制信号时延 25ms，视频信号时延 300ms，在带宽和时延上远远优于 4G 网络，保证了高清视频信号和控制信号的传输质量和速度。

山东临工集团希望借助远程遥控挖掘机项目的实现，建设基于音视频沟通的远程诊断系统，应用于机械设备的远程诊断与教学。通过 AR/VR 应用和音视频实时交流等技术手段，对学员进行基于实物的远程手把手教学，为一线服务工程师提供实时指导，提升服务人员技能水平，提高故障排除效率，缓解服务资源分配不均等问题。该项目将引领国内装备制造业转型升级，改变工程机械行业的发展模式。

◎ ▎远程医疗 ▎

通过 5G 和 AR/VR、物联网等技术，可承载医疗设备和移动用户的全连接网络，对无线监护、移动护理和患者实时位置等数据进行采集与监测，并在医院内业务服务器上进行分析处理，提升医护效率。医生可以通过基于视频与图像的医疗诊断系统，为患者提供远程实时会诊、应急救援指导等服务。患者可通过便携式 5G 医疗终端与云端医疗服务器与远程医疗专家沟通，随时随地享受医疗服务。

前瞻产业研究院预测，远程医疗行业在 2023 年的市场规模将突破 390 亿元，参见图 2-10。

远程医疗有很多应用场景，比如远程会诊、远程示教等。

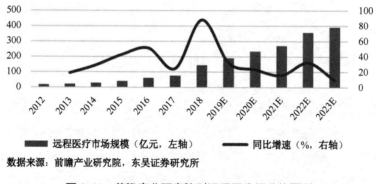

数据来源：前瞻产业研究院，东吴证券研究所

图 2-10　前瞻产业研究院对远程医疗行业的预测

远程会诊

我国地域辽阔，医疗资源分布不均，农村或偏远地区的居民难以获得及时、高质量的医疗服务。传统的远程会诊采用有线连接方式进行视频通信，建设和维护成本高、移动性差。5G 网络高速率的特性，能够支持 AR/VR 的远程高清会诊和医学影像数据的高速传输与共享，并让专家能随时、随地开展会诊，提升诊断准确率和指导效率，促进优质医疗资源下沉。

2019 年 8 月，嘉峪关市成功实现首例 5G+VR 远程医疗手术会诊。此次腹腔镜下宫颈癌根除手术由嘉峪关市妇幼保健院院长张小强现场持刀，通过甘肃移动嘉峪关分公司 5G

远程高清、高精技术呈现的实时画面，省妇幼保健院专家随时、随地掌控手术进程和患者情况，从而实现远程医疗手术会诊，有效地保障了手术的稳定性、可靠性和安全性。

远程超声

远程超声实际的应用是 2005 年由美国国家航空航天局首开先河的。5G 远程超声成为患者的"贴身医师"是最近才发生的事情。其优势体现为：偏远地区或医疗分散的特殊环境无须超声医师亲临现场，由超声专家通过操作远端的超声机器臂即可对患者进行诊断和指导治疗，节省了医疗资源；实现了图像、语音、场景的实时同步互通，上级医师可实时给出会诊意见，指导基层医疗；超声图像和数据无压缩传输和 5G 切片技术，保障了专家的反向控制与实时测量及数据的安全性。通过联合 AI 和 VR 技术，5G 远程超声的应用前景广阔。

2019 年 6 月，"5G 智慧医院应用发布"智慧医疗体验展在四川省第四人民医院举行，其中一项为 VR 远程超声的应用场景。

超声远程指导应用场景是利用 5G+VR 远程超声系统，四川省第四人民医院的专家可以对基层社区超声医生进行远程实时指导，并借助实时回传的患者超声图像与数据提供诊断建议。与 4G 网络环境相比，5G 网络保障下的图像传输最快能提升 90%的速率，保障远程超声诊断的精准性，让远程诊疗更加便捷、高效。

远程针灸

远程针灸则是利用 5G+AR 远程针灸平台实现的，位于成都锦江区五福社区卫生中心的针灸医生，在佩戴远程针灸定制头显后，就能够获得四川省第四人民医院的专家对穴位定位和操作手法的精准指导。借助 5G 网络，分级诊疗和远程医疗的效果将会大大提高。社区和基层的患者在家门口就能获得上级医院专家的及时治疗。

新生儿探视

有的宝宝一出生就需要治疗，因此与家长分离，住进了有隔离设计的新生儿重症监护病房。对于家长们来说，看不到孩子的焦虑心情让人倍感煎熬。

现在，有了 5G 新生儿智慧探视。护士们佩戴着搭载 5G 远程探视系统的 AR 眼镜，让家属通过 5G 网络以第一视角探视处在重症监护病房中的婴幼儿。如此一来，在杜绝当面接触带来的感染及其他医疗风险的同时，缓解家长的忧虑心情，在"面对面"的沟通中加深家属对医生医嘱的理解和认同，有利于融洽医患关系，提升医院管理与服务质量。

远程急救

AR 眼镜公司亮风台与广东移动在第九届中国胸痛中心大会上联合演示了"5G+AR 远程胸痛急救"。

在现场，当患者被抬上急救车的第一时间，一线救护人员佩戴上亮风台的 AR 眼镜，采集现场第一视角的图像和数据，借助广东移动 5G 网络和亮风台的 AR 远程通信与指导平台 HiLeia，患者的资料在第一时间实时传输到不在第一现场的南部战区总医院专家处。

受益于 5G 网络高速率、大容量、低延时的传输优势，专家在第一时间就接收到了患者的心电图等生命体征数据，并迅速展开初步快速的病情分析与诊断，一线救护人员依据远程专家的 AR 实时指导，对患者进行胸痛急救措施。现场画面声音清晰、连贯，完全没有卡顿、音画不同步、设备清晰度不高等影响体验的问题。

此前，由于 120 急救车的随车医务人员数量通常比较少，并且经验有限，医学检测设备也较少，以及缺少有效的远程通信交流手段，多数院前急救工作只能停留在简单的处理和患者转运层面，因此患者在 120 急救车上错过了最佳的急救时间。"5G+AR 远程胸痛急救"的应用，使"白金十分钟，黄金一小时"高效抢救得以实现。

三维可视化

可视化是指创建图形、图像或动画，以便交流沟通信息的技术和方法。在历史上，有洞穴壁画、埃及象形文字等，如今可视化有不断扩大的应用领域，如科学教育、工程、互动多媒体、医学等。

可视化对于我们非常重要，因为可视化的表达形式与交互技术是利用人类眼睛通往心灵深处的带宽优势，使用户能够目睹、探索以至立即理解大量的信息。

◎ | 从平面到三维可视化 |

计算机的界面从按钮操作台到 DOS 系统，再到图形的可视化界面，是人机交互方式的颠覆性改变，使得普通的个人能够轻松地使用计算机，大大促进了计算机普及率的提升。

1964 年，斯坦福研究院的道格拉斯·恩格尔巴特博士（Douglas Engelbart，鼠标之父）所领导的小组开发出了历史上第一个图形用户界面，采用基于文本的超链接形式来完成。这一理念随后被施乐帕洛阿尔托研究中心（Xerox PARC）的科学家艾伦·凯（Alan Kay）拓展到图形。1973 年 3 月 1 日，第一个可视化操作的计算机——Xerox Alto 在施乐公司诞生。Alto 是第一个把计算机所有元素结合到一起的图形界面操作系统。尽管该计算机是基于个人计算机的理念来发明制造的，但其造价高达数万美元，难以向个人推广。

图形用户界面逐渐演变成 WIMP 这一典范。WIMP 是由"视窗"（Window）、"图标"（Icon）、"选单"（Menu）及"指标"（Pointer）所组成的缩写，其命名方式也指明了用户与计算机交互时所倚赖的主要元素。在图形界面的帮助下，计算机不再是专业人士需要根据大量命令符来操作的设备，已经逐渐演变成普通人通过鼠标单击即可以完成操作的消费电子产品。

最早生产出图形用户界面计算机的是苹果公司的个人计算机"麦金托什（Macintosh）"。1981 年，苹果公司创始人乔布斯向比尔·盖茨展示了其新设计的个人计算机"麦金托什（Macintosh）"。在麦金托什计算机上，苹果公司已经采用了基于图形界面的操作系统。而当时微软公司给 IBM 开发的 DOS 系统仍然采用的是命令式操作系统，直到 1990 年微软公司成功推出 Windows 3.0 系统，才使用上苹果公司的麦金托什计算机在 1981 年就使用的图形界面操作系统。

图形界面操作系统的出现使得用户在使用计算机时，再也不用记住并且敲入诸多 DOS 命令，而是可以简单地单击图标进行操作，大大提高了人机交互的便利性，使得更多普通的用户能够方便地操作计算机，这对于计算机的普及起到了至关重要的作用。

到了 5G 时代，全方位视频化成为主要趋势之一，参见图 2-11。全方位视频化主要包括三个方面：其一是对 4G 时代消费娱乐领域视频用户体验的进一步优化，无论是在高速飞驰的动车上，还是在人头攒动的热门景区，视频的清晰度与加载速度都能够使用户满意度提高；其二是视频终端多元化，4G 时代，移动视频终端仍主要集中于智能手机，而在 5G 时代，万物皆媒成为可能，未来的社会将形成无处不在的屏幕，包括可穿戴设备、智能家居等，此外，视频会进一步突破终端，上升至云端，例如云游戏的使用；其三是视频能力拓展，网速的约束将在 5G 时代被彻底解除，短视频、视频直播会在营销领域有更加广阔的运用。同时，在视频技术的支持下，未来智能驾驶、远程医疗与智能制造将会有进一步的发展空间。不过，可视化依然停留在平面二维空间。

AR/VR 技术所带来的沉浸式视频体验使 5G 时代迈向了超视频化之路，所有的内容都以三维立体的形式可视化呈现。VR 注重虚拟世界的呈现，具体应用在大型游戏与影视作品中；AR 则主要是虚拟内容与现实世界融合显示，具体应用在社交、小型游戏等方面。

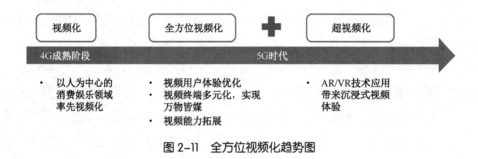

图 2-11　全方位视频化趋势图

目前，AR/VR 的体验馆里，由于 4G 网络传输速度和较高的时延，用户往往在长时间观看过程中感觉不适，而 5G 时代将会给消费者带来更加舒适的体验。此外，5G 还将助推 AR/VR 无绳化，即用户可借助移动终端随时、随地体验 AR/VR，摆脱硬件上的束缚。云 AR/VR 的计算和内容处理均在云端完成，而 5G 时代所具备的高速率与低时延特性能够进一步满足这一需求，协助拓展新产业。

◎ ❘ 物联网可视化 ❘

物联网（IoT）是一种让物理设备、车辆、建筑，与其他嵌入电子设备、软件、传感器、驱动器、网络的各种设备实现互联的技术，这些设备之间可以自由地传输数据。一般来说，配备物联网的智能设备具有以下三个特征。

①独特的地址或命名系统；

②可以联网；

③可以与终端用户或其他自动化元件交互。

共享单车就是物联网的一个具体应用，物联网智能锁为它赋予了共享的意义。它具备以上特征：每辆单车都有自己独一无二的识别码；借助互联网，可以与手机 App 或控制终端进行数据交互。

最早涉足共享单车领域的是 ofo 小黄车和摩拜单车。在智能锁方面，它们分别采用了 Token 模式方案和物联网智能终端方案。摩拜单车投资人马化腾和 ofo 的投资人朱啸虎在朋友圈就物联网智能锁进行了公开的"唇枪舌战"。

摩拜单车的物联网智能终端方案需要手机的数据传输才能发挥作用，为运维降低了成本，也能更准确地获取用户数据。ofo 小黄车采用的 Token 模式，只需处理器、通信、存储及软件设计，就能够自行执行通信数据，但数据传递的缺失，让它的运维成本接近 1 000 元/辆，远超单车成本。

物联网智能锁能够解决生态闭环的问题。ofo 小黄车后来也引入了物联网智能锁，继续与摩拜单车进行着不相上下的"较量"。

大批量、大规模的工业设备为物联网的进一步铺开和发展奠定了基础。借助传感器、智能机器和网络，人们可以控制生产线上的独立部件。中心数据聚合系统可以收集并分析整个供应链上的状态数据，并且对错误、资源短缺和需求变化做动态反馈，减少了资源浪费和停机时间，保证了安全性、可持续性和更大的吞吐量。

形象来讲，物联网就像是设备之间的语言，为设备的互联通信带来了极大的方便。但对于用户来说，它还略显抽象。杂乱无章的数据有些晦涩难懂，间接降低了工作效率。目前的物联网只能传递数据，无法传递场景。

以某段石油管道的阀门工作状况为例，不同的颜色显示了石油管道物联网阀门功能状态的数据流，绿色代表正常，红色代表异常。如图 2-12 所示，左右图虽然都传达了数据的正误，但左图并未反映阀门的空间位置，为问题分析带来了困扰；而右图的信息结合了位置可视化，更容易发现问题阀门是由管道南部的干扰引起的。

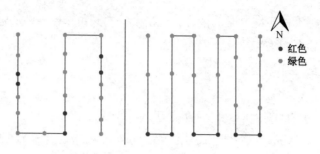

图 2-12　某段石油管道的阀门工作状况

　　从上面的例子，我们可以看出，在物联网应用场景下，远程数据传输和空间交互同样重要。在一家部署物联网的工厂中，生产线上的数据被发送到中央存储库，控制室的操作员负责对其进行监控和分析。在大多数情况下，这些中央控制室离实际需要数据的地方很远，现场工程师需要与中央控制室远程合作，才能诊断出故障。在这种情况下，现场工程师需要口头提出要求，而在中央控制室的操作员不了解现场工程师所在的空间参考信息，为协作解决问题带来了很大的障碍，降低了工作效率。只有同时解决远程数据传输和空间交互这两个方面的需求，才可能真正解决工业远程协助的问题。但是在复杂的工业环境中，例如室外重型机械和油气管道现场，由于环境的多变与恶劣性注定无法安装屏幕或者计算机，无法进行数据传输和空间交互。

　　这个问题就无从解决了？

　　上面提到的问题其实可以用 AR 来解决。

　　物联网的应用，已经不仅仅是物体与物体相连这样简单的模式，还会考虑用户体验和人机交互，例如 AR 技术结合物联网技术，引入可视化，让看不见的连接变为看得见的 UI 和数据，参见图 2-13。

　　可以先看看波音公司的例子。波音公司在造飞机的时候，充分利用了 AR 的可视化能力。飞机中拥有巨量且复杂的电子线路，在进行这些工作时，工程师需要对照功能手册进行处理，这是一项耗时、耗力且严重耽误工期的工作，但波音公司使用 Google Glass（2012年谷歌发布的一款单目 AR 眼镜）对这项工作进行了整理，效率提升了 25%，出错率降低了 50%，参见图 2-14。

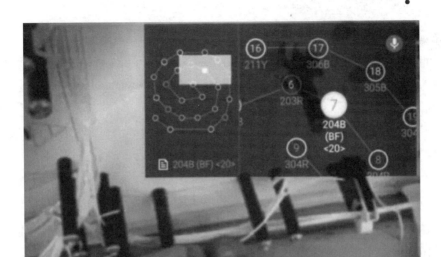

图 2-13 物联网的应用示例

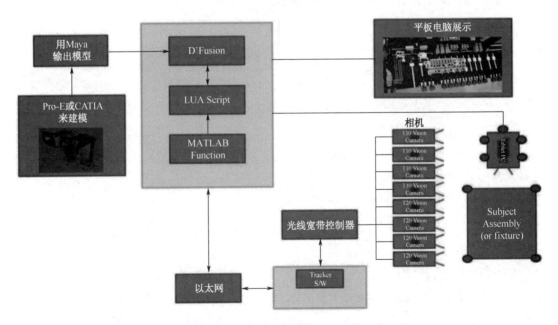

图 2-14 波音公司使用 Google Glass 的可视化能力

以亮风台深度整合软硬件的 HiAR Glasses 为代表的 AR 眼镜，装有亮风台"幻镜"增强现实 App 智能移动设备，通过无线连接为网络数据提供了无处不在的接口，利用传输现场工程师的视野，帮助中央控制室工作人员"感同身受"地理解现场状况，并在短时间提出有效的解决方案。

对于现场工程师来说，操作并不复杂，只要启用 AR 设备，指向问题场景。AR 设备使用摄像机扫描场景，识别现场设备的传感器对象，重建其空间模型。结合物联网应用程序自动收集连接到中央存储库的可用传感器列表，并在 AR 设备中的传感器确切位置上显示设备信息。信息可以追溯，工程师还可以搜索诊断故障所需的历史数据。

因此，AR 可视化的数据不仅包含了物联网传感器的固有信息，而且还提供了空间位置关系。即使是偏远的石油管道，高温的喷气发动机或大型的金属印刷机等，人们都可以借助 AR 技术，对操作过程中的虚拟数据进行空间可视化分析。

AR 可视化还可以定制，从而加快对数据的解释，更好地突出问题所在。例如，可以使用颜色映射的三维流场覆盖在管道上，进行压力和温度显示，允许操作者"可视化"管内流体的行为，加快参数调整和故障检测流程。

甲骨文的集成方案

知名企业甲骨文公布了其 Oracle Cloud 企业平台的新功能，通过全面监控数字和实体资产为大型企业提供完整作业的鸟瞰图。与新功能一道，甲骨文展示了 AR 和 VR 在物联网中的应用。

甲骨文展示了如何通过 Gear VR 这样的头显来游览工厂车间的"数字孪生"，允许用户在真实车间的虚拟版本中自由走动。虚拟版本复制了真实车间的数据，提供了正常运行时间、停机时间、温度等重要信息。

VR 可以帮助技术经验尚浅的工作人员更容易地通过 VR 来浏览车间，而不是学习如何在新软件上浏览。

VR 视觉化变得更加有趣，可以用于员工培训。因为数字孪生功能意味着企业可能已经拥有许多设备的虚拟副本，这允许员工在实际建筑的虚拟版本中接受培训，以及在实际机器的虚拟版本上操作，从而为新员工提供直观的培训。对现有员工来说，系统也可以帮助他们在尚未安装的新设备上进行培训，这样当设备准备妥当时，就能缩短上手时间。

从设计角度来看，Gear VR 显示的训练示例基本上跟今天大部分消费者的 VR 内容接近（主要是单击式的逐步操作），但细节程度没有限制。这主要取决于企业希望在培训应用中提供多少细节和交互。

为了展示物联网作业与平台和 AR 设备的结合，甲骨文把工业水泵的 3D 打印模型作为真实水泵的道具呈现。通过把平板计算机作为未来企业 AR 头显的替代品，甲骨文展示了设备能够根据条形码的标记识别水泵，并把设备的型号覆盖到显示屏上，然后通过 Oracle Cloud 物联网系统提供实时信息传播。

除了提供水泵的视图外，还可以叠加维修原理图，从而提供交互式拆卸说明书，这样工作人员就无须依靠纸质文本来完成工作。使用平板计算机不是十分方便，但通过时刻在线的 AR 眼镜来查看相同的功能将是这种数据可视化向前发展的重要一步。

甲骨文的物联网云端与 AR/VR 的集成已经成形，但仍属于初步发展阶段。甲骨文正在等待合适的企业级 AR/VR 头显出现，与此同时，他们也将继续研究技术的集成，直至走向成熟。

◎ | 设计可视化 |

产品设计

微软联合 Autodesk 的 Fusion360，推出基于 HoloLens 的 3D 产品设计解决方案。这个方案将会改变工业设计、机械设计和其他产品设计领域，使其协同工作。

Fusion 360 是面向产品设计师和工程师的 3D 建模软件，HoloLens 可以使用增强现实技术把 3D 内容展示在真实环境中，两者结合，用在 3D 产品设计中，可以让非设计人员以直观的方式看到设计，并反馈给设计人员，更快地对设计进行验证，减少样机制造的时间。

通过 HoloLens，设计人员可以打破很多目前设计过程中的障碍，加速产品迭代，提供有效的团队协作方案。

福特开始把基于 HoloLens 的 3D 产品设计技术应用于汽车的设计。福特向汽车设计师提供了微软的 HoloLens。戴上现实增强设备后，设计师可以站在汽车的泥土模型前，看到覆盖在其上的虚拟 3D 图形，从而更加快速地评估和修改新车的设计，参见图 2-15。

这是融合数字世界与实体世界的能力，是产品设计的未来。福特的工程师与设计师站到了一起，他们的合作也更加紧密。

通过 HoloLens，设计师可以从驾驶员的角度感受新功能。如果某个设计不合理，设计师只需动动手指，就能对其进行修改，并且立刻看到修改后的效果。目前阶段，福特对新技术的使用仅限于细节设计，而不是将其用在早期设计阶段。因此，泥土模型还是很有必要的，但新技术能够让汽车设计变得更有效率，因为全球的团队能够同时看到设计上的新变化。这不仅节省了时间，而且能带来更好的产品。新技术让设计流程更为顺畅，而且给予设计师更多的时间。他们可以针对目标市场调整自己的一些想法。另外，AR 技术也能带来更直观的设计，因为设计师的想法能够实时得到评估。

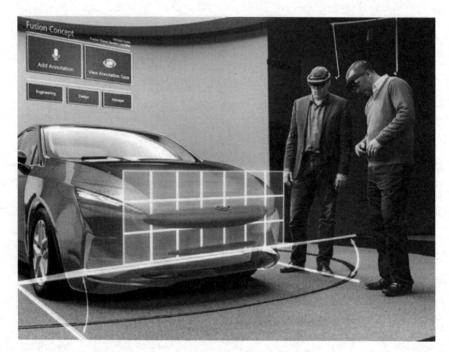

图 2-15　福特向汽车设计师提供微软的 HoloLens

总体来说，采用 AR 技术后，汽车的设计变得更有效率，而设计师的工作也更加愉快了。这是一种更为自然、更加人性化的方式。从使用和分享方面，这种新技术给工作带来了更多乐趣。

建筑设计

Groupe Legendre 是一家大型建筑、房地产和能源集团，在法国、英国和阿尔及利亚各地设有办事处。这家公司在建筑可视化的虚拟现实领域已经走在行业前列，在工程早期就能让客户看到沉浸式的演示，从而促进反馈和协作。

Groupe Legendre 的大多数客户都不是建筑工程专家，而且基本上以前从未尝试过 VR，能够在房间大小的虚拟现实环境中探索自己的工程对他们来说是一种独特的体验，而且效果比 2D 示意图和图纸好太多了。

Groupe Legendre 的建筑可视化团队由大约 15 名设计师和工程师组成，他们几年来一直在为客户创作 AR、VR 和平面屏幕可视化体验。他们能够以前所未有的速度让客户沉浸在 3D 体验中，有时在工程开始后几天内就能做到。

VR 的用途不仅仅是让客户留下深刻印象——为设计和工程团队收集反馈也同样重要。Groupe Legendre 在工程初期阶段就能收集所有客户的意见，然后专家就能相应地修改模型。Groupe Legendre 最新的项目包括一个用于高端建筑，完全可定制的交互式虚拟公寓，以及一个可容纳一家 100 多名员工的未来办公建筑的演示。他们还在世界各地参加展会，展示 VR 对于建筑可视化和 BIM 工程的意义。

家庭装修

人工服务必不可少、市场区域化严重、交付非标等特点决定了家装行业不可能形成如工业品一样的寡头式市场格局。过去二十年的历史事实是：家装公司规模越大，边际成本反而越高。年收入在几十万元到几百万元的微型家装公司目前占了整个家装公司总数的 90%，并将越来越快地退出历史舞台。

家装行业会越来越像第三产业的餐饮业一样，未来的确可能会出现年营业额百亿元的公司，但是相比数量巨大的家装企业群体，这些大型装修企业数量有限，而且收入总规模占据不了主要的市场份额。反倒是年收入在几千万元到数亿元区间的中小型家装公司会占据主体市场。当然，没有独特优势的小微企业从业者将快速退出市场。

随着人工成本、租金成本、引流成本水涨船高，传统线下家居零售卖场收入增长趋缓。而线上线下一体化消费趋势会快速形成，有可能是客户先在店内体验，然后到家里虚拟搭配，继而线上购买，也有可能业主先虚拟搭配，然后找到附近的线下店面进行体验，然后购买，线上线下之间的界限变得越来越模糊。随着 90 后甚至 00 后成为家居消费主流人群，这种趋势变化将越来越明显。

未来家居产品销售渠道会出现三国鼎立的局面：天猫、京东为代表的电商渠道，红星美凯龙为代表的线下卖场渠道，近几年成长起来的家装公司将最终成为市场的主渠道。举个例子，10 年前，通过家装公司渠道销售的主材占比只有个位数，而今天这个比例已经接近 50%。这个故事，还会发生在家具、家电和软装等家居领域。

中小家装公司有两个主要痛点：一个是外部生态协作效率低，另一个是内部成长缓慢。比如一个装修订单一般包含数百件产品，对应几十个不同的工厂、代理商、物流商和安装人员等，这些角色要互相协同才能完成这个订单，这其中包含了大量的重复投入、信息错误、沟通不畅等问题，归根结底是没有一个可视化的平台让整个过程透明化和标准化，这就导致了家装行业的高成本、低运营效率和低客户满意度的现象层出不穷。

家装公司虽然成长欲望强烈，但是缺少路径和方法，半包、全包、全包套餐、整装套餐等运营方式的家装公司，有基础运营成本（店面、人员等），公司利润差距很大，渴望转型升级却又受困于经验不足和资源整合能力弱，失败者众多，成功者寥寥。

基于对如上痛点的洞察，创业企业打扮家提出了独特的解决方案：利用 AR/VR 技术打造云端可视化信息系统，提高整个生态圈的信息透明度、协作效率及用户体验。其中，VR 产品更适合于做硬装设计和销售主材套餐；而 AR 产品则在软装搭配和家具销售方面有优势。

打扮家的"可视化系统"包括五个子系统。

VR 云设计系统：解决装修公司传统的效果图服务模式中设计不直观、决策周期长、签单效率低等问题；打扮家通过 VR 技术帮助设计师快速完成方案，并提供身临其境的用户体验，设计完成后，业主立刻就能感受走进未来的家装修后的效果。

VR 云施工图系统：解决设计和施工环节脱节的问题。设计师完成方案后，可以一键生成施工图及施工报价，隐蔽工程和施工工艺也可提前做到可视化展现，避免设计落地难和随意增项等问题。

大数据系统：解决设计师无法精准掌握客户需求的问题，通过设计和交易两个维度的行为数据，基于大数据系统，推荐适合本地审美倾向和消费能力的爆款产品。

云订单系统：从设计签单到订单交付，解决家装过程中人与物、人与人的信息不对称问题。

AR 家居系统：通过 AR 家具模型，与业主家真实空间互动，实现线上线下一体化联动的新零售格局。

五个子系统涵盖了家装公司从方案设计、签单转化、施工对接、软装搭配、产品下单、订单及物流管理等全流程环节。通过打扮家可视化信息系统，可以连接家装公司背后的整个生态圈，设计、施工、监理、制造商、经销商、运输、安装服务、仓储物流等各方都通过信息系统来提高协作效率。

◎ ∣ 数据可视化 ∣

数据是商业公司成功的关键，因为对数据的有效分析可以为公司的业务流程和应用程序提供可操作的解决方案。为了更好地洞察数据，各种数据可视化应用正在实施 AR 和 VR 技术。

今天的企业通过各种内部和外部渠道生成数据，大数据分析工具支持公司分析数据，并获得洞察力，但是，从大数据分析工具中获得洞察力的有效利用对企业很关键。具有 AR 和 VR 功能的数据可视化工具以更加可行的方式提供数据分析结果，帮助决策者根据所获得的见解采取行动，参见图 2-16。

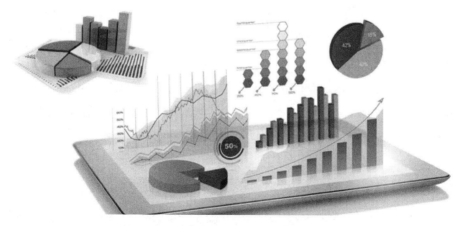

图 2-16　大数据分析工具支持公司分析数据

数据可视化工具可帮助管理人员识别数据中的细微模式和异常，制定长期的全局策略。这些工具还可以在公司的日常运营中快速响应，帮助他们提高资源的生产力。

虽然现有的数据可视化工具提供了比传统报告更清晰的见解，但它们似乎无法呈现复杂分析的结果。AR 和 VR 解决方案可以在显示复杂数据分析信息方面有一定深度。

AR 技术可以在三维空间中提供信息，使公司能够更准确地了解所传达的信息。在数据可视化工具中，使用 AR 将使公司能够清楚地了解需要分析数百个，甚至数千个数据点的情况。VR 技术提供了更加沉浸式和交互式的信息查看方式。

虽然还处于早期阶段，但增强现实和虚拟现实可以从根本上改变我们与数据交互和解释的方式。在大数据革命之后，混合现实中的 3D 可视化是在合适的时间帮助决策者理解，并从大量数据集中收集洞察力的正确工具。该技术将在社区健康与医药、农业、政府等不同领域释放大数据的力量，并且使企业加速使用 AR/VR。

五大好处

数据可视化对企业的作用如下。

（1）以简单的方式展现复杂的事物。

分析企业业务数据可能意味着要完成一项复杂的任务。对于高级管理人员来说，多个数据列和不同的参数如同难以理解的希腊文一样。浏览多个电子表格并不能帮助管理人员全面了解数据。数据可视化服务可以提取复杂而庞大的数据，并将其推向简单的数据仪表板，列出业务主管需要随时知道的重要的数据摘要。

（2）实时了解业务绩效。

考虑一个场景，当最高管理者召开一次快速评估会议，并且要快速更新报告，企业员工可以查看实时数据仪表板来应对这一紧急情况。业务数据会经常更新，仪表板也会随之更新，从而让管理者可以通过不同的指标实时跟踪业务绩效。

（3）发现隐藏的业务见解。

许多技术数据在业务主管的权限范围内并未引起注意。而且，传统的电子表格报告系统不考虑次要的数据，虽然这种数据在不同情况下很有用。实际上，每个数据都有助于业务改善。数据可视化可以给决策提供支持，而这些是手动报告或电子表格无法展现出来的优势。

（4）通过故事进行可视化。

数据可视化可以是一位出色的讲故事者，而讲故事自古以来就是传达思想和说服人们的最佳工具。将大量数据可视化，并使其具有交互性，这是可视化优势。任何数据可视化的要点都将很容易被掌握和记住。这使管理层可以大胆地做出决策，因为这些决策得到了数据的有力支持。

（5）随时随地访问数据。

云计算已经使人们有可能随时随地接入数据库。数据可视化也可以托管在云中，以便快速检索。易于访问的特性使业务伙伴在必要时可以随时轻松地获得见解，并做出正确的业务决策。数据每秒都会更改，而基于云的数据可视化可以保持实时更新。

最新的 AR/VR 软件和工具具有以三维立体方式解释大量数据的能力。数据可视化对公司的发展和决策很有用，可以改善其业务流程，增加收入。现在，许多公司正在使用数据可视化的 AR/VR 应用程序来了解他们的业务洞察力，并提高生产力和效率。

沉浸式的数据可视化

Virtualitics 位于美国加州帕萨迪纳市，是一家专注于为 AR/VR 应用提供数据和分析工具的初创企业。与其他数据分析服务相比，Virtualitics 软件平台将人工智能技术和虚拟现实可视化整合在一起，可以同时提供十个维度的数据，并且能够用于分析复杂的数据集合，展示数据的多维关系。

沉浸式的数据可视化彻底改变了我们看待数据的方式。AR/VR 结合数据可视化为创新提供了更大的可能，因为它为用户提供了获得更多见识和理解信息的可能性。由于这项技术，可以实现更大尺度的可视化。

想象一下，某个企业员工早上去上班，戴上 AR / VR 眼镜，看到一束发光的灯，这些灯代表驱动业务的数据。员工注意到冰箱上方的浮动灯有些不寻常，于是伸出手触摸灯，关于冰箱的所有信息就可以出现在该员工的面前。

当你参加工作会议时，你可能会在屏幕投影仪的纸上看到通过饼图和条形图表示的数据。但是，在 5G+AR/VR 普及的将来，这些图表中包含的数据都将以 AR / VR 中的三维图表形式呈现，以便更快地传达信息，更深入地了解实时情况。实际上，会议可能根本不在会议室中举行，因为 AR/VR 使用户无论在任何位置都可以直观地看到呈现的材料。AR/VR 和数据可视化的结合会对业务产生重大影响，几乎每个行业和公共服务中都可以应用到。传统方法无法与机器学习相提并论，机器学习变得越来越快，功能越来越强大。查找和利用新的关键信息可以创建新的业务开展方式，甚至可以预测业务交易的未来。因为 AR/VR 可以将大量数据输入到三维立体环境中，数据的呈现简单、清晰、全面，这可以帮我们更快、更好地做出决策。

虚拟化

　　移动互联网时代是从手机、平板计算机等移动终端开始的，通过门户网站、搜索引擎、社会化媒体平台等内容分发渠道传播信息给用户，并通过对用户进行实时定位提供个性化服务。移动互联网时代，用户的行为特征呈现为碎片化、并发性与虚拟化特征，行为趋于碎片化与多样化，使多任务处理带来信息过载。社会化媒体时代使得用户身份虚拟化，而 5G+AR/VR 技术的出现，是新一轮虚拟化的开始。

　　移动互联网初期的虚拟化是指用户身份与互动方式的虚拟化，但网络媒体的发展让人机交互方式与内容从单向、简单的平面媒体转向多向、复杂的智能手机、平板计算机等，用户身份的真实性成为社交互动的首要前提，用户行为的虚拟化需求受到制约。AR/VR 技术以其"沉浸性、交互性、想象性"特质通过虚拟的方式使用户获得全方位沉浸式体验，而非简单的身份虚拟化，将与内容的关系从单纯的阅读、观看转变为身临其境的融入，同时改变人与人之间的互动模式。现有的移动终端创造出虚拟的"在场"，AR/VR 技术在此基础上实现虚拟与现实空间的同一化，即打造真实的沉浸式体验，让我们可以随时身处任何一个虚拟的时空场景中，一切都可以进行虚拟的体验。

◎ | **虚拟人类助理** |

自 2011 年苹果 Siri 初始版本上线，AI 助理主要限制于语音的形式，比如微软 Cortana、Google Assistant、亚马逊 Alexa 等。而 5G 的到来，加上 AR/VR 的普及，一个新的 AI 助理形态来临了：虚拟人类助理。如同电影《银翼杀手 2049》当中的虚拟助理，可以用 1∶1 的比例陪伴在人类身边，参见图 2-17。

图 2-17　《银翼杀手 2049》当中的虚拟助理关联界面

虚拟助理是一种具有人工智能的数字虚拟人物角色，能访问大量知识与资料库，并且以自然语言和人类沟通，提供个人专属的定制化服务。在 AR/VR 世界中，虚拟助理能够以 1∶1 真人的大小呈现，并和使用者产生拟真的互动效果。例如，戴上 AR 头盔，就可看到虚拟管家站在电视机旁解说影音内容，或在教室里进行一对一专人授课，并可以与真正的教育课程串联。

虚拟助理的发展，除伴随着人工智能的发展外，主要在于人机界面的演进，从早期的文字沟通、语音沟通到 3D 形象的互动等。其发展可分为四个阶段。

第一代：可能具有一个卡通人物外貌，以文字进行沟通。数字助理通过后台以企业文件库为基础，仅能输出一个唯一答案给使用者，但通常正确率不高，如早期微软 Office 的回纹针小帮手。

第二代：缺乏外貌，仅能用口语或文字回应问题，能针对与使用者对话的句子找出问题，并能正确回应，如苹果的 Siri。目前市场上的语音助理只发展到此阶段。

第三代：有简单的外貌，具备短期记忆能力，能以文字沟通或对话方式提供答案。后端连接第三方应用服务，可提供基本服务，例如叫车、订餐，或专家家教、外语学习、法律咨询、问诊等。

第四代：具有 3D 虚拟人物外观，能针对使用者情绪及语调等差异，调整适当的回应模式或用语，也能不断学习并调整对话过程与答案的正确性。虚拟助理以 AR/VR 虚拟人物的方式存在。

结合 AR/VR 的虚拟助理可以提供的服务包括：玩游戏、法律咨询、医学诊断、虚拟店长等。虚拟助理可以让使用者在虚拟或真实的环境下接受专业服务，只是对象非真人，而是具有人工智能的虚拟人物。譬如：可通过 AR/VR 和 AlphaGo 玩围棋、向 IBM Ross 法律咨询、让 IBM Watson 解说身体状况与诊断结果，或让虚拟的基金经理人协助投资理财。

这些技术成果搭配 AR/VR 的沉浸式体验环境，让使用者有绝佳的体验，未来可在 AR/VR 世界向虚拟教师学习外语，甚至虚拟课程可能完全取代现有实体课程。而当越来越多的应用服务增加 AR/VR 功能后，民众开始在虚拟世界与虚拟人物产生更多的互动，产生一个全新的市场，诞生出虚拟经济。

人工智能扮演虚拟经济内的服务供应者，而 AR/VR 让虚拟世界更真实、自然。虚拟经济通过人工智能与 AR/VR，省去专业人力成本与交通成本，让服务成本大幅降低，未来专业服务将不再昂贵。

爱奇艺的双儿

双儿是爱奇艺的 VR 一体机中的虚拟助理。双儿温柔、漂亮，是用户的 VR 小秘书，无论你发出任何指令，都能有问必答，有求必应。除了基本的语音应答功能外，双儿还可以通过情感识别技术识别用户的情绪，以及通过与用户互动来推荐影片。

双儿不是平面虚拟角色，而是 3D 仿真人，拥有飘逸的长发、曼妙的身躯，穿着窄裙和紧身衬衫，参见图 2-18。

图 2-18 双儿外形

在 VR 世界里，你不仅可以听见她的声音，还可以看到她的样子。双儿既是虚拟世界的向导，语音交互能干的事情都干；同时也是情感陪伴，可以跟用户对话聊天，陪用户看电影，唱歌、跳舞等。

Magic Leap Mica

Magic Leap 最近展出一个 AR 虚拟助理 Mica，拥有人类外貌，为 AR 用户带来亲切的服务，参见图 2-19。

图 2-19 Magic Leap 展出的 AR 虚拟助理 Mica

Magic Leap 的 AR 助理 Mica 将会支持旗下的 Magic Leap One Creator Edition，名为

Mica 的这个助理暂时不会发声，以文字和身体语言和用户沟通。在示范之中，Mica 会在同一个空间中像真人般注视用户，无论是视线，还是头部动作，有相当高的仿真度，甚至可以轻微模仿用户的动作。

Magic Leap 把 Mica 尽可能拟人化，给出一个短发的女性助理角色形象，声音温柔，动作、眼神、脸部表情都非常拟人化。当然，在 AR 世界中，"虚拟助理"更具沉浸感。

Mica 可以为用户解答问题和控制周边装置，而且可以理解用户的情绪，让人工智能更加了解人类，从而进行更流畅的沟通。

Mica 可以直接和计算机系统沟通，并且能够进行个性化培训，而不是简单地依靠大数据来培训，总之，可以提供更好的服务。

目前，Mica 虽然功能有限，但可以有真人的形态与用户互动，这已经是一个很大的突破。未来，如果可以配合语音和更多的互动模式，相信会吸引更多用户。

HoloLens 的 Cortana

微软目前正在研究将虚拟语音助理 Cortana 移植到其 AR 头盔 HoloLens 上，以呈现真人外貌。使用者可以和它见面、交谈。

在 Inspire 合作伙伴大会上，微软展示了一款 1∶1 等比例的 AR "人形化身"。这就是微软目前正在制作的 HoloLens 智能 AR 助理。

这个人形化身是微软 MR 动捕工作室在对 Julia 全身扫描后支撑的全息 AR 人像，而语音翻译部分先是交由 Azure AI 技术翻译，接着利用文字转语音神经网络来实现语音翻译。同时，为了尽量模仿 Julia 的声音，还对她真人的录音进行了对比分析。

微软用 HoloLens 展示全息人像并不是新鲜事。逼真的虚拟 AR 人像展现了微软 MR 动捕工作室的优势，而目前智能手机还无法对人体进行这样高质量的 3D 扫描。另外，也展示了未来 AR 在社交场景的潜力，即使是面对国际友人，你也能够通过 AR 版的 "自己"将想表达的话翻译成可与对方交流的语言。

SK 电信的 Wendy

在西班牙巴塞罗那的 MWC 会场中，韩国 SK 电信向参观者展示了一项新产品"HoloBox"——一个以人工智能技术打造的圆柱形全息影像装置，而住在玻璃圆柱里的，正是栩栩如生的虚拟助理 Wendy。这项展示让虚拟助理从传统的语音形式走向立体全息影像模式，未来可望打破"助理"的框架，发展成为人类的虚拟朋友，成为人类生活中的好伙伴。

HoloBox 和虚拟助理 Wendy，是 SK 电信与技术团队 Reality Reflections 共同打造的。HoloBox 外观如玻璃圆柱体，36.5 厘米高，17 厘米宽，配有前镜头、多方位麦克风和顶部的触控装置，而通过圆柱体的小型投影机和激光投影技术，Wendy 以 3D 方式呈现在圆柱体内约 22 厘米的平面屏幕上，跟使用者进行"面对面"即时互动。

HoloBox 使用了 SK 电信的 Nugu AI 技术，让虚拟助理 Wendy 能听懂日常对话，执行简单的任务，比如开灯、开加湿器或提醒使用者重要的行程等。此外，Wendy 也会表达喜怒哀乐，光是表情就有 100 多种。

虽然 Reality Reflections 打造 Wendy 这个虚拟助理来陪伴人类，但她并非凭空出现。Wendy 的模型，其实是根据韩国偶像团体 Red Velvet 中的孙胜完（Son Seung-wan）而建立的。技术团队利用 160 多台单反相机来扫描、捕捉孙胜完的脸部和身体细节。通常，一次扫描要花 3 至 4 个小时，而建立 Wendy 的雏形则至少要 2 周。为了呈现完整的细节，Reality Reflections 花了 2、3 个月才大功告成。

另外，HoloBox 并不是 Wendy 唯一的家。她能通过 AR 技术，从 HoloBox "跳进"使用者手机中，以高清影像呈现，帮助使用者处理简单的日常事务。

◎ | 虚拟化身 |

虚拟化身是 AR/VR 沉浸式世界体验中所扮演的重要角色。

虚拟化身不仅是我们进入沉浸式世界的工具，也是新一代智能角色。

5G 的到来，让虚拟化身不仅消除了应用程序的概念，而且消除了"下载和安装"的概念。随着 5G 的普及，虚拟化身将提供即时身临其境的体验，人人都会有一个自定义的虚拟化身，如同电影《头号玩家》里面的绿洲一样。

2019 年，开源 VR 软件平台 High Fidelity 在苹果应用程序和谷歌 Play 商店发布了 Virtual You：3D Avatar Creator。这款软件可以使人们能够在不到五分钟时间制作出可用于 High Fidelity 的虚拟化身。

Virtual You：3D Avatar Creator 是由 AR/VR 开发商 Wolf 3D 提供支持的免费工具。用户可以通过自拍生成 3D 虚拟化身，然后再从数以千计的衣柜组合中进行选择，并定制其外观的各个方面，如头发、妆容和身体形状。用户可以将其自定义的虚拟化身直接发送到 High Fidelity 账户，并兼容基于这一开源软件的任何虚拟环境。

人们想在 AR/VR 中做的第一件事就是创造一个虚拟化身。Virtual You 帮助人们快速、轻松地利用已有工具来制作虚拟化身，帮助用户快速步入虚拟环境，带来更好的虚拟现实体验。随着 AR/VR 开始改变我们的日常生活，我们经常希望能够轻松地以现实世界中的形象出现在虚拟世界中。通过利用移动应用程序来提供 3D 虚拟角色，AR/VR 的大规模普及又向前迈进了一步。

◎ | 虚拟旅游 |

5G 结合 AR/VR，让我们可以随时随地访问景点。这和通过图片、视频来进行虚拟旅游的体验完全不一样。因为 5G 下的 AR/VR 具有高度的沉浸感，给游客以身临其境的感觉。

雄安新区中国移动公司与华为合作，在白洋淀景区开展了基于 5G+VR 的沉浸式新旅游，旨在为游客创造舒适、安全的智慧旅游体验。

这段基于 5G+VR 的沉浸式体验能够展现通过位于白洋淀湖区的 VR 摄影机捕捉的 360° 全景画面。摄影机捕捉的画面将会通过 5G 网络传输到云服务器处理，随后在用户的设备中更新。

游客既可以通过佩戴接入 5G 网络的 VR 头显来体验 360° 视频，也可以通过电视机来观看。景区的管理办公室和交通巡逻组也可以通过该实时视频来更好地监控旅客流量和规划旅行路线，从而实现旅游区的智能管理。无法亲自参观的游客也可以通过 5G 手机来观看 360° 的景区风景，仿佛亲自置身景区一样。

2019 年 7 月 8 日，新乡市联通公司与宝泉景区签署 5G 战略合作协议。这标志着宝泉景区正式迈入 5G 时代。5G 的特点就是大宽带、低延时、大连接，这为 VR 更好、更快地全面发展提供了强大动力。

5G+VR 全景直播能让游客身临其境。畅想一下，在熙熙攘攘的景区，你不必为欣赏不到的视角而烦恼，当无人机盘旋在你向往的景区百米上空时，通过 5G 实时传回景区全景高清画面，不管你身处何方，带上 VR 眼镜，就能够让你体验到实时的全景直播画面，比普通 VR 画面更加真实，让体验者身临其境，还丝毫没有卡顿、眩晕等感受，体验感将大幅升级。

旅游者可以化身为高空翱翔的鹰，以"上帝视角"俯瞰景区全貌，仿佛进行了一场直升机观光之旅，可以以 4K 高清视角观看无法抵达的角落，更不必费心收集沿途美景的图片、视频，就可以极速获取并分享属于自己的个性化多媒体游记。

◎ | 虚拟办公 |

其实，虚拟办公现在已经不是一个新鲜概念了。不过，最近几年，硬件和网络带宽领域取得的发展成果，很快能让这项设想变为现实。未来大家的办公地点，将会集中在一个私有化的虚拟空间当中。人们可以沉浸在个性化定制的 3D 桌面中，享受较为理想化的办公环境。现阶段，业内不少知名 AR/VR 头显生产商，比如 Windows Mixed Reality 平台和 Oculus Rift，都已经开始为用户提供虚拟桌面办公体验。除此之外，还有不少应用程序，诸如 BigScreen 和 Virtual Desktop，也都在努力让虚拟办公的设想变为现实。当然了，想要利用这些技术让大家享受到真正流畅且优质的日常办公体验，还是一件比较困难的事情。随着 5G 的大规模商用，基于 AR/VR 的虚拟办公将马上到来。

前不久，一个虚拟现实研究项目组就如何通过 VR 技术帮助白领人群提高工作效率、释放压力做了一个有趣的实验：研究人员利用 HTC VR 设备，让来自北京、广州、上海 3 个城市共计 207 名白领使用 VR 辅助办公。在一个月的试验后，高达 95.2%的白领表示 VR 设备有良好的减压效果，并可以提高工作效率，而这 207 名测试者的 PSS 压力指数实测值也有所降低。

这种虚拟现实的办公系统，用户只需要通过 VR 头盔，就能够沉浸在预先设定好的办公环境中，同时，办公环境也可以根据不同的需求提前设定好，从而提高办公效率。

另外，这套虚拟办公系统还可以摆脱办公环境的束缚，安放在家里、办公室，甚至是任意一个地方。

AR/VR 可以创造不一样的办公环境，比如宽敞明亮的虚拟办公室能让员工思维敏捷，蓝色海底场景虚拟办公室具有舒缓情绪的作用，而独立的虚拟办公室能更好地帮助员工保护工作隐私。这些因素能帮助员工获得更佳的工作状态，提高工作产出。

AR/VR在办公领域的应用具有非常多的好处。

（1）节约实体资源成本，房租将不在预算之列。

虚拟办公最直接的价值是：再也不需要昂贵的办公场地了。这对于初创公司来说，无疑会极大降低他们的创业压力，人员和资源运用会变得更加灵活。就像当年互联网经济初始时代的淘宝，没有门面选址、租金的压力之后，整个行业格局迅速发生改变，大量线上店如雨后春笋般出现。新的规则会让经济发生转移，虚拟办公跟淘宝店本质很相似。

（2）帮助员工摆脱"面对面"工作的干扰因素。

很多时候，一些内向型员工在面对多人会议时，可能出现紧张情绪而导致手忙脚乱。心理学家认为，这种紧张情绪大多来自"面对面"压力，如一个疑惑的眼神、一个不经意的表情，而虚拟会议则可以有效降低这种"面对面"的压力，让员工处于精力高度集中状态。

（3）打破地域限制，吸纳全球人才。

虚拟办公还有一点优势，就是打破了地域限制。那些初创的公司可以通过AR/VR办公方式，获得全球的顶尖人才的机会。中关村跟美国硅谷也许就差一个AR/VR设备的距离。另外，从更高格局看，虚拟办公还可以解决各个地区的人才均衡发展问题，不再出现人才集中涌向一线城市的问题。

（4）为每个员工创造独一无二的私密工作环境。

很多现代办公室都是集体式工作，独立、私密安静的工作环境似乎对普通员工来说是一种奢侈。但是顶级的公司都非常注重办公的隐私性，如谷歌、苹果等。而在虚拟世界办公可以满足每个员工独立办公的需求，他们也能更好地管理自己的碎片时间，从而提高工作效率。而对员工来说，AR/VR办公可以说是大部分人梦寐以求的工作方式：不用去挤地铁，足不出户，在家工作。

西雅图新创公司冥王星VR已经推出了它的第一款虚拟办公产品。

冥王星VR是用来佩戴虚拟现实或增强现实眼镜的人们交流时的应用程序。这家四岁的西雅图初创公司正在开发类似Skype或脸书Messenger这样的通信应用程序，它可以独立运行，也可以用于AR/VR中。

冥王星VR允许用户创建自己的头像，控制每个人的不透明度，将麦克风设置成静音，或者向其他人发送"呼叫"，而不需要头像等。目前，冥王星VR只使用显示脸部和手部动作的头像，可以通过耳机和伴随控制器来跟踪。

冥王星 VR 致力于塑造人造空间中面对面交互的未来，希望多用户 VR 体验更具互动性和协作性。

尽管 AR/VR 办公领域的应用似乎已经具备发力的时机，但我们还需要思考一下这项创新应用的问题，比如：如何在虚拟办公中保持员工的互动性问题、如何建立员工关系问题等。如果在设计 AR/VR 办公系统时，能将这些问题考虑进去，可能会让行业少走弯路。

◎ ∣ 虚拟社交 ∣

纵观社交媒体发展历程，2G 时代，以 PC 互联网的 QQ、贴吧、论坛等为代表，用户可以通过文字、图片、表情符号来进行交流。3G 时代，以微信为代表的移动社交时代，用户可以采用语音、图片等进行信息沟通。目前，在 4G 通信技术基础之上，以抖音、快手、秒拍等短视频产品为代表，用户之间可以直接进行视频交流。5G 时代，新形式的社交媒体将以 AR/VR 为代表。AR/VR+社交将社交从平面变为立体，打破现有的人机交互，实现真正的零距离实时沟通。根据虚拟场景的内容，AR/VR+社交应用可分为三种典型类型：全方位体验型、社交工具型及用户创造分享型。

AR/VR+社交将会从场景化、沉浸化及多方式表达三个方面重构互联网社交方式。

1）AR/VR+社交实现交互方式场景化。当前的社交媒体是基于文本、图片、音频、视频等信息沟通与分享的，不像现实生活中的社交通过活动等方式建立认知关系和社会关系。但 AR/VR+社交可以构建并进入场景中，从而建立社交关系，场景化将是社交媒体发展的一个新高度。

2）AR/VR+社交实现高度沉浸化。以全方位体验型 VR 社交平台脸书 Space 等为代表，运用手势识别、表情同步、视觉识别等技术，让用户在虚拟场景中参与聚会、远程会议、虚拟发布会、视频聊天等活动，营造共同体验。随着技术的发展，AR/VR 社交中虚拟形象的真实感将逐步提升，从卡通形象到 CG 模型人物，最后发展为真人视频，同时进一步提升实时性、精确性，增强现实感和互动性，全方位改善用户社交体验。

韩国通信公司 SK Telecom 宣布推出 VR 社交应用——*Oksusu Social VR*，旨在允许用户在同一社交 VR 空间内观看体育比赛、电影或电视等内容，为用户带来更为沉浸式的观看体验。通过佩戴 VR 头显，用户将能够聚集在虚拟空间中，每个虚拟会议室最多支持八名用户加入。该应用提供几种不同的 VR 空间，如客厅、电影院、音乐厅或体育室。该公司未来还计划允许用户自定义自己的虚拟空间。

在虚拟空间中，每个用户都有自己的虚拟化身，使用手势识别技术，允许用户移动虚拟化身，做一些诸如扔爆米花或发射纸飞机等动作。通过结合应用 *T-Real Avatar Framework*，它还允许用户调整虚拟化身的面部表情和身体形状，使面部表情更加自然。

基于 5G 网络，*Oksusu Social VR* 将允许用户观看 8K 视频，就像身处 IMAX 影院一样。

3）AR/VR+社交可以实现多方式表达。

当前的社交媒体主要是通过文字、言语传播信息的。在 AR/VR 社交中，人面部细微的表情变化、身体姿势和动作等都可以被捕捉，并实时呈现在虚拟社交场景中，实现更多方式的交流和表达。

在开发者大会上，知名 AR 创业公司 Magic Leap 公布了 Avatar Chat 的 AR 社交应用开发计划。Avatar Chat 会支持远程连接，例如不同地区的玩家可以在同一共享环境中，彼此看到卡通风格的虚拟化身，同时玩家之间还可以进行语音交谈、走动，或者分享表情符号，这点和当前的 VR 社交平台相似。

Avatar Chat 同一空间也将支持三人同时在线，之后还可以选择不同的虚拟化身。

融合的意义

5G+AR/VR 两者融合，给人类社会带来了巨大的意义和价值。

◎ | 突破时空 |

5G 支持下的 AR/VR，可以让人们突破时间限制，和古往今来的人物进行面对面的交流；可以突破空间限制，和远在千里之外的人一起实时交流、协作、上课、看电影。

比如，汽车 VR 营销能解决以往汽车营销的痛处：地理与空间的局限。大部分汽车 4S 店在一二线城市布局，无法在三四线以下城市普及。而普及 VR 系统能扩张销售区域。4S 店内空间有限，车型展示不足，而 VR 汽车建模后可以让消费者体验所有车型。降低营销成本：每家 4S 店展示车辆都有销售成本，而 VR 建模完成后，可以在所有 4S 店展示。提升客户体验和品牌情感连接：用带观感操控器的 VR 设备进行试驾，不必开真车上路就可以获得真实的试驾体验。1:1 真实还原汽车，让客户看到内部部件的各种参数。车展上的 VR 体验、VR 游戏能让用户停留更多时间，增强情感互动。

一家汽车制造商发现，有了 VR 技术，经销商的销量增加了 70%。

品牌汽车商已经先知先觉尝试。目前，已经有不少汽车公司都采取 VR 营销策略，如丰田、沃尔沃、奥迪、法拉利等纷纷推出了 VR 选车、VR 试驾、VR 展示新车、VR 参观车厂、VR 驾驶训练，以及 VR 主题公园等 VR 营销方式。

丰田利用三星 Gear VR、HTC Vive 及谷歌 *Tilt Brush* 让 VR 营销和体验变得充满趣味。这次营销分三个环节，全部是虚拟现实，并没有靓丽的车模。参与丰田活动的观众在第一个环节中戴上三星 Gear VR 头显，观看一个宣传片。在第二个环节中，观众戴着 HTC Vive 在 *Tilt Brush* 中创作。在第三个环节中仍然戴着 HTC Vive 头显，观众将会体验丰田的 *The Impossible Quest* VR 游戏，扮演一名逃窜的司机。有一名神秘的乘客拿着手提包走上了观众的车——丰田普锐斯 Prime，要求用户踩最大油门驾驶。经过数分钟的竞速穿越到达目的地，给用户一种《侠盗飞车》的感觉。最后，用户发现手提包里面的宝物是在第二个环节中创作的 3D 作品。这次 VR 营销给用户带来了很好的 VR 体验和趣味性，在游戏中潜移默化地让用户参与互动，提升品牌效应。

奥迪推出"国内首款沉浸式汽车 VR 体验系统"。Audi RS6 Avant VR 体验系统，采用 HTC Vive，通过激光空间定位系统确定运动物体的位置后，使得用户在 Audi RS6 Avant 周围可自由走动。这套 VR 系统是通过德国奥迪获取 RS6 工业数模的，根据德国工厂获取的真实数据来对车漆、内饰材质等细节还原的。采用高精度工业数据和专业的实时渲染引擎，1:1 还原真车的外观、内饰，高质量再现产品的真实细节。因此，体验者和参与者不仅能获得类似真实车辆的观察体验，还能从虚拟体验中获得具有现实意义的指导。更为重要的是，这套 VR 系统还融合了强大的营销功能，可对用户选装的配置同步显示核心亮点信息，例如，选择引擎就会显示发动机的 3D 模型、相关数据、竞品对比参数，甚至还能模拟引擎的轰鸣声，让用户获取理性和感性的双重认知。

VR 营销应用在展览方面，企业可轻装参展，降低展览成本。企业可以直接在自己的工厂搭建展厅，放在线上。这时只需携带 LED 显示屏及 VR 眼镜，即可参展，大大节省人力、物力、财力，不受地域、时间限制。企业可以随时、随地向千里之外的潜在用户展示自己的产品和服务，让他们拥有身临其境的体验，地域、时间都不会成为用户看展的障碍。VR 营销还可对高价展厅重复利用，把展厅 720 度保留下来，并设置互动点，添加文字、图片、音乐、解说、视频、电子宣传图册等内容，更加生动而丰富地展示公司产品，还可以嵌入用户官网、App 及微信公众平台、官方微博上，供用户继续参观。

目前，中国石化、海信电器、工商银行、苏宁等企业将 VR 技术运用到了展览行业，节省了企业成本，并且为客户带来更便捷的体验。参观者不仅可以任意放大，多角度、高清晰地观看每一件商品，还可以非常直观地将展馆整体布局尽收眼底，从北京到上海，从深圳到武汉，不论何时何地，都能给观众超真实的体验，一次好的展览能极大地提高品牌知名度和交易额。VR+展览这一模式会成为未来的主流。

◎ | 更公平的社会 |

5G+AR/VR 时代，可以让偏远、贫困地区也享受教育、医疗等优质的稀缺资源，从而让社会发展更公平。

遵义市何阿婆是腿疾患者，近日成了实实在在的 5G+AR 远程医疗受益者，在习水县中医院足不出户就得到了上海三甲医院专家的诊断及医疗帮助。

这是由上海中医药大学附属岳阳中西医结合医院（简称上海岳阳医院）启动的定点帮扶、远程指导 5G 项目，并得到了中国电信、华为、亮风台等多家企业共同支持。2019 年 4 月 15 日下午，上海岳阳医院与贵州省遵义市习水县中医院开展了 5G 远程医疗会诊，以及中医特色推拿诊疗技术即时推广应用会，这场穿越 1 866 千米的远程医疗会诊，也是迄今为止中国 5G 医疗覆盖距离最远的一次会诊。

在现场，借助上海电信及贵州电信 5G 网络，亮风台 AR 智能眼镜及 AR 通信与协作产品 HiLeia，患者的病史资料、X 片、CT/MRI 图像实时地被传到上海岳阳医院会诊中心，现场专家在初步诊断后，通过 AR 实时标注和指导习水县中医院佩戴 AR 智能眼镜的医生，检查指定穴位反应，并指导医生按照步骤进行"坐位调膝法"治疗。其中，端到端的时延不到 20ms，画面声音清晰、连贯，完全没有 4G 网络卡顿、音画不同步、设备清晰度不高等影响体验的问题。

目前，中国东西部医疗资源仍然有较大差距，"5G+AR"的远程会诊、培训指导让偏远地区的患者，也能"第一现场""第一时间"得到全国权威专业医生的诊断和救治，为患者的生命和健康提供更多保障。"5G+AR"可实现中医适宜技术的远程推广、远程医疗指导、远程医疗培训等，尤其适用于以中医药为特色的医院。针灸、推拿等中医特色疗法，可达到"触手可及，手到病除"的效果。

在教育领域，长期存在国家间、地区间师资力量不均衡的现象，马太效应会导致教育资源不公平，阶层固化，阻碍人才资源的优化配置。5G+AR/VR 为这一难题提供了有效的解决方案，这种沉浸式体验方式相较于传统视频播放课程方式在体验上展现出质的飞跃，可以让全世界的学生身临其境地倾听全国乃至全世界优秀老师的授课。

边远山区戴上 AR/VR 眼镜的孩子和那些最好学校教室里的学生接受的教育体验没有显著差异。原来的讲课老师将会从"授业"角色中释放出来，变成学生们的辅导老师，将大部分精力用来"传道、解惑"。5G+AR/VR 在教育中的应用将显著提升落后地区的教育水平，增加寒门出贵子的概率，加快阶层流动，防止固化。

◎ | 社会效率提升 |

5G 与 AR/VR 技术的深度融合，将连接人和万物，成为各行各业数字化转型的关键基础设施。一方面，5G+AR/VR 将为用户提供下一代社交网络、浸入式游戏等更加身临其境的业务体验，促进人类交互方式再次升级。另一方面，5G +AR/VR 将支持海量的机器通信，以智慧城市、智能家居等为代表的典型应用场景与移动通信深度融合，预期千亿量级的设备将接入 5G 网络。更重要的是，5G +AR/VR 还可以带动如车联网、移动医疗、工业互联网等垂直行业应用的发展。总体上看，5G +AR/VR 的广泛应用将为大众创业、万众创新提供坚实支撑，助推制造强国、网络强国建设，使新一代移动通信成为引领国家数字化转型的通用技术。

5G +AR/VR 伴随着空间互联网，在给网络的接入方式上带来巨大变革的同时，也带来社会管理效率的明显提升，生活环境和商业环境的智能化程度也可以得到迅速提升。

首先是信息传播效率的明显提升。新闻的发掘和传播渠道从纸媒转向网络，而且网络渠道也不断迭代升级，从门户网站向社交网站和自媒体等移动媒体转移。

社会的管理水平得到提升

社会管理水平的提升主要受益于两个方面的能力提升：一个是信息采集能力，另一个是信息的传播效率和透明程度。

从信息的采集能力看，空间互联网的发展带来了信息采集技术的快速提升，视频采集、环境监测的技术手段被广泛应用在城市管理中。随着空间互联网的快速发展，信息采集变得更加多元化。信息的丰富增加了管理者对实际情况的认知，便于政策的制定和执行。其次，得益于信息传播效率的提升，更多在线便民服务陆续上线。政务信息化提高了政策执行的有效性和透明性，减少了中间层面的政策执行成本。

政府作为智慧交通、智慧安防、智慧市政等公共服务管理平台的拥有方和运营方，通过空间互联网实现海量终端的连接和传输，提升响应速度和服务能力。

企业管理和创新能力不断提高

公司的办公终端发生了进化，从台式机到笔记本电脑、智能手机，办公设备的变化是公司业务和流程变化的缩影，赋予公司更加灵活的办公体系和更高效的信息传播渠道。从月度的业务统计数据，到日度的统计数据，到目前云 ERP 实现的企业实时业务数据，公司的管理能力得到迅速提升。

公司信息传递效率的提升，带来企业竞争力的同步提升，公司业务和产品的创新与研发更容易从实验室走向市场，使产品实现快速迭代，通过真实用户的反馈及时调整业务和产业的发展策略。

空间互联网的发展夯实了现代企业发展和扩张的基础设施，帮助企业建立更好的客户关系。

举例来说，对从事设计或创造性工作的专业人士而言，使用 AR/VR 能够减少实体模型和测试的需求，加快上市步伐。

第 **3** 章

5G+AR/VR 对各行各业的影响与改变

5G 与 AR/VR 融合诞生的空间互联网，将比移动互联网更加深入地影响人类社会，重塑各行各业，渗透到互动娱乐、智能制造、医疗健康、教育商业等相关产业，推动其产生全新模式的变革。空间互联网如同自来水、电力、高铁一样的数字基础设施，改变着我们的生活。

展望未来，各个行业会发生怎样的变化呢？

医药健康

　　5G+AR/VR 技术推动救治模式革新，助力医疗资源公平化进程。在 5G 网络下，AR/VR 医疗应用时延将降至 10ms 内，实现从教学培训、辅助康复，延展到时效性更强的救治和诊疗中，极大拓宽医药、医疗领域的应用场景。

◎ ┃ 远程会诊 ┃

　　通过 5G+云化 AR/VR 技术建立的异地多人通信，病例与救治方案可以 3D 形式呈现在医生与患者双方/多方面前，并借助云端神经网络集群，对患者病情走势进行分析和预判，提供精准、有效的治疗方案。

　　2019 年 7 月 9 日，惠州市中心人民医院在 120 救护车内进行了 5G+AR 医疗急救示范演示，参见图 3-1。5G 救护车上配置应急救援系统，在初步诊疗得出患者情况紧急的情况下，医护人员采取 5G 网络联动方案，佩戴亮风台 AR 眼镜 HiAR G200，与院内专家进行 AR 诊疗。

　　在惠州移动 5G 技术与亮风台 AR 眼镜的支持下，从患者被抬上"5G 救护车"的那一刻起，车上的急救人员与医院急诊抢救医护团队已实现"零时差"融合，相当于把医院的急诊室搬上了救护车。

　　据了解，本次示范演示开始时间为早上 8 点，120 急救中心接到一通家属电话求救，市区江北某小区刘先生因剧烈腹痛突然倒地。接到电话后，惠州市中心人民医院迅速调配全新"5G 救护车"前往。车上已配置 5G 城市应急救援系统，在初步诊疗得出患者情况紧急的情况下，医护人员采取 5G 网络联动方案，佩戴上亮风台 AR 眼镜 HiAR G200，与院内专家进行了 AR 诊疗。通过 AR 眼镜，院内专家可实时监测患者病情变化，进行远程会诊，指导急救，争分夺秒为患者抢救。

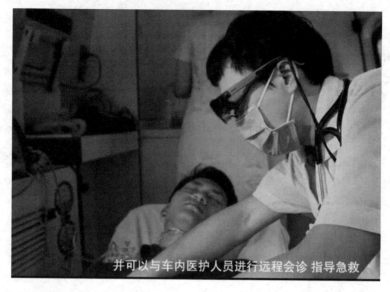

并可以与车内医护人员进行远程会诊 指导急救

图片来源：亮风台

图 3-1　惠州市中心人民医院在 120 救护车内进行了 5G+AR 医疗急救示范演示

◎ ｜ 手术治疗 ｜

凭借 5G 超低时延的特性，一线抢救人员可通过 AR/VR 智能终端实时拍摄和记录伤员创伤情况，并在第一时间以 VR 直播形式传回救治中心。远端医生可对创伤进行实时 3D 标注，并发送救治操作方法给一线抢救人员。由于 5G 时延极低，医院了解到的患者体征数据与一线同步，保证救治手段及时准确。

远程手术

远程手术已经成为现实。无论哪里的病人都可以让全国乃至全球最好的医生为其诊治。

2019 年 3 月 12 日下午，深圳市人民医院利用 5G 通过 AR/VR 技术成功实施了一例肝胆外科手术。清华大学长庚医院董家鸿院士在北京给深圳市人民医院肝胆胰外科鲍世韵手术团队进行精准指导，共同完成该例 AR/VR+5G 协同远程手术。睿悦信息 Nibiru 与合作伙伴一道为此台手术提供 AR/VR 设备操作系统、远程仿真渲染 Nibiru Remote Rendering

等技术支持。当天手术的患者是一名 46 岁女性，诊断为先天性胆总管囊肿合并肝内外胆管多发性结石。手术前，远在北京的董家鸿院士与身处深圳的鲍世韵主任通过 AR 眼镜进行了远程的术前讨论。鲍主任戴着 AR 眼镜，仔细研究眼前的肝脏 3D 图像，在董院士的远程指导下为患者制定了一套完整的手术方案。

手术现场，鲍世韵主任戴上搭载 Nibiru AR 系统的 AR 眼镜，借助远程仿真渲染工具，通过 5G 传输技术，手术影像实时传输给 2 000 千米外北京会诊间的董家鸿院士，董院士在手术画面上做标记和提示，实时远程精准指导手术进程。5G 网络前所未有的数据传输速度及数据吞吐量，为 AR 眼镜带来前所未有的极速响应速度，不到 0.2 秒的延时让整个远程手术如同董院士亲临现场一般。

在董院士通过该套 AR/VR+5G 医疗系统的远程指导下，仅仅用了 6 个多小时，鲍世韵医生手术团队便为患者顺利实施了手术，并且准确避开重要血管，避免了出血量过大的风险，保证了此次手术的完美进行。

2019 年 7 月 3 日上午 9 时，江苏省人民医院浦口分院手术室已做好了一切准备。另一端，远在 20 千米之外的省人民医院本部会议室内，普外科江平主任医师团队正在向本部"指挥室"的省人民医院党委书记、乳腺外科专家唐金海教授汇报病情。

在手术前一天，唐金海团队利用 AR 技术，在 5G 的辅助下，与手术团队进行了详细、周密的术前方案讨论。

经过人工智能三维重建后，患者的 CT 图像被重建成一幅乳腺 3D 图像呈现在显示屏上。

在江苏省人民医院本部会议室里，唐金海头戴 AR 智能设备，通过手势旋转图像，同步向团队解释手术相关要点。团队成员均表示，这项技术可以清晰、直观地看到肿块大小，对接下来的手术操作会起到很好的帮助。

相比于 VR 来讲，AR 最大的特点在于虚拟世界和现实世界可以互动。在本部现场，在 5G+ AR 远程技术支持下，唐金海在虚拟现实投影板上的手术视野上进行切口设计，准确地画出手术切口部位的线段，精准指导浦口分院手术团队进行手术。

确认无误后，唐金海随即宣布：手术开始！一场无声的战役随即在 5G 和 AR 的加持下悄然打响。2 小时后，肿瘤被成功切除。

基于 AR 的远程手术，很大程度上解决了因物理距离病人无法享受优质医疗资源的问题。随着医学混合现实和 5G 技术的成熟，远程手术操作的延迟显著降低，极大地提升了医生手术质量，也将助力远程医疗技术真正普及。

5G+AR 将让大医院与基层医院之间的会诊更加普及，可广泛应用于各类疑难重症的诊治，推动更多优质医疗资源下沉。而如今接受了国内首例 5G+AR 远程实时乳腺手术的病人已经恢复健康，即将出院。

AR/VR 技术的植入让术前讨论等过程更为准确和直观，加之 5G 技术加持，实时远程同步手术过程降低了手术风险，可以更高效地处理术中突发状况，降低医疗事故率。很多企业正在努力通过 AR/VR 技术，逐步缩小最终打破时间空间对于医疗行业领域的种种限制。未来，随着 5G 技术的大规模普及，医生与医生之间，医生与患者之间可以逐步实现随时随地的远程连接，甚至可以通过 5G 技术控制机械手臂而展开无人手术，这或许将在不远的未来发生。

疼痛管理

近日，美国 5G 运营商 AT&T 正与 VITAS Healthcare 合作，研究虚拟现实和增强现实能否帮助患者减轻慢性疼痛和焦虑。这项研究的目的是测试 5G 的低延迟连接和点播流媒体 AR 和 VR 内容是否可以用于替代疗法，让患者保持舒适、平静。

这是越来越多努力使用 AR/VR 技术向患者提供医疗服务的最新进展。据估计，到 2025 年，全球医疗领域的 AR 和 VR 市场将超过 60 亿美元。然而，从长远来看，医疗服务提供商需要更有力的证据，才能在替代疗法上投入大笔资金。

"作为临终关怀行业的先行者，VITAS 始终致力于通过药理学和非药理学治疗来改善临终病人的健康状况。"VITAS Healthcare 高级副总裁兼首席医疗官 Joseph Shega 博士说。"虚拟现实和增强现实技术有潜力成为一种新的替代疗法，有望在提高生活质量的同时减轻患者的症状负担，从而造福患者。"此外，这项技术可以为患者和家属提供一个独特的机会，让他们做一些以前在物理意义上不可能做到的事情，比如一起去偏远的地方旅行。

AT&T 和 VITAS 于 2019 年 1 月启动这个研究项目。该研究在对患者进行 VR 模块测试的同时，对患者的反馈进行了分析，帮助患者应对疼痛和焦虑。许多临终关怀的病人由于行动不便，只能待在家里，与外界的联系很有限。这种孤立对健康有许多负面影响，可能会导致精神和身体的衰退。

　　像 Oculus VR 这样的设备正在接受测试，以减轻癌症患者的痛苦，并帮助产妇管理分娩期间的疼痛。这是医学界探索包括冥想和正念在内的非药物疗法的一部分。

　　AT&T 对这项研究的兴趣在于为即将推出的 5G 寻找新的医疗用例。"我们与 VITAS 的合作表明，医疗领域的另一个重要部分正在发生数字化转型。供应商正试图以独特的方式使用技术来改善对患者的护理。"AT&T 首席营销官 Mo Katibeh 说。"沉浸式技术的使用，以及企业如何利用它们从根本上改变员工和客户的日常生活，体现了 5G 的前景及未来几年它将如何塑造我们的社会。

◎ ┃ 医学培训 ┃

　　AR/VR 结合 5G，可以塑造身临其境的学习环境，大大降低医学的学习成本，加快学习进度。医疗教育指面向医疗卫生技术人员进行的教育培训，用户包括医疗、护理、医技人员。医学继续教育主要分为会议讲座、病例讨论、技术操作示教、培训研讨、论文与成果发表等形式，可线下组织，也可线上远程进行。

　　远程医学教育培训主要包括：基于音视频会议系统的教学平台、基于使用场景的教学平台和基于 AR/VR 设备的教学平台三类产品形态。

　　其中，基于音视频会议系统的教学平台主要用于进行病例讨论、病案分享等教学培训，基本功能为音视频会议系统和 PPT 分享。基于使用场景的教学平台除了音视频设备外，还需要结合具体场景对接相应的医学设备，如心脏导管室手术示教、神经外科手术示教、B 超示教等。基于 AR/VR 的虚拟教学平台以 AR/VR 眼镜等可穿戴式设备为载体，结合 3D 数字化模型进行教学培训，对比传统方式，受教者的沉浸感更强，具备更多交互内容，相对使用成本更低。

　　虚拟示教培训是指医生借助 AR/VR 设备，在培训专家的远程或现场指导下，进行相关的医学治疗操作，特别是手术虚拟示教培训成为医院提升青年医生技能的重要手段。AR/VR 手术培训属于强交互应用场景，用户可通过交互设备与虚拟手术环境，或者现实环境进行互动，使接受培训者能够感受到虚拟环境的变化，沉浸感更强。

仿真培训

在 2019 年 3 月的江西联通 5G 产业应用大会上，南昌大学第二附属医院手术室中的四机位 VR 视频及 AR 高清画面引来众多与会者围观。

"远程实时手术的要求很高，需要满足 8K 高清晰、高速率和低时延等传输条件。通过 AR/VR 装置，可以对特定手术部位进行实时标记、测量、绘制，进而为远程 AR 手术指导、远程手术示教提供便利，最大程度地节省患者和医生的时间。"南昌大学二附院院长刘季春介绍，医院将推出"5G+VR 医学指导及受教平台"。观看者在手术全景中可自由选择视角，观看主刀、一助、二助、麻醉师及护士的操作，并可直观感受 3D 成像下的组织及器官，为基层医生、医学院学生开辟更多学习途径。

南昌大学"VR 手术专家"创新创业团队研发了脑外科虚拟现实手术训练系统，其中的触觉机械手有真实的触觉、视觉、听觉效果，似度达 90%。合格的外科医生，培养周期长，成本高，资源投入大，利用 VR 相关技术，可以将抽象的手术设计具体化，降低学习成本。

直播教学

2019 年 7 月 8 日上午，上海交通大学医学院附属瑞金医院胃肠外科/上海市微创外科临床医学中心的一间手术室，普外科主任郑民华教授在为一名 63 岁女患者实施腹腔镜右半结肠癌根治手术。与以往不同的是，这台手术首次实现 5G 网络下的手术全景 8K 画面 VR（虚拟现实）直播，以及腹腔镜手术画面的 4K 直播。

这是瑞金医院继 2016 年 6 月在国内首次实现全景+3D 腹腔镜 VR 手术直播、2016 年 11 月首次实现上海-苏州远程 3D 腹腔镜 VR 手术直播、2018 年 9 月在国内首次开展 4K 腹腔镜手术、2019 年 1 月国内首次开展 4K 腹腔镜手术多台同时直播后，再次在国内首次实现 5G+4K/8K+VR 的腹腔镜手术直播，参见图 3-2。

本次手术直播由上海医微讯数字科技股份有限公司提供整体解决方案，戴尔和大朋 VR 提供硬件设备，中国电信股份有限公司提供 5G 微基站。

图片来源：医微讯官网

图 3-2 5G+4K/8K+VR 的腹腔镜手术直播

　　参与和观摩本次手术人员纷纷赞叹，并就 5G 和 VR 手术直播发表了自己的看法："对于医务人员而言，临床工作和教学都会有颠覆性变化，就拿这台手术来说，5G+4K 更为手术节省了 10%～20% 的时间。由于图像更清晰，并且镜头有更好的景深与立体感，如脂肪、淋巴结等组织可以被轻易辨认，有助于术者操作，也便于低年资医师与医学生更快入门和上手。目前，手术室还依靠屏幕实现手术转播。未来 5G 技术更好地铺开后，甚至可以通过裸眼 3D+VR 技术替代大屏幕，节省手术室的更多空间；而通过成熟的 5G 技术，专家无论出差至何处，都能获取高清同步的实时画面，带来更精准的手术指导。"

　　"大到手术室的布置、医生的站位，小到病人腔内的手术操作、血管细节等都十分清晰，分毫毕现，这样的观摩体验是原本站在手术室里难以达到的，对外科医生快速成长、掌握顶尖医生的手术技法很有帮助。"

　　"瑞金医院微创外科在 2016 年成功实现 VR 技术的腹腔镜手术直播，让观摩者在戴上 VR 眼镜后感受主刀医生的第一视角，仿佛观看者自己在第一视角实施手术。不过，受限于当时的网络传输技术，画面清晰度、流畅度都难以达到手术规模化培训的需要。"

医微讯 CEO 潘耿介绍说："医微讯一直致力于借助 VR 等技术，把更多虚拟手术模拟、真实手术的 VR 直播、患者科普、操作培训等传递给更多的医生、学生和患者。5G 的发展，必将加速培养医生的成长，开启医疗领域的新篇章。

同时，医微讯经过多年的摸索和实践，现已为医院提供了整套 5G+VR 手术直播+远程医疗会诊+VR 互动教学整体解决方案。除了 VR 手术即时的直播，更为外科手术医生提供了海量的 3D 教学片供学习。"

4K 超高清画面是全高清画面清晰度的 4 倍，并且更接近人眼视觉的丰富色彩，能够为手术医生提供清晰的大画面和大视野，满足术中局部放大的需求，让医生实现精细、精准的手术操作；而 8K 的 VR 传输则让学员更加清晰看到主刀医生的所有操作，有助于加速培养外科医生的成长。通过 5G+VR 的全新结合，不仅保证了安静、高效的手术环境，同时又让更多的医学从业人员进行了实时观摩学习，是医学与互联网结合的一大进展。

本次的 5G+VR 手术直播+远程医疗会诊在不久将会是常态化场景，这种整体的解决方案，不仅有助解除病患转诊奔波的辛苦和风险，还将极大解决跨区域诊断资源不平衡的医疗体系结构性矛盾，真正实现医联体间的远程医疗协作。

2019 年 5 月 20 日，依托移动 5G 实时转播手术在南京市第一医院举行，成功向亚洲心脏瓣膜病学会南京市第一医院分会场同步展示了三台 5G+VR 高清直播的心脏瓣膜修复手术。

心脏手术纤细如发，精细入微，每一步操作都是"直击内心"的，容不得丝毫马虎与差错。手术室内，南京市第一医院陈鑫副院长及另外两位专家正在无影灯下，各自精确进行着一场心脏瓣膜修复手术。在移动 5G 网络和 VR 技术支撑下，三台手术实施的患者心脏瓣膜修复手术的腔镜画面和手术台无影灯下操作画面同步清晰呈现在会议室的屏幕上。下午一点，又分别实施了另两台 5G+VR 直播心脏瓣膜修复手术。

会议室内，来自国内数家医院的心脏外科医师目不转睛地通过移动 5G+VR 直播画面，认真全程观摩现场手术情况，身临其境地同步进行场外临床操作技能激励培训，如同站在手术台前零距离观看专家的每一步操作。在 2 个小时的手术时间内，音频、视频传输高清流畅，无卡顿和时延，移动 5G 高速率、高稳定、低时延的技术特性得以完美展现，圆满完成了手术视频直播、高清低时延回传任务。

◎ ┃ **智慧医院** ┃

2008 年底，IBM 首次提出"智慧医院"概念，设想把物联网技术充分应用到医疗领域，建立以病人为中心的医疗信息管理和服务体系，旨在提升医疗护理效率，降低医疗开销和提升健康水平。

目前，智慧医院的概念已经拓展到医疗信息互联、共享协作、临床创新、诊断科学等领域。智慧医院是基于移动通信、AR/VR、物联网、云计算、大数据、人工智能等先进的信息通信技术之上的，建立电子病历为核心的医疗信息化系统平台，将患者、医护人员、医疗设备和医疗机构等连接起来，通过丰富的智能医疗应用、智能医疗器械、智能医疗平台等，实现在诊断、治疗、康复、支付、卫生管理等各环节的高度信息化、自动化、移动化和智能化，为人们提供高质量的医疗服务。

5G+AR/VR，可以充分利用有限的医疗人力和设备资源，发挥大医院的医疗技术优势，在疾病诊断、监护和治疗等方面提供信息化、移动化和远程化医疗服务，创新智慧医疗业务应用，节省医院运营成本，促进医疗资源共享，提升医疗效率和诊断水平，缓解患者看病难的问题，协助推进偏远地区的精准扶贫。

2019 年 5 月 25 日，四川大学华西第二医院产科在锦江院区门诊大厅召开"5G 智慧医院应用发布会"，现场开放导诊服务机器人、5G+VR 新生儿探视和远程视频会议等体验，参见图 3-3。据了解，华西二院推出的 24 小时 5G+ VR 新生儿探视服务将为患者家属提供更实时、高清的探视体验，让患者家属仿佛"置身"病房，陪伴在患者身边。

2019 年 9 月，浙江省首个 5G+VR 新生儿远程探视平台在浙江大学医学院附属妇产科医院正式上线。

5G+VR 新生儿远程探视平台是结合 4K 全景、VR 视频直播研发的，面向 5G 的智慧医疗方案，以 VR 技术将实时画面上传至服务器管理平台，通过 5G 网络推流至 VR 一体机设备、手持平板电脑及高清电视屏等终端设备。

浙大妇院产科是国家临床重点专科，年分娩量达 2 万人次，高危妊娠超过 80%，疑难危急重症比例超过 35%，大量的危重早产儿集中收治在该院的新生儿重症监护室。因为治疗需要，这些患儿与父母需要长时间分离，由于医院感染控制的要求，一般情况下，患儿家长在规定时间内才能听到医生对患儿的病情介绍，并且也无法让家属实时探视。

图片来源：四川新闻网

图 3-3　四川大学华西第二医院产科在锦江院区门诊大厅召开"5G 智慧医院应用发布会"

　　5G＋VR 新生儿远程探视平台的使用，能让探视者仿佛置身于患儿身边，可以观察孩子实时状况，并且家长可以清楚地听到医生对患儿病情的详细介绍，有效缓解家长紧张和焦虑情绪。

◎ | 健身 |

　　随着健康生活理念的普及，越来越多的人有了健身的需求，但却因为时间和场地的限制很难坚持。传统的室外运动会面临天气、空气质量等因素的制约，健身房的器械又容易让人乏味，有没有什么两全其美的办法呢？

　　5G 的到来，让更多 VR 和 AR 健身方式有了实现的可能。

　　在 2019 年达沃斯世界经济论坛的体验区，一个由投影仪、沙盘和屏幕组成的 5G 智能沙箱得到了不少人的关注，它实际上就是 5G 健身方式的典型代表。

　　据现场的工作人员介绍，"这个 5G 智能沙箱，利用 5G 网络技术下的大带宽、低时延的优势，在改变沙盘形状时，可以让使用者通过 VR 眼镜在屏幕中实时看到地形的变化。未来如果再接入相关器材，就可以实现足不出户就能模拟各种地形的室外跑步感受。"

　　2019 年 10 月，在瑞士苏黎世召开的第十届全球移动宽带论坛（MBBF）期间，5G 体验区展示了一套 VR 划船机 Demo：利用了 5G 手机和华为的轻薄 VR 眼镜（VR Glass），参见图 3-4。

图片来源：华为

图 3-4　5G Use Case 体验区展示的 VR 划船机 Demo

　　5G 手机加上轻薄 VR 眼镜，可以让体验者沉浸在激烈的划船比赛中，尽情驰骋雪山，穿越河流，在激流勇进中抵达终点！配合华为手机和智能手表还可以把运动数据直接投到 VR 视野里，方便用户及时了解自己的运动情况。

零售与营销

5G 可以打开 VR 更衣室的大门，以及商店和家中的 AR 购物体验。随着 5G 的发展，AR/VR 有望被更多的零售业采用，为消费者提供多元的消费情境与商品体验，提升商家销售能力，带来营收的增长。

5G+AR/VR 对零售业意味着什么？与消费者互动的新方式，更多连接设备，收集数据的新方法，以及更多要分析的数据。

基于 AR/VR 开创性零售技术将给消费者带来全新的购物体验。随着 5G 网络开通商用，AR/VR 新零售的应用普及将会达到一个新的高度。想象一下，不用迈进实体商店，我们就能获得实体店一样美好的购物体验。我们可以用 AR/VR 眼镜查看时装店或超市的货架，探索新上市的商品，寻找折扣和优惠商品，甚至在虚拟试衣间试衣服。整个购物过程，购物者始终坐在沙发上，不用亲身踏足实体店。

得益于 5G 网络和其前所未有的高速处理大量数据的能力，这种充满未来感的消费体验离我们并不远。

◎ ｜零售 3.0｜

过去 10 里，零售发展从 1.0 零售业态（以沃尔玛为代表）到 2.0 电商时代（以亚马逊为代表），现在正步入以消费者为核心的 3.0 消费者革命时代。

零售历史和人类科技发展历史非常类似。20 世纪以前，全世界的零售历史，都是围绕"货"展开的。什么叫围绕"货"展开？就是说谁手上有好的货，谁就是资源的组织者和胜者。为什么？因为当时我们都处在一个资源稀缺的时代。这个事情一直到 20 世纪初，都还是这样，谁有货谁就厉害。

在过去 15～20 年，是零售的 2.0 时代。有一段时间，超市特别火，2000 年开始的时候，谁把超市开起来，谁的货物品类多，谁就有流量，谁就牛。淘宝和天猫也是一样的，只是把这个场放到了线上。谁有零售的场所，谁能在这里把人、资源、货集中起来，谁就厉害。比如国美、苏宁等大卖场。

过去 5 年，有很多新的模型涌现出来，就是零售 3.0 时代，谁能把人聚集起来，把"人"这个要素重新聚集安排好，谁有用户，谁有分销者，谁就是零售的王者。

零售的三个要素，叫人、货、场，随着这三个要素，在哪一个环节、哪一个要素起到主导作用的时候，时代就会变化。整个零售的发展史，有一个清晰脉络，从货为王的零售 1.0 时代，到变成以场为王的零售 2.0 时代，再变成以人为王的零售 3.0 时代。

5G+AR/VR 是零售 3.0 时代中核心技术支撑之一。为什么呢？因为零售 3.0 时代的核心是消费场景化，就是分析消费者使用产品的场景。在场景下各异的个性化需求，即消费不仅是买产品，还包含体验、感受、氛围营造、烘托等更多维度和深度的附加价值。这些正是 5G 网络下的 AR/VR 可以提供的。

常规购物和重复购买会越来越简单轻松。随着零售业成为竞争日益激烈的市场，零售商开始以非常快的速度接受技术，以取得成功，并赢得客户的心。当前最大的趋势之一是结合 AR/VR 来吸引购物者，他们总是在寻找新的和令人兴奋的东西。AR/VR 允许购物者可视化他们的购买，并做出更好的购买决定，满足消费者个性化需求。AR/VR 是革命性的技术，可以帮助实体和电子商务零售商发展和改善他们的业务。

但是，所有这些都依赖于或受益于传输大量数据和访问高吞吐量连接的能力，这就需要 5G 网络的支持。

零售的未来是由 AR/VR 驱动的。因此，从我们尝试商品的方式、在商店中移动及与品牌的互动，一切都将发生变化。AR/VR 将帮助品牌降低在线退货率，并使购物者对购买决策更有信心。随着零售和 AR/VR 世界的碰撞，零售商会获得前所未有的机会。

虚拟购物

利用计算机 3D 建模等技术，将商品的 3D 模型还原，在 AR/VR 虚拟世界中构建三维可交互商场、体验店，使消费者在一个更立体、更动态的虚拟环境中身临其境地浏览商品，更细致地观察商品，实现各地商场随便逛，各类商品随便试，这就是虚拟购物。

虚拟购物最大的特点是商品的展示不再是平面的文字与图片，而是 3D 立体的模型。

用户可以通过 AR/VR 头显在虚拟商店中全方位观察商品。对于一些复杂的商品，甚至可以直接"拆解"，让用户看到其内部结构。真实的商品模型结合详细的描述，避免"买家秀与卖家秀"的情况发生。

此外，视觉、听觉、嗅觉、味觉和触觉都有望实现数字化模拟。以后的虚拟购物将真正能够实现身临其境。未来的淘宝主播拿起一件新衣服挥舞时，你能"摸"出料子的轻薄与厚重；看看重庆火锅的"吃播"也能让你口鼻生火、大快朵颐，真正经历一场"带味道"的直播。

互联网购物为用户带来高效、便捷的同时，也剥夺了用户在商场购物逛街的乐趣。虚拟购物则可以结合线下与线上购物的优势，让用户在足不出户的情况下，也可以享受在商场中真实游览商品的感受。结合社交功能，甚至还可以与其他消费者产生互动，大大改善线上购物体验。5G 的极快速度有助于 AR/VR 体验，允许用户在家中搜索、购买、保存产品，并从虚拟商店获取通知。此外，AR/VR 内容的质量将大大提高，这有助于零售商通过使用 AR/VR 直接向消费者推销产品，并从中获益。

LG Uplus 是 LG 旗下的电信运营商，这家公司和韩国初创公司 Eyecandylab 合作推出全新 AR 应用，允许用户通过手机 AR 来实现购物，并且享受 95 折。

用户可以通过手机直接拍摄电视机的画面，然后手机端会基于电视机同步播放的内容，弹出对应的 AR 场景，例如：小汽车、鱼、体育比赛等，并且沉浸式的效果也比较好。在部分场景下，融入了购物模块，单击对应的 3D 物品，即可进入物品详情页，可直接浏览下单购买。

该应用的 AR 功能依托于 ARKit 和 ARCore 技术构建，而实现 2D 和 3D 效果的交融。不过，目前该 AR 服务仅限于韩国 LG TV 用户才可以使用。

LG Uplus 战略联盟兼全球合作副总裁 Keeman Seoh 表示：Eyecandylab 提供了一个差异化的产品和玩法，下一步将结合 5G 技术进一步扩展下去。

老牌电商 eBay 已经和澳大利亚百货公司 Myer 合作推出了全球首款 VR 购物应用，提供了超过 1.25 万款可以在虚拟现实中浏览的产品，并通过移动头部将其选择加入购物车中。与此同时为了让澳大利亚用户在虚拟现实中体验购物，eBay 免费发放了 2 万台 VR 的硬件设备：Shoptacles。

在这个虚拟的 eBay 商城中，涵盖服装、化妆品、家用电器和电子数码产品等，所有产品都会以三维立体的方式浮现在你的眼前，在观看产品的时候会显示相关的规格参数，还有选项允许用户通过眨眼方式添加到购物车中。此外，还有 120 款产品已经被拍摄和渲染成 3D，这样你能够在购物过程 360 度查看这些产品。

可视化

美国大型超市沃尔玛推出了面向苹果手机的 AR 应用程序使用这个 AR 应用，在沃尔玛购物的用户只需扫描感兴趣的产品条形码就能轻松比较价格。

这款 AR 扫描工具不像典型的条形码扫描仪，只用来一次查询一件商品的价格，它可对商店的整个货架进行扫描，提供关于其所看到的商品下方的价格和客户评级细节。

这项技术最初是由沃尔玛内部一个团队在参加黑客马拉松活动时采用苹果 ARKIT 技术平台开发的。当时，他们的想法是创建一种新的扫描体验，运行速度更快，让客户感觉更快，更方便，他们也希望制造出一个扫描仪，可提供包括价格在内的更多查询内容。

使用此应用程序扫描产品的条形码时，屏幕上的条形码会标有蓝色标记，并显示包含项目名称和价格、评论数和评论的卡片。由于蓝色标记留在屏幕上，因此即使在扫描其他产品后，也会通过在屏幕上反映扫描项目的蓝色标记来显示产品信息。这使客户可以快速比较多个产品价格。

要体验这款 AR 扫描仪，顾客可在沃尔玛应用程序中启动该功能，然后将其指向你想要查询比较的货架商品。当你将移动手机从一项商品移至另一项商品时，屏幕底部的产品标签将更新信息，包括产品名称、价格和星级评级，还可以看到相关产品的网络链接。

就像沃尔玛此次应用一样，安装在谷歌智能手机上的"谷歌镜头"可以显示相机识别的图像信息。零售企业和技术企业使用 AR 技术，提供了高效的信息服务，大大提升了顾客购物体验。

在纽约市的 5G 实验室，Verizon 公司一直在展示一个 5G+AR 的案例，可以非常方便地比较价格或查看产品评级和成分。

该 AR 应用程序允许用户使用智能手机或平板计算机扫描杂货店货架，并通过在所有产品上显示"坚果"、"无坚果"或"坚果痕迹"，轻松查看哪些产品有坚果等过敏原。

当然，用户也可以定制体验，以识别其他过敏原，如麸质或乳糖，并查看产品评级和评论。想象一下，在药店，顾客希望弄清楚哪种感冒药有最好的评论。使用这个 AR 应用，顾客就可以拿起手机，实时查看产品的评级，而不必上网和搜索评论。

超个性化

5G 最大的优势之一就是以前所未有的方式个性化零售体验。增强现实和虚拟现实（AR/VR）、人工智能（AI）和机器人等技术的融合能够将传统的被动购物体验，转变为消费者直接参与品牌和个性化零售旅程的体验。

零售业的未来是超链接消费者的超个性化。这种"超个性化"将通过 AR/VR 等多种技术来实现，凭借 5G 实现的速度和连接性，对客户偏好的预测可以更加准确和明智。

◎ | 未来商店 |

不管是电商，还是 AR/VR 开启的虚拟购物都不会使实体商店消失，未来线下商店依然会是人们购物的重要选择场所。只不过，未来商店的整个体验流程和现在商店是完全不一样的。

因为商店可以利用 5G 和 AR/VR 技术进行深度数字化，重塑消费者体验，实现线上和线下无缝融合。未来商店的钥匙参见图 3-5。

未来商店的钥匙

客户期望 　　　 零售商能力

客户期望	零售商能力
32%的人可能会在提供增强现实体验的商店购物	目前有9%的人提供增强现实，另有29%的人计划在三年内提供增强现实
29%的人可能会在其商店中提供虚拟现实的那里购物	7%的人为客户提供虚拟现实，另有23%的人计划在三年内添加虚拟现实
36%的人会以虚拟镜子模式在柜台购物，以设想自己穿着不同的服装、眼镜或化妆品	9%的用户提供虚拟镜以使客户虚拟地查看使用中的产品，另外23%的用户计划在三年内查看使用中的产品
27%的人会在商店购物，在那里他们可以与家中店员进行视频会议	目前，有21%的公司提供电视会议功能，另有25%的公司计划在三年内提供电视会议功能

图 3-5　未来商店的钥匙

根据 BRP 在 2019 年的一项消费者调查，32%的消费者希望商店提供 AR 体验，29%的消费者希望体验 VR 购物，36%的消费者希望商店里面有化妆品、眼镜等产品的虚拟试穿服务。

消费者通过实体店来获取体验，而不仅仅是进行交易。零售商所面临的挑战在于改变他们的思维方式，以重新塑造物理空间，而不是改善现有空间。

5G+AR 帮助购物者更好地在商店中导航。喜欢去实体店的顾客有时会发现在大型百货商场和购物中心里面的店铺很难找到。虽然室内导航系统并不是一个新奇事物，但总部位于伦敦的 AR 创业公司 Blippar 已经找到了一种新方法，开发了一种基于 AR 的交互式导航工具。Blippar 的室内视觉定位系统允许零售商在其商店中放置 AR 内容，这有助于客户在大型室内空间中进行导航。此外，当购物者穿过商店时，他们会看到展示产品评论和待售商品的 AR 图像。由于该工具通过计算机视觉来识别用户的位置，因此，它也可以在离线模式下使用，这使其更具吸引力。

在未来的大型商店购物会感觉像来到一个社区商店。员工通过 AR 眼镜可以立即识别客户，并了解客户的所有信息，商店将为每个客户创建配置文件，同时通过每次新访问改善服务。数据将在所有客户接触点被收集、分析，应用于全渠道，并针对特定消费者量身定制。

数字零售剧场

随着消费者对超级个性化和的期望越来越高，零售商们正在尝试增强现实、虚拟现实、三维建模和其他相关技术。

将视觉刺激和互动购物体验引入商店，采用 AR/VR 数字技术跨越传统的零售领域，这些新技术提供了更多沉浸式和个性化的购物体验，这种未来商店称之为数字零售剧场。

数字零售剧场将虚拟仿真和交互平台概念化，由 AR、VR 和先进的 3D 技术提供动力，增强购物体验。顾客可以创建一个虚拟化身，根据顾客的要求虚拟尝试个性化产品，并从销售员那里得到现场帮助。客户可以定制产品，选择各种形状、大小、图案、颜色等。

网上购物和实体购物之间的二分法是很明显的。实体零售商为顾客提供即时的购物体验，但产品选择有限，大量选择，容易疲劳。虽然在线零售商提供了无限制产品选择的便利性，但他们缺乏动手、触摸和感觉、社交购物和即时付费购物带来的兴奋感。实体零售和在线零售的缺陷正慢慢被 AR/VR 等技术工具解决，这些技术有潜力使在线零售商和实体零售商能够弥合差距，融合这两种销售模式。

◎ ｜一切皆可试｜

虽然电商越来越流行，但是很多商品不仅需要在线上进行展示，还必须体验试穿，才能帮助消费者做出更准确的决策，比如眼镜、口红等。AR/VR 带来的高度三维仿真，可以让消费者非常真实地体验到全世界的各种商品。而 5G 的高速度和连接的可靠性，成为虚拟试穿运行成功的关键。

5G+AR/VR 使客户能够虚拟地试用各种产品，并展示独特的卖点和功能，让客户能够以前所未有的方式与产品互动。不管任何商品或服务，消费者都可以在购买之前，尝试一下。

试穿衣服

有没有为逛商场时需要无止境试穿而麻烦和心塞心烦？有没有遗憾过自己兴冲冲前来寻找内心种草已久的那件外套却被店员告知库存暂缺，可以调货快递却无法当场试穿？这些小麻烦不断的逛街瞬间，从此就要和你说拜拜了。5G 的落地，送来"包治百烦"的 AR 试衣镜。2019 年初，中国移动浙江公司与杭州市长庆街道办共同签署了全国首个商业变现的 5G 合同，致力于应用 5G 技术，提升长庆街丝绸城购物体验，推进新零售升级。

基于此，近日中国移动浙江公司携手华为和川核科技，在丝绸城部署了 5G+AR 试衣镜，正式试水 AR 电商云，探索 5G+新商业模式，为杭州打造出"5G 之城"和"电商之都"两张全新名片，推动下一代 O2O 新零售应用模式转型。

在长庆街丝绸城 5G+AR 试衣镜现场，工作人员邀请消费者进行了实际体验。伴随着极快的操作响应，在不到一分钟的时间，消费者连试了五套衣服。这面 AR 试衣镜，不仅能试衣服，换颜色，还能戴围巾，提包，所有更换用手势控制或者语音控制就好了。穿虚拟衣服走动时，衣服还能跟着走。AR 试衣镜一分钟可换 10 套衣服，让消费者可以快速找到自己喜欢的衣服，非常方便，参见图 3-6。

图片来源：华为官网

图 3-6 5G 试衣镜

5G 虚拟试衣镜是中国丝绸城智慧 5G 虚拟增强体验综合项目中的一个应用，也是目前国内首个商业变现的 5G 应用，由中国移动浙江公司牵头开展。该应用主要是基于 5G 大带宽低时延的特性，结合 AR 视频捕捉技术，对摄入的视频在浙江移动政企云端进行渲染，并通过 5G 云专线和终端进行快速交互，从而为消费者打造一个快速、真实、互动的试衣体验。

5G 到来之后，试衣镜具有了移动性，可以主动"找人"提升消费体验和商品销售业绩，也可以在 AR 电商云上，通过大数据和人工智能，为消费者提供更适合、更好用的商品，以满足他们定制化的消费需求。

试穿鞋子

Gucci 在其 iOS 应用的新版本中增加了 AR 试鞋功能。借助 AR 技术，用户可通过手机远程"试穿"GUCCI 的 Ace 系列运动鞋。

在最新版本的应用程序中，用户可以挑选自己喜欢的 Ace 运动鞋，将手机摄像头对准脚，然后就会显示"试穿"效果。用户还可以通过电子邮件或社交媒体，分享自己试穿 Ace 的照片，参见图3-7。

图片来源：GUCCI

图 3-7　GUCCI 手机

　　为 GUCCI 提供技术支持的是初创公司 Wannaby。该公司有 AR 试穿鞋子的应用：Wanna Kicks。和 Gucci 应用程序的新功能类似，Wanna Kicks 也可以让用户试穿鞋子的尺码和款式，帮助用户挑选适合自己的鞋子。

　　这项技术是通过移动应用和实时机器学习算法实现的，能够在考虑颜色、纹理和光线变化的同时，创建运动鞋的 3D 模型，并推断出鞋子在空间中的位置。所以它拥有强大的足部跟踪技术，可以适应不同的相机角度，还可以适应脚的移动和旋转。

试戴眼镜

　　自 2010 年建立以来，眼镜电商 Warby Parker 一直心怀一项崇高的目标——以低廉的价格将设计师精心打造的眼镜产品交付至每一位需要的客户手中。近年来，该公司已经成为行业中的颠覆者，目前市值超过十亿美元。而为了在竞争当中继续保持领先地位，Warby Parker 开始利用最新的 AR 技术为客户带来非凡的购物体验。

　　最初，Warby Parker 颠覆整个眼镜行业的方式之一就是全面上线家中试戴计划——客户可以在线选择几款镜框，相关产品将被寄送给客户，并允许其在家中进行五天试戴。如今，另一套新的镜框体验解决方案利用 iPhone X 的 AR 功能提供类似的虚拟试戴。该项技术能够将计算机生成的图像覆盖到现实世界中的图像（客户的面部）上，配合苹果公司的 Face ID，利用 3 万个肉眼不可见的点与红外图像创建客户的面部图像。

AR 的优点是在屏幕上客观地看着屏幕上的眼镜，看看眼镜是否符合你的脸型、头发的颜色和心情。客户可以尝试多种不同的类型。

试化妆品

追求美丽是每一个女性与生俱来的权利，当我们看到杂志跟电视上的美妆时，可能都会跃跃欲试，但是完整的美妆过程太麻烦，而且没有对比的话也不知道哪一款妆容适合自己的造型，仅发型就已经够美女们纠结了。

加拿大公司 ModiFace 已经推出了一款美妆软件，通过 AR 技术可以让女性朋友实现快速"换妆"。现在他们更是添加了 ModiFace bot 的 AI 功能，充当用户们专业的美容顾问，并从多种类的化妆品中挑出用户需要的产品，实用又方便。

ModiFace 提供的技术是通过摄像头对用户的头像进行捕捉的，配合自主研发的 AR 面部追踪算法，能够让彩妆逼真地"紧贴"在我们的脸上。在 AR 追踪的效果下，ModiFace 能够精准地识别用户的面部器官，美女们对着摄像头摆出可爱的表情，妆容也会自动跟随变化，让你看到美妆的完美逼真效果。

作为一款专业的 AR 化妆 App，ModiFace 的惊喜还不止这些。美女们在换上妆容之后，还能根据 App 提供的模式观察在不同光线中的效果。或许一个略显妖艳的妆容适合在咖啡厅或者昏暗的酒吧里邂逅男神，但是在光照明亮的地方就显得不太得体了，这时候，美女们就可以用 ModiFace 随时随地查看适合自己的美妆！同时，App 新添加的 AI 功能还能为用户提供化妆品的实际质感、抗衰老效果等细节信息，并根据用户的需求搜索合适的产品。

ModiFace 的 AR 化妆技术可以说是极大地减少了用户试妆的烦恼，能够让美女们在最短的时间内尝试尽可能多的彩妆款式。ModiFace 目前还在继续提高 App 的帧数率，希望做到无论用户表情幅度多大，都可以看到自然的虚拟彩妆效果。简单的妆容改变就能够让你更加自信，无须在脸上"大刀阔斧"地上妆，ModiFace 可以帮你轻松找到适合自己的美妆。

除了美妆之外，ModiFace 还能对发型、眼镜等进行装饰。

2018 年，知名化妆品集团之一巴黎莱雅，收购了 ModiFace。吸引莱雅收购 ModiFace 的主要原因是 ModiFace 开发的技术可模拟肌肤使用化妆品或保养品前后的状态。使用这项新技术，能快速找到适合自己的化妆品。

试电视

很多人在购买电视前都会遇到一个问题：尺寸。30 寸，50 寸，这到底是多大呢？是不是符合我的客厅尺寸？另外，颜色和外观与家里已有的装修风格不搭？

荷兰的电商平台 Coolblue 在其手机应用中增加了一项 AR 功能，让用户可以在客厅或卧室中放置一台虚拟电视，然后查看电视是否合适，参见图 3-8。

这项功能非常实用，可以有效减少电视退货。很多人之所以退货，就是因为买回电视后才发现尺寸不合适，房间里面没有足够的空间容纳电视，只能选择退货。据 Coolblue 统计，由于尺寸不合适的问题，售出的电视中有 15% 被退回。

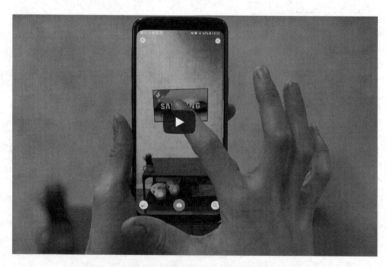

图 3-8　Coolblue 在手机应用中增加 AR 功能

通过访问 Coolblue 应用程序中的 AR 功能，购物者可以选择所需的电视，将其挂在墙上，或将其放在电视柜上，并从房间的各个角落检查其尺寸大小，参见图 3-9。通常，电视以英寸为单位，这在荷兰不是常见的测量单位。这可能会造成混乱，并使选择合适电视的过程对大多数客户来说具有挑战性。AR 新功能有荷兰语、英语和法语版本，可以从安卓和 iOS 设备访问。它目前只支持有限数量的电视机型，该公司将在不久的将来扩大其产品范围。

图 3-9　Coolblue 应用程序中的 AR 功能

这项 AR 功能可以有效帮助用户挑选合适尺寸的电视，减少退货，提高用户满意度，也可以降低企业由于处理大量退货产生的成本。

试家具

意大利家具品牌 Natuzzi 推出了 AR 购物体验，该品牌的 Augmented Store 是纽约麦迪逊大道展厅的一部分。它使客户能够在增强现实中体验数字家居，并使用 Natuzzi 作品进行装饰。客户佩戴微软的 HoloLens 2 头显与环境互动，移动产品，改变图案和颜色。

预计 2020 年年底，Natuzzi 商店将推出更多 AR 体验，这意味着实体展厅会减少库存，减少占用面积。

随着成本和空间要求的降低，这可能意味着商店数量的整体扩张。一些家具品牌已经尝试通过增强现实功能推广购物，例如 Opendesk 和宜家。

Natuzzi 的增强型商店包含类似的增强现实体验，顾客可以在家中佩戴头显，看到家具以全息影像形式覆盖在实际家居环境中，并以这种方式选择新家具的颜色和饰面。不仅如此，客户还能够在桌面上查看家具全息缩放模型，鸟瞰装饰空间。

除了 AR，Natuzzi 旨在进一步提供 VR 体验，让客户完全沉浸在数字世界中。

Natuzzi 的目标是为客户创造身临其境的体验，减轻购买压力，享受沉浸式购物体验。

试油漆

装修房子粉刷墙是一件非常烦琐的事情，特别是在挑选粉刷颜色时，一时害怕挑选的颜色和装饰家具的整体效果不搭。

大家熟悉的油漆品牌多乐士近日发布了一款免费的虚拟配色应用 Dulux Visualizer，已经上架苹果应用商店。使用这款 AR 应用，用户就可以虚拟粉刷室内的墙壁了，能实时看到粉刷新色彩以后的效果。Dulux Visualizer 还贴心提供了多种配色方案和设计供用户参考。

使用 iPad 的摄像头，Dulux Visualizer 就会利用 AR 环境追踪技术来勾勒出边缘、表面和轮廓变化，而且可以实时辨认墙壁、家具、其他装置等的区别，从而在 iPad 上重建室内环境，然后就可以选择区域和墙壁来进行虚拟粉刷。应用内提供了 1200 种色彩，而且每面墙壁都可以有不同的色彩，让居室更加个性化。用户也可以通过摄像头，取样沙发、床单等家居色彩，让居室风格更加统一。

选择好色彩以后，用户不仅可以拍照，记录下粉刷的效果以备日后查看，还能和好友与家人分享照片；也可以通过这款应用，订购测试装的多乐士油漆，测试粉刷效果。而且 Dulux Visualizer 还能计算粉刷墙壁需要的油漆的量，这样用户就不会买过多或者过少的油漆了。

试景点

重庆移动（全称是中国移动通信集团重庆有限公司）与重庆机场集团有限公司在重庆江北国际机场联合打造了"漫游山城——5G+智慧文旅体验厅"，利用 5G+网络优势，助力重庆文旅融合发展，让智博会的高光时刻、大美山城的旖旎风光持续散发魅力。

在机场 5G+智慧文旅体验厅的 5G+VR 云直播系统，依托于超高速率、超低时延的 5G 网络，拍摄系统将全景摄像头采集的重庆各大景区实时影像"零时延"传送到云端渲染的流服务器，只要戴上连接 5G 网络的 VR 眼镜，体验者即可全方位、多角度欣赏解放碑、武隆天生三桥、奉节白帝城等景区的实时风景。让往来重庆机场的旅客，不出机场即可打卡重庆各个热门景点，在实地旅游之前先进行体验。

在 5G+VR 技术"加持"下，重庆的多个网红景点被搬上 VR 服务器，往来的游客戴上 VR 眼镜，即可实现异地实时"漫游山城"，实现"一副眼镜游重庆，身临其境看网红"。

试房子

能足不出户看到楼盘最真实的样子，是 VR 和地产擦出的火花。5G 带来的全景化、沉浸式、交互式的感受，让用户找房效率大大提升。

为了帮助用户看到房屋的真实情况，贝壳找房在全国建立了数千名摄影师队伍，一边用单反拍摄房源的平面照片，一边用激光笔采集房源的户型数据。但这样做有一个缺点，图片数据与户型数据彼此分离，采集的户型数据也不够精准，户型实勘花费的时间也比较长。为了解决照片和户型等信息一次性采集的问题，如视团队开始努力。本身就具备沉浸性的 VR 相关技术正好与之匹配。通过 VR+三维重建技术，将图片数据与空间数据结合起来，降低摄影师的工作难度，提高信息采集的工作效率。而更重要的是，VR 可以让消费者看房的体验更好，对于房源获得有更加全面的了解，提高看房效率。

贝壳找房如视事业部成立专门的硬件研发团队，自主研发出一款基于结构光方案的三维重建 VR 相机，相机的代号是"黎曼"，是一名著名数学家的名字。该相机是具有深度感知的精密扫描设备，可以完成空间信息和图像信息的全方位采集。摄影师会先用 VR 扫描相机的中远距离高分辨率深度相机模组，对房子进行多点、多角度的扫描拍摄，得到完整的三维点云数据、深度数据及多曝光的高清彩色照片。以 100 平方米为例，此过程仅需要不到 30 分钟。打开贝壳找房 App，点击任意一套 VR 房源，即可看到通过这一标准流程采集的房源 VR 内容。在每一个房间里，用户都可以通过点击房间内的任意位置实现在房间中的自由行走。画面右上角的户型图，可以帮助用户更好地理解房源的整体情况，以及自己当前所处的位置。当用户点击"三维模型"的图标，一个精致的户型三维模型就显现在其面前。

截至 2019 年 8 月底，如视团队已在全国 110 个城市采集了 220 万套 VR 房源，日产 VR 房源 10 000+。目前地产行业中的其他玩家也开始推出类似应用，这些举措使用户的整体使用体验得以提升。

58 同城每天有 3 000 多万名找房用户，来到平台看开发商各种各样的房屋信息。VR 看房用户数 2018 年占找房用户数的 5%，2019 年每 100 个人中有 70 个人是通过 VR 找房的。单套房源信息中用户的停留时间，VR 找房的停留时间明显高于普通图片、视频的停留时间，相当于 6 倍的信息交互时间。VR 受 5G 的推动，一定会全量化地推动用户的照放路径和习惯的改变，毫米波带来 10 倍超高速的体验，在线上能更加顺畅。

根据 58 同城、安居客统计数据显示，通过应用 VR 技术，VR 看房用户数量实现大幅攀升，用户线上单套看房时间进一步拉长，应用 VR 看房技术，用户的线上看房时长从 20 秒提升至 130 秒，可以深度体验线上交易服务；VR 看房的用户转化效率是普通看房转化效率的 4 倍，提高了平台获客率和成交率，降低了房产经纪的运营成本。

◎ | 沉浸式营销广告 |

沉浸式营销广告通过 AR/VR 技术让消费者穿越到品牌现场，与产品零距离互动。让消费者主动挑选喜欢的事物，切身感受产品优势，通过消费者体验来刺激购买欲，达到营销的效果。

沉浸式营销形式多样，如 360 度全景广告、AR 互动应用、VR 直播等。

沉浸式营销的卖点在于对用户感官的刺激。用户在家中可能无法直接接触到产品，AR/VR 营销让用户能够全方位了解产品，甚至模拟和使用产品。比如汽车，可以通过建模还原，让用户在家中就能了解车的每一个细节，或进行虚拟试驾；牛奶，可以用 AR/VR 影片的方式让用户看到每一滴奶的来源与加工过程；酒店可以把房间复制到虚拟世界中，让用户体验。任何商品，或实体店，只要找到合适的切入点，都可以进行 AR/VR 营销。

随着 AR/VR 的发展，用户将接触到众多的 AR/VR 内容，在用户的沉浸体验过程中，可以植入众多的软广告。比如在 AR/VR 视频或直播中，利用眼动追踪，或焦点识别，发现用户对演员明星身上穿的衣服感兴趣，就可以实时显示出详细信息，甚至可以让用户一键下单购买。AR/VR 游戏中的一些物品，也可以变为赞助商定制版。在 AR/VR 社交大厅中，甚至可以摆放虚拟的展架，展示各种商品。

沉浸式营销可弥补传统媒体形式的不足，让用户从被动接受到主动体验，帮助用户更清晰地了解产品，切身感受产品优势。沉浸式营销通过良好的体验让用户记住产品，引导用户消费。

台湾 Yahoo 奇摩推出 Yahoo Lab XR 营销，希望协助广告主运用 AR/VR 创新技术，打造高度互动的沉浸式体验，深化品牌价值。Yahoo 奇摩在 2018 年暑假推出「尖叫旅社 3：怪兽假期」手机 AR 广告，这部电影在极短时间内，迅速带动了销售，参见图 3-10。

图片来源：Yahoo 奇摩

图 3-10 「尖叫旅社 3：怪兽假期」手机 AR 广告

以往 AR 技术大多只用于 App 的操作，只有极少消费者愿意为了参与 AR 游戏而下载 App。由于 Yahoo 拥有全球的开发资源，让 AR 体验可以在移动网页上实现。当网友打开手机网页，单选横幅广告，就能参与和电影内容与角色结合的互动游戏。Yahoo 奇摩随后又陆续为纯吃茶推出中元节与斗牛霸的 AR 广告，创意内容让消费者不知不觉地走入广告内，进而提高了在网页的停留时间及互动率。

根据 Yahoo 奇摩的经验，与一般广告相比，AR 广告更能吸引网友单选互动，整体停留时间平均多 12 秒，广告成效约增加 80%。此外，单选 AR 广告的网友，高达 6 成会全程参与 AR 游戏或互动，可见沉浸式广告有利于提升品牌黏着度。

教育培训

5G 有可能改变儿童和成人的教育方式。5G 能够为 AR/VR 有更好的体验铺平道路，教师可以将这些技术用于各种新的教育技术。例如，学生可以在世界各地进行虚拟实地考察，从埃及金字塔到中国长城。

与传统教育方法相比，AR/VR 教育平台提供了许多好处，包括成本效益、降低风险和提升学习效果。Next Galaxy Corp 和尼克劳斯儿童医院进行的一项研究发现，在接受 VR 培训后，医务人员掌握了高达 80% 的课程材料，而传统培训课程只有 20%。对于医学和航空等高风险领域的学生来说，这些 VR 学习经历可能会特别有用。

通过 5G 支持的 AR/VR 技术来构建虚拟学习环境，如虚拟实验室、宇宙中的天体运动、生物中的微观世界等，将抽象、不易理解的知识以形象、生动、直观的形式呈现，学习者使用 VR 设备就可以进入虚拟的课堂中沉浸式地学习知识，而不再是枯燥地死记硬背。

教育一直拥有广大的市场，同时用户购买力也较强。新兴信息技术正在与传统教育行业融合，AR/VR+教育正是其中的新方向。基于 5G 的 AR/VR 内容云平台可以帮助 AR/VR 教育体系化，便于内容方开发新的教学课件，也便于后续的统一更新和维护，学生使用的成本也将降低，打破现在"打着教育的旗号卖硬件"的尴尬局面。

　　当前 AR/VR 教育市场主要的矛盾在于内容的数量和质量不足，无法成为体系。内容制作公司和教育机构为了能够卖出产品，往往开发单方面的内容或聚拢内容，与硬件一起打包卖出。这种现象造成了教育内容变现难，生态效率低下，市场无法做大的困境。

　　云 AR/VR 将为 AR/VR 教育提供内容云平台。因为开发标准统一，内容商可以专心制作内容，而无须适配终端和寻找买家。云平台也有利于版权管理，避免盗版内容，打击内容商的积极性，提高整个生态的繁荣度。

◎ | K12 教育 |

　　K12 教育，是学前教育至高中教育的缩写，现在普遍被用来指代基础教育。在中国，通常指小学到高中的教育。此类场景面向中小学生的基础教育，学生在学校通过 AR/VR 眼镜，连接学校的园区网，观看和体验老师安排好的内容。控制端连接同样的网络，可以对学生学习的内容进行统一的控制，以及根据内容进行及时讲解。

　　K12 的 AR/VR 教育主要以多学科、多种类的简单内容为主。目的是帮助学生在较短的时间内以沉浸式体验的方式学习知识难点，加强学生的记忆能力。同时，内容需要以教学大纲为依据系统化。例如，现有针对初中化学的 VR 实验课件，学生可以自行探索进行实验。如果试剂添加错误可能会发生爆炸，让学生记忆深刻，又不会发生危险。还有诸如天体运行、人体血液成分观察等课件，帮助学生学习知识。

　　不仅适用于理科，也有许多文科课件。比如一个《望庐山瀑布》的课件，让学生"亲自"到庐山游览，看看当地的风土人情，甚至可以看到古时候诗人眼中的庐山是何种样貌。

　　通过 AR/VR 虚拟出学习环境和场景，比如宇宙中的各种天体、语文古诗中的意境、生物细胞中的微观世界、地理中的各种地质地貌变化等，将书面知识生动形象地呈现出来，让学生易于掌握。AR/VR 技术可以突破时间与空间的限制，将知识以更生动、更直观的形式呈现给学生，通过提高学习的趣味性，有效帮助学生加深对知识的记忆、理解，增强学习效果。

　　5G+AR/VR 与 K12 教育的结合已成为一种新的学习工具，是信息化教育的未来趋势。

全息教室

5G 云化 AR/VR 技术构建异地、多人、多端的全息教学场。通过传统教育中的"教、学、练"与全息的"人、物、场"深度结合,打破时空限制,营造虚实相融的教学环境,衍生出丰富多元的教学应用。

5G+AR/VR 全息教室是 5G 云化虚拟现实教育的典型场景,可实现三大功能:

一是异地多人加入,异地师生可即时加入课堂,无人数上限;

二是多人同时交互,针对教学环境中的所有内容(包括人、物、场)进行交互,同步反馈,直观高效;

三是多端无缝衔接,当下终端无论是智能眼镜,还是手机或 PC,皆可实时连接,并且内容呈现和交互协作无缝衔接。

考虑到 AR/VR 对网络带宽和时延的双敏感性,5G+AR/VR 全息教室接入高速率、低时延的 5G 网络,并引入边缘计算和切片网络,实现云端渲染,为教学提供优秀的显示画质和更低的渲染时延。5G 的超大带宽、超低时延及超强移动性,可确保整个全息教学系统的沉浸体验效果。基于 5G+AR/VR 全息教室的教学系统可改变传统教学模式,通过虚实结合的全新教学方式辅助课堂教学,营造场景化教学新体验。

伴随 5G 技术的发展,异地多人的教学模式可能成为未来主流。

2019 年 9 月 26 日上午九点半,一堂在全国首创的"5G+AR"全息物理名师公开课在全国四地同步开讲。成都教科院附属中学、青岛萃英中学、上海格致中学、北京第十八中学四地名校名师,基于影创科技打造的 K12 领域"5G+AR"全息课堂技术,共同分享了一堂物理课。公开课内容还实时同步传至四川省的甘孜州康定中学、阿坝州茂县中学、凉山州冕宁中学。本次远程 AR 教学将先进的混合现实技术、5G 技术融入课堂,让四地学生共同感受未来科技和智慧教育的神奇魅力。

本次公开课由成都市教育科学研究院牵头,教育部科技发展中心虚拟现实研究中心作为指导方,影创科技、中国移动等企业共同参与举办,采用 5G 和 AR 技术,将传统的高中物理电磁学课程以全息课堂的形式展现在四地学生们的面前。

增强现实技术与教育教学实践的深入融合,是落实国家信息化创新驱动教育发展相关政策的重要举措。2016 年 5 月,国务院发布的《国家创新驱动发展战略纲要》,将虚拟现实技术及其相关技术领域列入"战略任务"部分的首要发展内容。2019 年 2 月，中共中央办公厅、国务院办公厅印发了《加快推进教育现代化实施方案（2018-2022 年）》，进一步提出，加快推进智慧教育创新发展，设立"智慧教育示范区"，开展国家虚拟仿真实验教学项目等建设，并实施人工智能助推教师队伍建设行动。智能教育、AR 教育成为 2019 年教育行业热词，打造全息化立体教室成为热门的教学科研项目之一。

在 5G＋AR 全息课堂上，四地授课老师和同学们一起戴上 AR 眼镜，传统的高中物理电磁学课程迅速以全息课堂的形式展现在四地学生的面前。戴上 AR 眼镜，可以看到教室中间悬浮起虚拟的天蓝色地球，以及围绕在北极的极光。围绕此环节，成都市教育科学研究院院长罗清红老师讲解了地磁场及北极光的产生原理。随后，画面转换为条形磁体磁场，青岛萃英中学姜凌燕老师讲解了磁体磁场知识。接下来，北京市第十八中学罗倩敏老师、上海市格致中学黄薇老师参与授课，分别就 AR 眼镜中的模型讲解奥斯特实验和安培定则。四地名师采用 AR 技术进行教学，将原本抽象难懂的电场、磁场、电磁理论等知识点转化成学生眼前可操作的动态混合现实全息 3D 模型，课本知识触手可及，帮助学生理解和记忆。

除了本地课堂的学生们，即使是身处落后山区的孩子也能通过佩戴 AR 设备，将影视级别的穿越体验展现在眼前。结合前沿技术，学生们在课堂环境中将不需要死记硬背，知识与经验的获取则更像是一场深层次的对话。

AR 技术应用于课堂的关键优势在于，它允许学生获得更立体、直观的知识感知，从而提高知识保留度。数据统计指出，接受 AR 教学的学生测试成绩平均比接受传统教学的学生成绩高 27.4%；通过对比学生观看混合现实演示和真人讲解演示发现，88% 的学生记得混合现实环境中的演示，只有 16%～48% 的学生能回忆起真人讲解的演示。

AR 对网络带宽和时延具有极高的敏感性，5G＋AR 全息课堂接入高速率、低时延的 5G 网络，为教学提供优质的显示画质和更低的渲染时延。在公开课课堂上因有 5G 助力，整个课程连贯清晰，没有任何"卡壳"。

5G 全息课堂是一套基于 AR/VR、人工智能等高科技的高度融合、高度沉浸、高度交互的教育解决方案，体现了数字化、网络化、智能化的智慧教育理念，开放、共享、交互、协作教学形态，激活了每位学生的创造力，大幅提高了学习效率，满足了教育现代化的时代要求。

全息教育带给学校师生的，不仅仅是教学内容形式的变化。在全息教室创造出来的多视角、多维度、多互动的立体环境中，学生的想象力不再受到课本和空间的局限，天马行空的创意思维将动态立体地展现在眼前。老师成为真正意义上的引导者，教学内容将不再局限于课本所学，一人一课将成为历史，多人在线共享式课堂体系促进了教学质量的提升。

超感教室

各种案例研究已显示出 VR 教育的吸引力。身临其境的体验是 VR 的重要优势，其他技术无法比拟。VR 教育可以提供现实世界中缺乏可行性，甚至不可能实现的课程和培训。

在 VR 教育环境中，学生可以身临其境地探索教学场地，在各种场所与从未见过的生物互动，可以体验在现实生活中因太危险而不便接触的场景。想象一下，与一群恐龙同行，在火星表面漫步，探索人体内部世界或原子结构，会是何种体验。借助 VR，学生能够获得传统教材无法实现的沉浸式学习体验，实现更高的知识保留度。VR 能够改变我们的学习方式，学校和其他教育机构已经开始使用这种前景广阔的新技术。

由北京市朝阳区政府、朝阳区教育委员会、中国移动（成都）产业研究院、中国移动北京有限公司打造的北京市首个 5G 网络下 VR 的教学服务教育解决方案正式在北京市朝阳区实验小学部署完成，并投入使用。

伴随着现代虚拟现实技术的发展，VR 设备形式多种多样。其中，利用 VR 在中小学课堂中的应用也逐步在全国开展起来。VR 课堂教学已逐步成为当下创新课堂、创客教育等多种教学环境的新形式，借助现有 5G 网络及 VR 移动终端，可随时随地给学生带来前所未有的虚拟化学习场景，让学生在虚拟的多维空间中自由想象、创造、探索，提供深度的数字化学习体验，引导学生积极投入到复杂或抽象的学习和探索场景中。同时，降低真实实验室意外风险，激发兴趣，为现代教育变革及学生综合素质发展助力。

在中小学 5G+VR 应用及资源建设时，针对国家课程标准及学科目标进行基础教学资源及课件的策划及制作，让学生在国家课程的学习过程中运用虚拟现实技术学习，在课堂中可体验多种、多形式的场景还原：追溯历史事件，游历在各种场景中，身临其境地去观察、学习、探索。增强学生课堂兴趣，提高学生阅历、自主学习、认知及探索能力。与此同时，建立各类灾害、事故等场景，让学生进行更加生动的安全教育。

在课堂上，学生可以通过 5G+云 VR 业务"身临其境"地遨游太空，穿梭在太阳系中，探索太阳、地球、月亮、火星等星球和各种星座，甚至还可以走动、转身、蹲下全方位地观赏各大行星的全貌。相比传统的书本或视频,虚拟现实的教育内容让其更加直观地认知了宇宙星系,这种基于 5G 的教育和学习体验是前所未有的。

通过 5G 网络与 AR/VR 技术的融合,让难以讲解的教学场景及现实生活中无法观察到的自然现象或事物变化过程变得生动,抽象的概念和理论也变得更加直观和形象。在教育人士看来,这种教学场景的变革在调动学生视觉、听觉等多感官参与课程学习方面迈出了跨时代的一步,真正实现了"寓教于乐"。

朝阳实验小学及相关专家在参加中国移动 5G+VR 教育应用培训及多堂 VR 课程后表示,应用 5G 网络可以快速使用海量 VR 教育资源。此外,5G 还可以解决很多传统信息技术及教学方式解决不了的问题,让学生对于抽象或微观知识有更加直观和全面的认知,打破传统教学设施及环境的限制,助力智慧教育发展。

更公平的教育

5G+AR/VR 课堂跨越教育鸿沟,打破了学校的边界,可以实现教育资源在不同学院、校区、地区之间的互派和轮换,帮助异地师生更好地交流、探索和学习,推动教育公平化进程。

对于学校而言,5G+AR/VR 课堂的出现打破了教育教学的空间限制,课堂教学由原本的"一人一课"教学转变为多人在线的共同讲课新模式,为当前教育资源配置不均,区域、城乡、校际差距大等问题的解决提供了新思路,特别是为改变革命老区、民族地区、边远地区、贫困地区教育基础薄弱的现状,解决我国教育资源分配不均等问题,探索出了一种全新的解决方案。

2019 年 6 月 5 日,"5G+MR"科创教育实验室揭牌仪式暨徐汇中学-元阳中学远程教学启动仪式在徐汇中学举行。

目前,上海市徐汇区正在加快推进 5G 融合应用创新示范区建设。"5G+AI 智慧教育"是重点推进的融合应用场景之一,旨在以"网络化、数字化、个性化、终身化"的教育理念为目标,共同构建面向未来的教育产业生态链,创新徐汇智慧教育产业新模式。目前,全区层面已统筹规划 50 多个教育信息化项目,这些项目助力徐汇教育继续保持高位、优质、均衡发展的良好态势。

通过 5G 和 AR 教学系统,远在云南的红河州云阳中学与徐汇中学实现异地双向同步教学。两地学生一起上生物课《认识人体的骨骼》、地理课《探究太阳系的奥秘》，利用 AR 技术，从视觉、听觉等方面收获更丰富的学习体验。

同时，青岛萃英中学、上海建平中学等多地重点中学先后落成 5G+MR 教室，帮助异地师生更好的交流、探索和学习，用新一代信息技术推动教育公平化进程。

◎ ｜职业与高等教育｜

职业教育指对受教育者实施可从事某种职业或生产劳动的职业知识、技能和职业道德的教育，包括职业学校教育和职业培训。高等教育指专科、本科、研究生高等教育、成人高等教育和其他高等教育服务。

依托 5G+AR/VR、多媒体、人机交互、数据库和网络通信等技术，学校可以构建高度仿真的虚拟实验环境和实验对象，学生在虚拟环境中开展学习、实验、实践，达到职业教育和高等教育教学大纲所要求的教学效果。

增强学习趣味性，提升学习效率

有研究结果表明，主要以文字或图片形态呈现单一媒体的教学，教学效率约 10%；以视听媒体或多媒体形态呈现的复合媒体教学，教学效率约 30%；以虚拟现实形态呈现的高沉浸媒体的教学，教学效率达到 70%。可见 AR/VR 可以大幅提高教学效率。虚拟现实将帮助传统教育消除时间与空间带来的认知阻碍，为学生提供生动、逼真的学习环境，有效帮助学生深刻理解和掌握抽象概念。

国泰安将 VR 技术与职业教育教学实训深度融合，以 VR 职业培训软件为例，根据教学大纲将知识点细化，融入教学资源，10 大模块、100 个知识点，可满足《汽车发动机技术与维修》《汽车底盘技术与维修》《整车构造》等多门专业核心课程的授课需要。职业教育学校的学生可以打破空间限制，进入物体的内部进行观察；突破时间限制，一些需要几十年甚至上百年才能观察的变化过程，借助虚拟现实技术，可以在很短的时间内观摩整个过程。还可以看到制动器运行时零件内部的工作情况，多角度重复展示一个部件的拆装，多方位展示汽车原理。

降低教育成本

高校和职业院校很多课程面临教学设备过于昂贵、不容易建设的困境。在教育实验过程中，还会遇到各种稀缺资源，不是所有学生在每个阶段都有充足的资源可以使用。将一部分实验用 AR/VR 的方式代替，可以降低目前实操实验资源的成本。

网龙华渔教育将 VR 技术与室内设计专业课程结合，提供专业教学、实训整体解决方案，已应用在大田职业中专学校、泉州华侨职业中专学校、贵州建设职业技术学院、嘉兴市建筑工业学校、晋江华侨职业技术学校等职业教育学校。

2019 年 7 月，哈佛大学在考古课程中引入 VR 技术，该大学可视化研究与教学实验室主任 Rus Gant 带领学生研究了一次与众不同的考古实验课题。Rus Gant 通过与 Visbit 合作，利用 VR 技术让学生们在虚拟环境中探索古墓，直观地观察不同类型的遗迹、遗物，好似"主演"一部迷你版的《古墓丽影》大片。

2019 年 7 月 23 日，华东理工大学商学院"传承红色基因"团队结合新型虚拟现实技术，利用 VR 实景还原馆内场景，将长征精神、长征故事再叙述，并以新的数字化语言再现。除此以外，VR 一体机一方面在很大程度上可以解决纪念馆场地有限，不足以承载高峰时期的游客量的问题；另一方面，由于部分馆内建筑年代久远，难以承载游客继续参观、使用，借助 VR 技术和设备，就可以很好地实景模拟现实。

总部位于澳大利亚的乐卓博大学（La Trobe University）在其解剖学课程中使用 AR/VR 技术代替传统的教科书，以提高学生的可访问性和空间意识。目前，该技术正在二年级和三年级的解剖学专业学生中试用，这些学生拥有相关的健康科学学位，包括物理治疗、矫形学、修复学、足病学和生物医学。

乐卓博大学解剖学教授 Aaron McDonald 博士表示，AR 技术可以让学生每天都能通过手机、平板或计算机，以实惠的价格方便地查看相关科目的高清晰图像。增强现实技术使学生能够随时观察和操作解剖结构。这对团队合作和自主学习都是很好的资源。

从成本上讲，增强现实技术的使用成本也比传统教科书低，每个学生只需 10 美元，而一本传统教科书要 100 多美元。这项技术有助于提高学生学习的机会。他们可以在家里、公共交通工具上等地方学习高质量的 3D 图像，以及相关文本、临床病例。

除了引入 AR 技术外，学校还引入了必备的 VR 头显。对于后面的学习安排，McDonald 博士表示，通过之前的一些实验证明，学生的成绩会随着 AR 和 VR 的使用而提高，一旦试点研究结束，可能会将这些技术扩展到其他解剖学课程。

实训内容变得可逆，可重复操作

针对医疗专业和化学专业的高校在校生，采用 AR/VR 教育可以在实验过程中将不可逆的操作和问题通过 AR/VR 进行反复操作，并做多组数据分析。整个过程可实现在原材料无损耗的前提下允许多次出错。

苏州大学临床医学专业的教学课堂上，师生们一同体验了 5G+VR 技术结合的沉浸式教学。在这堂临床医学案例教学课上，来自苏州大学医学部临床医学专业的同学结合临床上一名腹痛患者的实际案例，围绕患者病史、急腹症病因及诊断等问题展开探讨。与以往不同的是，教学课程引入了 5G 和 VR 技术，配合华为 VR 眼镜，进行手术远程直播教学，同学们在教室能够轻松实现与专家办公室、手术室互连互通，头戴 VR 眼镜和耳机身临其境般体验手术室环境，通过 5G 网络实时观摩医院腹腔镜胆囊切除手术直播，对学习案例过程中的疑问都可以用 5G 网络无缝对接连线专家和手术医生进行视频语音互动和交流。通过仿真系统和三维动态视景高度还原真实场景的视觉效果，让同学们仿若置身于手术室，实时观看了全程手术，更加直观地进行临床医学知识的学习。

由于手术室无菌环境的要求，医学院的学生一般很少有机会走进手术室观摩手术过程。现在通过 5G 环境下的虚拟现实技术，让学生将学习内容从基础理论延伸到临床实践，仿佛身临其境般观摩外科手术，已不再是纸上谈兵。

规避高危实验操作的安全风险

化学化工、机械工程、电力能源等专业都需要相应的实验培训，而且大部分实验都是在极度危险的情况下完成的，操作稍有失误就会造成严重的安全事故。在虚拟现实仿真实验室中，所有实验工具、场景、材料都通过三维仿真技术制作立体模型，学生将基于仿真模型操作。即使出现失误，模拟出的灾难性场景对学生身体也没有任何伤害。用 AR/VR 的方式进行实验可以大幅降低可能出现的安全风险。

中国某大学化学专业学生在正式做化学实验前，先在虚拟实验室里进行预演，熟悉实验的整体操作流程，涉及器具、药品，然后再进行实操，提高了实验的成功率，降低了实验的潜在危险性。

中国 AR/VR 技术厂商 Pico 在中国慕课大会上演示了基于 5G+VR 环境下的远程异地沉浸式虚拟现实教学，协同西安、贵阳异地同学体验位于北京的飞机拆装虚拟训练系统。

◎ | 自我学习 |

自我学习场景面向个人用户。用户使用 AR/VR 设备，通过 5G 网络连接云端。内容主要以种类丰富的知识科普、技能培训、语言学习等为主。大部分趣味性强，不形成系统。比如太空行走的应用，让用户体验宇宙空间站中的宇航员是如何生活和工作的。微观世界的应用，让用户在自家的厨房中不断深入微观世界，观察需要借助显微镜才能看得见的细菌与微生物。英语学习的应用，让用户在模拟的咖啡馆中扮演顾客或服务员，练习英语交流等。5G+AR/VR，让家成为教室。

东方时尚是一家全国性的驾校，一向高度重视"科技"元素对驾驶培训行业的影响，近期通过 5G、VR 等高科技手段打造智能驾驶培训示范基地，探索新的驾驶培训方法。

2019 年 6 月，东方时尚提出建设智能驾驶培训示范基地的方案，仅用一个月时间，就成为覆盖 5G 网络的驾校。VR 方面，2018 年，东方时尚与北京千种幻影科技有限公司合作推出 VR 驾驶模拟器，将前沿的 VR 智能技术应用于驾驶培训教育领域机构，课程内容包括基础训练、科目二、科目三的全部训练项目，以及各种突发情况的处置训练，进行有针对性的防御性驾驶学习。

公司利用 VR 智能驾驶培训技术不断创新和改进驾驶培训方式，目的是使学员们通过 VR 呈现技术，身临其境地体验各类驾驶情况，切身感受交通事故的危害性，深刻地体会到交通安全的重要性，将安全驾驶、文明行车的意识灌输给学员，以此提升学员们的驾驶责任意识。

经过一段时间的磨合和检验，东方时尚的 VR 驾驶培训项目取得了良好成效，不仅对招收学员有明显助力，在节能减排、降低运营成本等方面也与传统培训模式相比，呈现出明显的优越性。公司高度重视 VR 驾驶培训，VR 模拟器也已成为公司的重要战略。

根据东方时尚的实践结果，VR 汽车驾驶模拟器的应用前景乐观。据东方时尚 2019 年半年报显示，截至 2019 年 6 月 30 日，通过 VR 与实车穿插培训方式拿到驾驶证的学员人数近 400 人，其科目二及科目三的合格率均高于传统培训方式，VR 技术应用于驾驶培训领域，不仅将明显提升学员们的驾驶学习效率，也将帮助驾校有效地解决场地和人力问题，提高驾校的运营效率。

可以预见到，随着 5G 商用化的加速、AR/VR 技术的迭代，AR/VR 驾驶培训将成为一个重要趋势，并将给驾驶培训行业带来颠覆性影响。据东方时尚相关负责人表示，今年会陆续将 AR/VR 模拟器推广到全国各个子公司。

◎ | 企业培训 |

对于企业来说，教育的内容不需要多种多样，而是需要深度定制化。接受培训的人员使用 AR/VR 眼镜，通过网络连接云端内容，也可以额外佩戴定制化的动作捕捉设备等。在专用的空间中，进行多人协作训练。

AR/VR 教育可以根据企业的需求，提供高质量、高还原度的场景，帮助企业进行一些高成本，或者危险系数高的人员培训。如飞行训练、驾驶模拟、器械操作等，实机练习成本过高，可以先让学员在 VR 中熟练操作，也可以反复不断练习，降低成本。对于像火灾逃生演练，紧急情况应对演练等，出于安全考虑，无法还原真实场景，学员缺乏真实感和紧张感。而在虚拟世界中可以营造真实的灾难现场，让学员"亲身"体验。AR/VR 教育是企业的低成本、高安全性的培训方案。

对于企业来说，使用 AR/VR 提供培训可以带来很多好处。AR/VR 可以复制真实世界的体验，允许学员多次练习，而不必担心出错或受伤。工人可以在 AR/VR 内接受训练，在没有风险的情况下，获得危险环境的经验。AR/VR 可以用于提高运动员的表现，也可以为飞行员创造更丰富的飞行模拟训练项目。客户支持人员通过 AR/VR 培训，获得新的洞察力和更多的同理心，使他们可以真正从客户角度看待事物。AR/VR 培训的好处越来越明显，因此，越来越多的垂直行业开始引入 AR/VR 培训，利用 AR/VR 技术模拟工作环境、流程等，对企业员工进行岗位技能、生产安全、企业流程等多领域的培训。

焊接培训

深圳国泰安教育技术有限公司（以下简称：国泰安）推出的 VR 焊接教育培训系统对

熔池形成、流动、冷却过程进行逼真模拟，为用户提供沉浸式体验与交互，从而完成了焊接技能的实训。在整个焊接过程中的行进角度、工作角度、电弧长度、焊接速度都是可视化的，便于企业员工自我调节和老师课堂指导；避免了实训中触电、灼伤、弧光辐射、噪声、焊接烟尘和有害气体等多方面对人体的危害。整个过程无须焊接材料、焊条焊丝、焊接保护气体等物料消耗，可以大大降低企业培训成本。VR 焊接教育培训系统参见图 3-11。

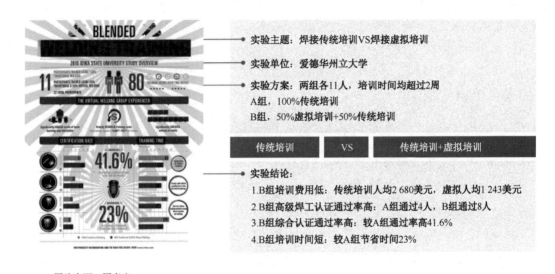

图片来源：国泰安

图 3-11　VR 焊接教育培训系统

从图 3-11 的数据可以看出，采用 VR 焊接培训方式可以大幅提高学员的认证通过率，同时可以帮助学员节省 20% 以上的培训时间，帮助培训机构节约 40% 左右的耗材成本。

物流培训

2018 年 11 月下旬，京东物流推出了一套 VR 物流培训课程。借助虚拟现实，员工可以高效地学习分拣、粘贴面单、缠绕胶带等业务。京东物流以往新员工进入分拣中心主要是靠"师徒制"的方式进行学习，可能出现由于业务生疏而导致的订单破损、丢失及误操作等意外情况。借助这种智能化的虚拟培训方式，企业能够帮助员工在寓教于乐的轻松愉悦氛围中提升工作能力，并将原本 15 天到 20 天的新人培训时间缩短至 1-2 天。

制造培训

空岛科技联合亚太笔记本制造商仁宝计算机，通过 VR 实现员工技能实训，对装配工作进行全流程模拟，将核心动作拆分来训练员工的操作技能，效果十分显著。采用传统方式培训员工，平均每位员工需要 3 天左右的入职培训和 1 周上岗技能培训，通过 VR 这种全新的培训方式，在不占用生产流水线的情况下，训练 1 400 名新入职员工，培训效率比虚拟现实在 2B 市场上有很大的提升。

安全培训

5G+AR/VR 的结合，让"车道"变宽，"车速"加快，特别是在多人互动教学等对宽带要求更高的教育培训应用场景中，AR/VR 技术将得到空前的广泛应用。

以煤矿安全教育培训为例，2019 年，山东、天津煤监局安全培训中心已经大力引进山东高通 VR 培训煤矿学员。据学员反馈，在体验煤矿重大事故时，身临其境的震撼感，给予了震撼的安全教育警示，并且教会了学员遇到事故紧急避险的知识。

VR 与安全培训的深度融合，并不只是过去安全教育方式的"旧酒"，装在 VR 这个"新瓶子"里而已。所谓"道为本，术为用"，VR 技术手段的革新是"术"，最终还是要为了"道"而服务，以道御术，才能借助 VR 技术更好地达成安全培训的实际教育意义。

以斯坦福大学虚拟现实与人类交互实验室（VHIL）利用 VR 进行的一系列心理学实验为例，其中一个实验邀请一批志愿者戴着 VR 设备体验人类在亚马逊丛林的滥砍和滥伐。

实验结束后，在志愿者面前打翻一杯水，结果，参加了实验的人擦桌子时明显比普通人用的卫生纸少。从结果来看，通过 VR 体验了虚拟伐木，志愿者保护环境的意识的确提高了。

由此可见，"VR+安全培训"真正的利用价值，不在于 VR 视觉场景效果上的"美化"，更在于彻底改变了过去冰冷生硬的、实际安全启示意义低弱的安全教育模式，颠覆传统的安全培训"说教+服从式"教育，转变为"体验+反思式"教育。对于安全培训而言，无论安全管理人员如何苦口婆心说教，永远都不如自己摔跟头的效果来得直接。但是在安全生产领域，任何人、任何企业都无法承受"摔跟头"试错的成本。

　　在 VR 安全生产教育培训这一垂直细分领域，伴随着 5G 技术的催化作用，"VR+安全培训"的融合应用将迎来爆发式增长。

手术培训

　　Fundamental VR 是外科界沉浸式训练技术的先驱，研发了 Basic Surgery 平台。该平台将虚拟现实与触觉结合起来，获得了英国皇家外科学院的持续专业发展（CPD）认证。这是首个使用 VR 技术接受 CPD 积分的手术模拟，涵盖了全髋关节置换术训练模拟。

　　CPD 是由普通医学委员会设立的，作为研究生培训之外的活动，表明外科医生正在不断提高和实践他们的技能和表现。英国皇家外科医师学院认可这一系列活动，包括符合委员会指导方针的教育日和会议，以及每项活动在每位学员年度 CPD 分数中所占的分数。

　　为了保持专业水平，外科医生每年必须累积 50 个 CPD 积分（5 年以上的再验证周期为 250 分）。有了这一认证，Basic Surgery 的模拟被确认为一项活动，证明了足够的教育价值，以贡献 CPD。

　　被《时代》杂志评为 2018 年度最佳发明之一的 Basic Surgery 平台于 2018 年 8 月推出。它将虚拟现实和前沿触觉技术结合起来，为实习医生和合格的外科医生创造了一个可伸缩的"飞行模拟器"体验，让他们能够体验和导航真实手术过程中相同的视觉、声音和感觉。basic Surgery 与其他解决方案的不同之处在于，它的设计是与设备无关的，与计算机、VR 头显或触觉设备兼容，使其能够以很少的成本交付。此外，其远程数据分析和数据仪表板涵盖手术技能和知识，提供了宝贵的洞察手术能力和教育进展。

　　虽然其他模拟仅限于视觉和音频交互，但 Basic Surgery 手术将其提升到了一个全新的水平。它的专有技术可增加实时触摸感。外科受训者可以感觉到组织、肌肉和骨骼的运动和相互作用，就像他们在一个实际的手术中一样，在一个亚毫米的电阻精度范围内。Basic Surgery 有工具库和组织变体库，模拟现实生活中的感觉。

　　通过 Basic Surgery，Fundamental VR 为外科医生创造了一个完全安全、真实的教学环境，让他们学习技能，将虚拟现实与触觉反馈结合起来，这对开发与手术相关的肌肉记忆非常重要。

Basic Surgery 平台目前支持一系列骨科手术，包括获得 CPD 认证的全髋关节置换术后入路（P-THR）模拟。P-THR 仿真支持用户维护和发展他们对相关解剖、术前规划和术后病人护理的理解，并提供一个触觉支持的仿真体验和术中决策。

Basic Surgery 手术平台，目前部署在许多不同的医疗机构内。最近，伦敦的主要医院，圣乔治医院，在他们的模拟中心部署了 Basic Surgery。这一安装使医学培训生能够随时使用教育平台，监测进展，并帮助个人用户继续提高他们的技能。美国的梅奥诊所（Mayo Clinic）和加州大学洛杉矶分校（UCLA）、英国的 UCLH 和德国的 Sana 也开展了 Basic Surgery 手术。

飞机维修培训

VINCI VR 是由 22 岁的 Eagle Wu 创立的 VR 初创公司，专注于沉浸式维修培训解决方案。该公司刚刚获得一份价值 100 万美元的合同，为美国空军提供虚拟维修培训技术。VINCI VR 与空军技术加速器 AFWERX 合作，为军方提供新形式的沉浸式模拟，旨在训练飞行员进行飞机维护和保养。

通过对成百上千名飞行员使用 VINCI 技术，美国空军可以确保即使在没有可用飞机的情况下，他们也能得到最新的训练，从而使现代训练更好地指导未来的飞行员。

VINCI 的虚拟现实软件使空军教学指导现代化，并为学生带来了新的飞机实时培训，这将增强他们的系统知识记忆能力，展示日常实践。VINCI 将帮助缩小培训的内容与现有的飞机之间的差距。最终，当飞行员到达工作地点时，这会增加他们的战备能力。

VINCI 的技术旨在为客户提供灵活、易用的沉浸式体验，使空军能够有效地教育数千名飞行员进行飞机维修，费用仅为实际培训成本的一小部分。VINCI 技术使用真实飞机的高精度交互式 3D 模型，无须进行真机训练。

使用 VINCI 的 CODEX 编辑平台，教师甚至可以创建自己的沉浸式培训体验，而无须任何开发或编程经验。

旅游

有了 5G+AR/VR 的加持，沉浸式旅游将作为一种全新的情境体验式旅游形式，为游客带来更多身临其境的体验。旅游，重在体验，贵在感知，学在文化，5G+AR/VR+旅游的结合会成为旅游业未来观光旅游、文化感知、特异场景体验的重要发展方向。

◎ | 虚拟旅游 |

虚拟旅游是在现实旅游景观基础上，利用 AR/VR 技术，构建虚拟的三维立体旅游环境。用户可以突破时间和空间的限制，足不出户、身临其境，畅游世界各地，也可以使用 AR/VR 的方式，"预游览"景点，帮助自己更好地进行旅行规划。

5G 有效地提高了容量，为 VR 的数据传输提供更低的延迟。5G 时代到来之后，VR 在传输方面的屏障将被打通，困扰 VR 技术在移动端应用的问题会迎刃而解，真正实现让人足不出户，畅游世界。

根据全球商务旅行协会最近发布的 2018 年旅行趋势报告预测，全球旅行成本继续上涨。

对于普通用户来说，一次旅行，尤其是国际旅行，通常要花掉自己一段时间内的积蓄。虽然交通和住宿是旅游中的一大乐趣，但更多的用户旅游的目标还是最终的目的地。VR 旅游可以提供足不出户的旅行，为游客省去了很大一部分费用，也节省了用户的时间，提供了高性价比的旅行方式。虚拟的旅行门票也能为景区额外增添收入。

著名的旅游景区总是人山人海，许多时候，旅游体验无法达到预期，不是因为景色不美，而是因为看景的人太多，已经无法欣赏美景。此外，对于一些有时间和季节限制的旅游项目来说，为了能够看到最佳景色，可能需要长时间蹲守。AR/VR 旅行可以在景点最佳观赏季节、最佳观赏时间拍摄内容，让用户在家中就可以独享最美的景色，甚至可以一次游览不同时间和不同季节的美景。

AR/VR 旅游不仅可以让用户"不去"，还可以吸引用户，让用户更想去。景区、酒店、公园或者游乐场，可以拍摄和制作 AR/VR 宣传片，将自己最有魅力的一面用沉浸式的方式传达给消费者，让消费者在"人未到时心先到"，先在虚拟世界中"真实"游览一次。牢牢抓住用户的心，提高用户对于这些地点的品牌认知度，反而可以吸引更多用户到实际景点去参观和游玩。

2019 年 5 月，中国电信江西公司在滕王阁风景区展开了一场别开生面的"旅游"活动：借助大疆无人机上搭载的 360° 全景摄像头，通过 5G 技术让信号传递到 VR 眼镜上，让用户全景式实时地感受江南名楼滕王阁的魅力。

江西电信 5G+VR 旅游已经在龙虎山进行了试点，后续会在明月山、庐山、武功山、三清山、井冈山等江西名山实现 5G 的覆盖。随着 5G 技术的覆盖，5G+VR 走进了人们的生活，让人们带上 VR 眼镜足不出户就能够身临其境，游览美景。

博物馆与展览馆等也可以采用 AR/VR 的方式来记录和宣传自己的展品。由于文物宝贵，场馆空间有限，许多知名场馆都会限制人流，参观需要提前很长时间进行预约，参观时间也受到限制，同时也不能够触碰展品。而在 AR/VR 中，用户可以自由地参观，不受时间的约束，也可以"把玩"展品。既可以保护文物，又可以给更多的人提供参观的机会。

2019 年 4 月，南昌八一起义纪念馆推出"5G 红色旅游示范区"，正式对外开放体验，成为全省首个 5G+VR 红色旅游示范样板。八一起义纪念馆"5G 红色旅游示范区"主要利用 5G 的高速特性与 VR 科技的沉浸感融合，推出"5G+VR 红色旅游直播巡展"，让游客可以在互联网上进行 VR 实景沉浸式直播参观，身临其境地了解八一起义的历史背景、意义，深刻领悟八一起义的精神和内涵，在缓解纪念馆游客压力的同时，也可将馆内各种珍贵的历史收藏向更多人展示。

◎ ∣ 智慧旅游 ∣

智慧旅游，也被称为智能旅游，就是利用 AR/VR、云计算、物联网等新技术，通过 5G 网络，借助便携的终端上网设备，主动感知旅游资源、旅游经济、旅游活动、旅游者等方面的信息，及时发布，让人们能够及时了解这些信息，及时安排和调整工作与旅游计划，从而达到对各类旅游信息的智能感知、方便利用的效果。

5G+AR/VR 可以贯穿游客的整个旅行过程。旅游前，游客可以通过 AR/VR 眼镜，获得一手信息。旅游中，游客可通过 AR/VR 导览，提升视觉冲击力和游览便携度；旅游后，游客可为自己中意的景区贴上标签，通过 AR/VR 将全景旅游记录分享给朋友。

实景精准导航

2019 年 10 月 23 日，华为举行 5G 终端及全场景新品发布会。发布会现场正式发售了华为 Mate30 系列 5G 版，同时，在体验区，华为还展示了 5G 网络下的全场景智慧生活。

其中，Cyberverse 技术借助华为 Mate30 系列 5G 版可以进行更精准、更有趣的 AR 导航。在景区和复杂的街道，当你发现自己的手机不仅拥有出色而精准的导航能力，甚至还可以非常详尽地介绍关于景点、关于你看到的建筑的所有历史故事，参见图 3-12。

图片来源：爱范儿

图 3-12　Cyberverse 技术借助华为 Mate30 系列 5G 版进行更精准、更有趣的 AR 导航

华为 Cyberverse 技术融合了 3D 高精度地图功能，拥有出色的空间计算能力、强环境理解能力，以及超逼真的虚拟现实融合渲染能力，在端、管、云融合的 5G 架构下，提供地球级虚实融合世界的构建与服务能力，将各种繁杂信息、现实环境及空间的处理进行 AR 呈现。

未来，在各大景点、博物馆、智慧园区、机场、高铁站等公共空间，华为 Cyberverse 技术将使真实与虚拟现实之间的融合交互变得简单，用户得到的体验是直观而便捷的，而景点及智慧园区等公共空间获得的，则是运营成本的降低，两者结合，将拥有无限的可能。

基于 Cyberverse 的全场景空间计算能力，手机能实现精准到厘米级的定位，实现虚拟和现实世界的最大融合。值得一提的是，该功能具备 AI 自学习能力，随着使用频率增多，其识别精准度也会随之提升。

此外，环境理解能力和构建能力也能让 Cyberverse 具备识别显示世界的物理环境、物体和自动化检测周边环境数据。

譬如当走近一个建筑时，系统会提取云端数据在 3D 地图中显示该建筑的具体信息，导航类程序可以通过虚拟标识提供道路和建筑信息，购物类程序可以显示出该地点的相关点评等。

而在这些数据之上，Cyberverse 还能对现实和虚拟世界进行深度渲染，从而带来逼真的沉浸式体验。

Cyberverse 的功能已经涵盖识物百科、识人辨人、识字翻译、识车安保、3D 地图识别等，其应用场景也包括景区景点、博物馆、智慧园区、机场、高铁站、商业空间等公共场所，为游客提供导览服务。

在发布会上，华为还展示了 Cyberverse 和物联网智能家居互联的视频。使用者在建筑外能通过 Cyberverse 和室内的物联网设备检测出室内温度、湿度、甲醛程度、楼内人数等信息。

个性化导游

在参观展品时，5G 应用结合 AR 技术，利用 AR 眼镜或其他便携终端为游客提供展品辅助讲解服务，通过终端对展品进行智能识别，可大幅缩小业务处理时延，根据游客的不同，提供相应的语音、文字、图片、视频、3D 模型等辅助信息。利用 5G 网络高带宽的特点，快速下载大视频素材文件，真实再现景物原貌，为游客提供丰富且个性化的辅助讲解服务，加深用户对展品和展区文化的理解，有效缓解游客来不及了解景点的诸多背景，对展品体会不够全面和深刻的问题，给游客留下深刻印象。5G+AR 技术的融合，有效节约了人工导游的人力资源，通过技术之间相互赋能，成为游客的贴身讲解员，满足游客个性化服务需求。

2018 年年底，中国联通在红旗渠景区建成了 5G 基站，信号全覆盖，并开发出了一系列的 5G+旅游应用。

5G+AR 帮助游客进一步"看懂"景区。走马观花是旅游常态，当游客想具体了解景区某个景点时，要么依靠导游、讲解员，要么依靠语音导览、电子地图等工具。但前者导游数量有限，费用较高，并且基本上以语音讲解为主；后者操作烦琐，内容单调，体验感较低。

同样是一张景区老照片，在 5G+AR 下，游客通过 AR 眼镜，能够快速在照片旁边出现虚拟讲解框，以语音、文字、图片、高清视频和 3D 模型等素材形式同步讲解。同时，5G 条件下，这些资料可以千人千面，有不同推荐，甚至可以在线进行更多延伸。5G 环境下，内容传输速度更快，可以在线提供高清的展品影像资料，并通过 3D 模型跟展品互动，让大家更了解展品。此外，5G+AR 还能够根据游客的喜好快速计算，实现讲解内容在线推送的个性化服务。

智慧酒店

2019 年 4 月，华侨城洲际酒店与深圳电信、华为宣布启动全球首个 5G 智慧酒店建设。

星级酒店作为服务高端人群的重要场所，很早就开始引入信息技术，提升数字化、智能化水平。5G 的到来改变了一切，它不仅是一种更好的通信连接，更是一种使 AR/VR、人工智能、云、大数据等技术能够智能连接，为酒店行业突破业务模式，提高用户体验创造了无限可能。

当前，5G 带来的智能连接正在酒店行业掀起一幕幕场景革命，为酒店宾客入住、商务活动及酒店自身的运营管理带来全新的体验。

在酒店大堂，借助 5G+AI，可以实现刷脸入住和退房的"秒级"畅快体验，提升服务效率和安全性。同时，在前台大厅配置智能机器人，可以为宾客提供信息查询、目的地指引、机器人送货等服务，增强交互体验，提升服务质量和客户满意度。

进入房间后，5G 网络不仅可以给宾客提供更快速和安全的互联网接入，还能与 4K/8K、AR/VR、云、AI 等技术及设备结合，给用户提供超高清观影、云计算机、云游戏、VR 划船健身、个性化推送等丰富体验，满足用户商务办公和工作娱乐的需求，参见图 3-13。

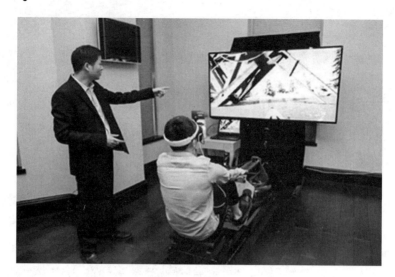

图 3-13　5G 网络

　　在商务活动场景，5G 可以完美解决 4G 或 WiFi 环境下网络拥塞的问题，确保会议活动顺畅进行，为越来越盛行的 4K 超高清/VR 直播、全息互动等需求提供保障，并满足广大参会者对图文、短视频等社交内容的实时分享诉求，参见图 3-14。

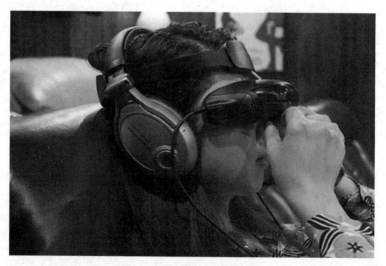

图 3-14　商务活动场景，5G 可完美解决 4G 或 WiFi 环境下网络拥塞的问题

在酒店自身的运营管理上，5G 与大数据、AI 等技术结合，通过巡检机器人、AR 眼镜等前端设备与后端数据的协同，可以改变酒店室内外智能安防的能力，全面提升酒店的安全服务等级。

此外，酒店还可以通过 5G+AR/VR 与周边景区信息互动，相互引流。部分酒店也在尝试与品牌合作推进基于 5G 的 VR 导购、AR 购物，探索新的场景化购物体验及增值空间。

在新技术驱动新场景，新场景带来新体验的大趋势下，国内星级酒店纷纷推动酒店数字化、智能化升级，向 5G 智慧酒店转型。

5G+AR/VR 给酒店行业带来的价值主要体现在四个方面：一是升级酒店已有的业务体验，吸引更多宾客入住，增加直接收入；二是创造酒店此前没有的业务场景，通过提供增值服务形成差异化竞争，获取附加收入；三是用智能化的手段降低酒店运营管理成本，提升安全服务等级；四是发挥文旅产业重要节点的作用，通过联合营销、场景化购物等跨界合作，助推文旅产业及文旅事业蓬勃发展。

缓解排队情况

长江索道是游客到重庆的必到打卡地，有些游客要排很久的队才能坐上，如果遇上天气不好，没办法坐索道，会成为他们的遗憾。于是，重庆在整个索道都接入了 5G 网络，在缆车底部安装摄像头，以 360 度全景高清 VR 作为呈现方式，把实时拍摄到的全景画面通过核心网传输到体验区，向游客提供全新旅游项目。只要游客戴上 VR 眼镜后，就如同置身于缆车上，沉浸式欣赏长江两岸的风貌，参见图 3-15。

目前，长江索道南北两站全程线路已实现中国移动 5G 无线网络覆盖，通过挂接在索道车厢底部的 5G 无线终端，将视频数据以 5G 无线传输的方式实时发送至 5G 基站，视频数据经由 5G 基站和移动核心网输送到长江索道景区指定 VR 体验区的视频流媒体服务器，最终以 360 度全景视频方式呈现在佩戴 VR 眼镜的游客眼前，由此给游客以身临其境的实时"索道过江"体验。景区通过现代科技与景区的融合，使万里长江唯一的跨江索道焕发新的活力。下一步，索道公司将积极创新游客体验方式，即便在索道检修停运期间，游客也可以通过 VR 眼镜感受不同季节、不同时段的山城景色。

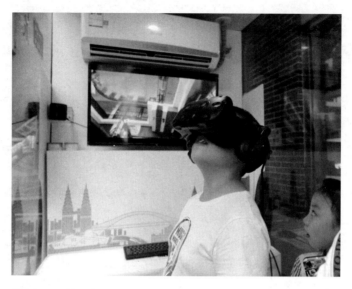

图片来源：重庆市客运索道

图 3-15　长江索道 VR 游

　　传统智慧旅游主要停留在旅游 App 研发及旅游信息化上，多媒体声光电实景建设投资多、环境破坏大、营销推广慢、运营成本高等，这些都是旅游创新项目的本质痛点。

　　AR/VR 技术融合了应用多媒体、传感器、新型显示、互联网和人工智能等多领域技术，是交互技术和用户体验的最新前沿技术。将 5G+AR/VR 技术和旅游各个环节紧密融合，不仅让景区环境和景观得到了零破坏的保护，而且项目中的设备，也将成为一道和景区完美融合的靓丽风景线。不仅降低了景区的建设投入和运营成本，而且游客参与度深、互动性好、体验更丰富，游客黏性强，有力拉动了景区二次消费，还能提升游客对旅游景区内容和内涵的认识。

游戏

　　看过电影《头号玩家》吗？里面的《绿洲》游戏就是 5G+VR 游戏的生动展现。

AR/VR 游戏的实时渲染和媒体处理所需的庞大算力将由 5G 边缘云完成，就近完成渲染处理和效果下发，最大限度地降低大量图像数据传输造成的时延。AR/VR 终端仅需从边缘云接收渲染效果，并进行基础解码、处理、呈现，间接减小了对终端体积和性能的要求。用户可通过更廉价、轻便的终端连接 5G 网络，享受互动感和沉浸感兼具的云端游戏。AR/VR 游戏的实时渲染和媒体处理参见图 3-16。

5G+AR/VR 突破瓶颈，带来全新游戏体验。与传统游戏相比，AR/VR 游戏会带来强烈的临场感，玩家将不再局限于平面，而是身临其境地体验游戏场景。此外，AR/VR 游戏通过体感操作，实现玩家与游戏角色感官同步，这种同步远超于遥控所带来的乐趣。目前，制约 AR/VR 游戏发展的主要因素包括设备使用时的眩晕感、硬件性能及游戏内容的匮乏。5G 将会带来更高的网络传输速率、更低的延时及更大的宽带，云计算技术把复杂的渲染程序通过 5G 网络传输放在云端服务器中实时处理，这将有望提升 AR/VR 游戏的体验。

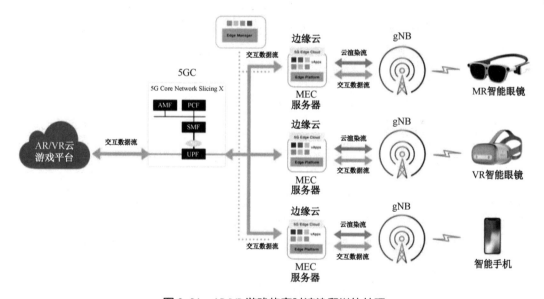

图 3-16　AR/VR 游戏的实时渲染和媒体处理

◎ | **云游戏** |

云游戏就是将高品级的游戏（现在的 PC 游戏或主机游戏）在远程服务器上运行，让玩家在任意终端（无须高端处理器和显卡）上以流媒体的形式获取和玩耍。配合用户订阅的收入模式，可形成游戏界的 Netflix/Spotify。

云游戏当前最大的技术障碍就是网络延迟，而后者恰好是 5G 的最大优点之一。在众多 5G 的 2C 应用中，云游戏可能是较早成型的一个。微软 xCloud 和谷歌 Project Yeti 已经开始公测，亚马逊也有可能在 2020 年推出产品。

云游戏可能是继手游之后游戏渠道的最大变革，将大幅度扩大高品级游戏的可及人群（玩家的初始硬件投入下降），提高用户生命周期价值（由单片购买改为按月订阅后，玩家在游戏内容上的花费将上升，正如数字音乐由下载转为订阅后，总收入大幅提高）。提高游戏开发者的产业链地位（渠道门槛下降后推高内容价值，开发者无须再向主机厂商支付 30% 的分成），激发中小游戏开发者活力、增加游戏产量。到 2023 年，云游戏的市场规模可达 120 亿美元，基于 1 亿名用户和 10 美元月费（全球游戏玩家 20 亿名用户、主机游戏用户 1.7 亿人、美国游戏玩家每年花 90～100 美元购买新游戏）。

除微软、谷歌、亚马逊以外，艺电、Verizon、英伟达等也正试图进入这个市场。与 Netflix 一样，云游戏平台的成功因素也是基于内容和技术两大支柱的。微软既有公有云技术，又有我的世界等自有游戏和工作室，更有现成的 Xbox 主机用户群体和 Xbox Game Pass 订阅用户基础。命名为 xCloud 的云游戏业务 2019 年 10 月宣布，2020 年将推出下一代游戏主机，可能含有无光驱、纯流媒体播放的机型。谷歌已经结束的 Project Stream 是迄今公测过的技术完成度最好的云游戏项目，但公司需要投资、收购或寻求合作，以获取独家游戏内容。亚马逊虽也暂缺内容，但 AWS 已是 Epic 等知名游戏开发者广泛使用的公有云，Twitch 已是全球最大的游戏直播网站。公司还可将云游戏业务与下载售卖、电竞、广告等混杂起来。艺电等游戏开发者，既可以基于自身内容搭建自己的云游戏平台，也可多家联合搭台，更可单纯地作为内容提供商，在多平台抢购中提升价值。在游戏开发者之间，开发周期较短，游戏内容大众化的艺电最为受益。

云游戏以云计算为基础，游戏在远程云端服务器上加载运行，并将渲染压缩之后的画面通过网络传输到用户终端，用户端收到后，则可进行视频播放及游戏操作。从用户角度来看，云游戏有助于提升用户体验，扩大市场规模，云游戏的推出一方面会降低优质游戏准入门槛，由于云游戏的处理、加载、渲染和压缩过程都在云端进行，玩家不需要任何高端处理器及显卡便可享受对设备要求较高的优质游戏，用户端只需要基本的视频解压能力，这将大幅降低玩家的进入成本。另一方面，云游戏将突破设备限制，引入创新玩法，由于玩家不需要耗时下载任何游戏终端，可通过身边计算机、手机、平板等能够接入网络的设备实现随时游戏。从游戏发行商和研发商角度来看，云游戏将更大程度地拓宽用户渠道，降低游戏的获客成本和维护成本，游戏研发商也无须考虑游戏适配性问题，能够专注于内容本身。

云游戏技术包括云端与用户端之间的流媒体传输技术，以及完成游戏加载渲染等云计算技术。前者取决于网络通信延迟，后者取决于网络通信宽带，由于云游戏需要同时传输音频和视频流，并且只有做到低延时的流媒体传输，才可以保证用户体验，因此，云游戏对网络条件要求较高，并且所需流量巨大，如谷歌云游戏项目 ProjectStream 对实际网速要求至少 15Mbps 的下行速度，网络延迟不能超过 40 毫秒。截至 2018 年 12 月，中国的固定宽带下载速率可达 28.06Mbps，4G 互联网平均下载速率为 22.05Mbps，移动流量费用为 11.6 元/GB，因此，目前网络条件尽管可以满足云游戏运行，但用户体验有待提高，巨额流量费用也阻碍云游戏的发展。而 5G 最高可实现下载速度 10Gbps，理论上，网络延迟小于 1ms，这将远超云游戏对网络的要求；在流量费用方面，中国移动推出的全国首个 5G 套餐公测版套餐的价格是每月 50 元享受 5TB 的通用流量，流量资费大幅降低。因此，基于其高速率、大容量、低延时、费用低的特点，5G 有望解决云游戏的传输延时和流量消耗巨大等问题，从而更好地提升用户体验。

◎ | **云 VR 游戏** |

当 VR 游戏以云游戏的方式运行，就产生了云 VR 游戏。

VR 游戏指利用 VR 技术让玩家走进虚拟的游戏世界，拥有沉浸的视听感受，并通过身体的运动来进行游戏。传统的 VR 游戏结合云计算技术，将内容上云，渲染上云，有效降低了用户侧对终端的要求，从而降低了消费门槛。用户只需要较低的成本就可以在虚拟世界中遨游，体验沉浸感十足的高质量的 VR 游戏。

游戏一直是需求最广泛的娱乐之一，作为吸引用户和增加用户黏性的一类业务，云 VR 游戏将会是云平台上聚合的第一类消费者强交互业务。同时，云平台可以吸引内容商持续投入，现象级（是指在短时间内爆红，而被众所周知和使用）的优秀游戏可以让玩家心驰神往，促进平台发展。

从市场规模来看，根据 SuperData 的调研数据显示，2018 年，VR 游戏市场的总收入为 38 亿美元。而根据 Newzoo 统计，2018 年全球游戏市场收入为 1 349 亿美元，可以看出 2018 年 VR 游戏收入占比为 2.82%。虽然这一比重相比 2017 年已有较大幅度提升，但仍处于极低的水平。

高盛的《VR 与 AR：解读下一个通用计算平台》研究报告指出：VR 游戏将会是首个发展起来的 VR 消费者市场。与其他行业相比，游戏行业的 VR 技术应用更加成熟，游戏的特性也与 VR 技术更加契合——追求沉浸感，市面上的 VR 游戏内容也较丰富，用户容易为游戏体验付费。报告称，到 2020 年，AR/VR 游戏将拥有 7 000 万人的用户规模和 69 亿美元的软件营收。

Steam 是全球最大的游戏数字内容发行平台，也是全球最大的 VR 游戏应用发行平台之一。根据 Tera Nguyen 统计数据，截至 2019 年 3 月 12 日，Steam 上的 VR 游戏总数已超过 2 700 款，2016-2018 年，该平台上线的 VR 游戏数量进入爆发式增长阶段，但占总游戏的比重目前仍在 10%左右。从 VR 设备拥有率来看，截止 2018 年 12 月，Steam 用户的 VR 设备拥有率达到 0.8%，相对于年初的 0.4%翻了一倍，不过相对于总体规模而言，普及率仍然非常低。Tera Nguyen 统计数据参见图 3-17。

图 3-17 Tera Nguyen 统计数据

VR 技术在 2016 年爆发后就逐渐沉寂下来，很大的原因是用户侧的成本太高，用户得到的体验与用户付出的成本不匹配。2016 年，第一代 VR 设备问世，用户想要体验 VR 游戏需要 15 000 元左右的设备（美国本地约 2 000 美元左右，不同地区存在价格差异）。即使是现在，如果需要体验高质量的游戏，仍然需要头显 4 000 元+PC 6 000 元。

　　随着未来云 VR 和 5G 技术的发展，VR 游戏的普及速度将迅速提升，未来市场发展空间巨大。云 VR 游戏将游戏内容和游戏渲染放到云端，用户端的交互信号上传云端，云端服务器完成游戏的复杂运算和画面渲染，并压缩成音视频流，然后通过网络将音视频流传输至用户 VR 终端进行解码显示，省去了高性能主机，用户端即可节省开销，大大降低了用户体验 VR 游戏的门槛。同时，统一的平台和开发接口，也有利于中小型公司投入 VR 游戏的开发领域，丰富内容。另外，内容统一在云平台管理上，更方便版权保护。云 VR 游戏云端架构图参见图 3-18。

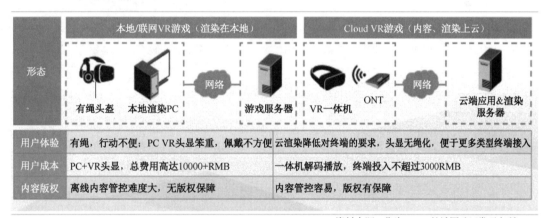

资料来源：华为iLab，长城国瑞证券研究所

图 3-18　云 VR 游戏云端架构图

　　云 VR 游戏利用 VR 和 5G 技术让玩家走进虚拟的游戏世界，拥有沉浸的视听感受，并通过身体的运动来进行游戏，成为自己梦寐以求的英雄角色。

　　云 VR 游戏帮助 VR 游戏降低了门槛，更适合步入家庭，成为家庭中的新兴娱乐方式。

　　云 VR 游戏体验与 PC 本地渲染的 VR 游戏体验几乎不会有区别。玩家可以实现在家中一定范围内的走动，可以蹲下躲闪子弹，也可以用双手随意射击等。这种完全调动整个身体的游戏方式让用户感觉到极强的沉浸感，比起轻量级游戏，适合时间更长的体验，以及更复杂的游戏方式。不仅仅是小孩子和家庭娱乐,对于一些真正热衷于游戏的挑剔玩家,云 VR 游戏也会是他们追捧的游戏方式,因为不需要为本地渲染终端付钱,也不需要不断更新配置来保证性能不落伍。

云 VR 游戏不局限于家庭,让游戏玩家即使在旅途中,通过 5G 就可以继续在家中还没有玩完的游戏。由于活动空间有限,此种场景以休闲游戏为主。在诸如候机室、咖啡厅等场所,戴上 VR 头显,连接到云端,就可以玩休闲小游戏。

◎ | 云 AR 游戏 |

随着 *Pokemon Go* 在 2016 年火爆全球,以及苹果、谷歌在 2017 年发布 AR 开发工具 ARKit 和 ARCore 后,AR 游戏近年来快速发展。2019 年 4 月 11 日,腾讯旗下首款 "AR 探索手游"《一起来捉妖》正式上线,引起市场对 AR 游戏的关注。

Pokemon Go 是根据经典 IP《精灵宝可梦》开发的一款对现实世界中出现的宝可梦进行探索捕捉、战斗及交换的 AR 宠物养成对战类 RPG 手游。游戏一经推出,就成为当时市场上的黑马,并且迅速成为全球范围内的大作。

Pokemon Go 在手机等移动设备屏幕端展现真实与虚拟结合的画面,将游戏融入日常生活和出行当中,玩家可以通过智能手机在现实世界里发现精灵,进行抓捕和战斗,并且玩家作为精灵训练师,抓到的精灵越多,会变得越强大,从而有机会抓到更强大、更稀有的精灵。

Pokemon Go 于 2016 年 8 月 17 日获得五项吉尼斯世界纪录认证,被认定为 "上线一个月以来收益最多的手游""最快取得 1 亿美元收益的手游(耗时 20 天)""上线一个月后下载次数排行第一(约 13 000 万次)""上线一个月后在最多国家下载次数排行第一(约 70 多个国家)""上线一个月后的收益额在最多国家排行第一(约 55 个国家)"的头衔。

《一起来捉妖》是腾讯旗下首款 AR 探索手游,以 "捉妖" 为核心玩法。在游戏中,通过接入苹果、安卓各机型的 AR 技术,玩家可以在真实的生活场景中,打开游戏用摄像头扫描,通过 AR 功能抓捕身边的妖灵,对它们进行养殖、训练、进化,完成游戏中对战、展示、组队、交易等诸多功能。

但是，受制于网络传输速率较慢，AR 游戏用户体验差。AR 游戏需要产生的流量大，大量动态变化需要终端负荷庞大的计算量。因此，各类 AR 游戏产品网络要求普遍较高，当前的网速仍无法满足 AR 游戏的动态变化计算量的要求。另外，用户流量成本较高，AR 游戏巨额流量产生的巨额费用也阻碍了其当前的发展。

5G 将给游戏用户享受 AR 游戏的极致体验提供强有力的支持。与 4G 相比，5G 表现出传输速率快、传输延迟低的特点，从而能够满足游戏及时响应的需求，将 AR 游戏云化，AR 游戏的潜力被彻底激发。

在数据传输速率上，5G 可以数十倍地提高传输速率，由此，AR 游戏产生的高流量得以更高效地传输。

5G 降低传输延迟的方法之一是压缩网络处理过程，一种较好的思路是最近很火热的边缘计算。边缘计算与云计算类似，但是通过分布更广的边缘节点处理数据，边缘节点数量较多，距离用户更近，降低了传输延迟。此外，流量可以在边缘进行本地化卸载，有效降低了成本。因此，基于边缘计算的 AR 游戏能大幅降低网络传输的延迟，也能有效降低玩家的流量成本。

沉浸感是 AR 游戏的关键

沉浸式体验对于 AR 游戏非常重要。"脱离现实"是当下视频游戏玩家们排在首位的一个需求。也就是说，未来的游戏体验在沉浸特性上一定会越来越好。同时，游戏玩家也能越来越轻松地跳出真实世界，走进一个虚拟世界。

如果排除外界的干扰，AR 和 VR 技术都将成为未来沉浸式游戏的重要应用方向。如今，无论是手游，还是通过电视玩主机游戏都会受到现实世界的干扰，而屏幕越大，对应的现实世界中的干扰也就会越少。因此，通过 AR 等可穿戴设备，沉浸式体验将大幅提升。

据爱立信统计，当前有 48% 的消费者认为，未来 5 年将会有越来越多的媒体形态以 AR 的形式呈现，包括游戏。同时，有 70% 的现有 AR 游戏玩家认为，AR 提供了一种全新的游戏体验。尽管如此，现在的 AR 游戏玩家依然不满足 AR 游戏的类型。或许，只有解决了这些问题之后，才会有沉浸感的体验。

AR 游戏在应用模式上还处于起步阶段。AR 游戏玩家为何玩 AR 游戏？根据爱立信统计，有 40%的人认为：更好玩、更身临其境。成本更低的 AR 眼镜、更长的设备续航，这些都将成为决定 AR 游戏体验是否有趣的关键，参见图 3-19。

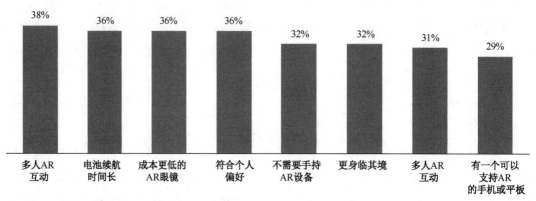

哪些改变让AR游戏到时候有趣？

基于巴西、中国、法国、日本、韩国、美国、英国的15岁～69岁的AR的游戏玩家调查。
数据来源：爱立信消费者实验室2019年3月的报告《准备好一起玩游戏了吗?》

图片来源：爱立信

图 3-19　爱立信统计的 AR 游戏玩家为何玩游戏

哪些改变会让 AR 游戏更有趣？有 50%以上的受访者认为，多人 AR 互动的玩法将会非常有趣，例如，多人 AR 足球等。可以想象的是，未来的健身房、体育馆将迎来新的变革，或许会分离出用于多人 AR 游戏的区域。

5G 助力 AR 游戏飞跃发展

自从 20 世纪 60 年代后期的第一款电子游戏机问世以来，视频游戏行业的发展呈现了惊人的变化，显然，如今的游戏都比最开始的《乒乓》好玩多倍，但是游戏进化的方式并没有就此止步。

如今，我们的游戏设备越来越多，包括智能手机、4K 大屏幕，甚至掌机、AR、VR 等。而在游戏交互和操控性方面，除了手柄外，还有通过肢体操控的体感游戏设备。

然而，仅仅拥有一台优秀的游戏设备还是不够的，网络是否具备高带宽、低延迟的特性也至关重要，这会直接影响游戏体验。

而这正是 5G 网络的优势，网络切片、分布式云计算、边缘云计算等技术都是基础。

玩家们最不希望的是游戏有延迟，5G 技术能够在一定程度上解决延迟的问题，将 5G 与 AR 技术结合后，你将可以持续沉浸在那个世界里，这是一种体验上的升级。

在电子游戏的开始阶段，那时的游戏几乎都是离线的单机版，他们以卡带、软盘，或 CD、DVD 形式存在，那时用户也只能是一个人玩一个人的游戏。

在线游戏有不可忽视的一个特性。具体而言，在极端玩家群体中，有 94% 的人玩在线游戏，而其中的 91% 的玩家玩多人游戏。而且，从 2013 年开始，他们中有 1/3 的人就开始尝试在线多人游戏了。根据统计，受访的人群中，有 1/4 的人体验过 AR，而在极端玩家中，有 3/4 的人体验过 AR 游戏。显然，这部分群体对于 AR 游戏的感兴趣程度比其他群体更高。据悉，感兴趣的比例高达 84%，比普通人员中 66% 的感兴趣人员比例要高得多。

那这又跟 5G 有什么关系呢？因为 5G 具备低延迟、高带宽的特性，因此，有望成为未来打通游戏玩家们的一个连接器，5G 不仅仅提供网络连接服务，更重要的是连接整个游戏世界。

同时，随着云游戏的发展，结合 5G 技术，游戏还可以在任何带有屏幕的电子设备上运行，就像是在线看电影一般。

回到 AR 游戏本身，现阶段，本地 AR 游戏还有很大的发展空间。如何让 AR 游戏更好玩，画面更稳定，视觉优秀是当下阶段的重点。也就是说，现在需要发展 AR 游戏本身（包括 AR 技术，游戏体验等），至于 5G＋AR 在这之后。

未来，随着嗅觉、触觉等更逼真的回馈效果，更为沉浸感的游戏就在眼前。

Niantic Real World Platform

作为 *Pokemon Go* 的开发商 Niantic 在 2018 年推出了预览版 AR 云游戏平台——Niantic Real World Platform，其可以实现多人、跨平台的 AR 游戏体验。

现在，该预览版 AR 云平台有两个游戏案例。

第一个游戏：*Neon*，类似于射击游戏，能够追踪其他玩家在现实世界中的移动情况，玩家可以发出光波攻击相机里面的其他玩家来获得胜利。

第二个游戏：*Codename*，类似于一个合作解密游戏。

第一个游戏的三个玩家面前分别出现一座雕像，其他玩家则化身成带着中世纪医生的鸟嘴面具的神秘人，通过合作转动雕像和移动拼图来揭开谜题。

第二个游戏看起来没有第一个游戏吸引人，毕竟类似于这种解密游戏，环境和关卡要设计巧妙，第二个游戏里面只是简单做了演示，如果用心做出类似于纪念碑谷那样的游戏应该会很有意思。通过这两个游戏，我们可以看出，该 AR 云平台的效果还是不错的，而且它还同时支持 ARKit 和 ARCore 联机游戏。

预览版 AR 云游戏平台的建立，与 Niantic 今年收购的两家 AR 公司密不可分。这两家公司分别是 Escher Reality 和 Matrix Mill。Matrix Mill 是一家从英国伦敦大学学院分离出来的小型 AR 初创公司。Escher Reality 负责跨平台多人游戏，Matrix Mill 的计算机视觉技术则可以通过一个或多个相机来处理玩家周围的环境，同时还负责社交 AR 体验的构建。

Pokemon Go 有一个极大影响游戏沉浸感和真实感的缺点，那就是无法识别遮挡物。当某些东西被遮挡住时，虚拟对象却还在那里。

然而，凭借着 Matrix Mill 技术，皮卡丘可以隐藏在灌木丛或者行人后面，创造出更真实的世界，能做到这一点，使用的自然是我们十分熟悉的深度学习了。通过深度学习，还能够辨识出湖泊，这样，各个属性的神奇宝贝就会待在他们应该在的位置了。

不过 Matrix Mill 的这项技术自然是被使用到了 Niantic Real World Platform 的建设之中了。

还有一个问题摆在眼前，如何解决玩家之间的延迟。这可不是一个小问题，如果这方面不达标，就没有共享 AR 云体验之说了。在这个时候，轻微的延迟都会破坏游戏体验。如果严重一点就会让人想砸手机了。而 5G 的高速度恰好提供了极佳的支持。

目前的 4G 移动网络不足以提供这种多人游戏所需的低延迟。但随着 5G 服务的出现，具有深度的 AR 体验将变得更加可行。5G 的速度要远远快于 4G，非常适合 Niantic 的云游戏平台。这家工作室已经与德国电信、SK 电信和三星等企业进行合作，共同探索 5G 网络将如何为其产品带来增益。

Niantic Real World Platform 的整体体验都是十分不错的。自从 Niantic 在 2015 年从谷歌脱离，他们就在加速对 AR 技术的追求，Niantic Real World Platform 只是开始的第一步。

未来，整个地球将成为 AR 游乐场。

文化娱乐

◎ | 影视 |

AR/VR 让用户进入三维虚拟场景并非裸眼能够实现，需要借助相应设备才能实现。对影视内容而言，用户将会获得从过往的电视、PC 屏幕、智能手机屏幕中播放的影视内容提供的平面视觉体验转变成虚拟电影院场景观看电影，或进入沉浸式影视内容，成为内容的一部分的虚拟空间体验。手机上播放 2D 视频需要 5Mbps 的下载速度，4G 完全可以承载。而 AR 和 VR 内容要求的下载速度达到了 2D 视频的 10 倍以上时，5G 网络低延迟、高速率的优越性就能在这个领域得到发挥。

AR/VR 影视的沉浸感和全景感改变了观影方式，5G 改良了 AR/VR 的影视制作。4G 背景下，AR/VR 影视已经有所布局，但长时间观看所带来的眩晕感和低画质往往不能满足广大娱乐消费者的需求。5G 时代，伴随着通信技术的进步，长视频 AR/VR 内容成为可能，AR/VR 影视内容将进一步得到普及。在保证基础用户体验（高分辨率、色彩、3D、低时延等）的同时，视频时长的增加为沉浸式影视体验增添新的可能性，交互模式和技术上所达到的特殊感官效果将构成吸引用户的要素。未来，影视行业在提高内容质量的基础上，将进一步利用科技变革，影院的观赏模式和运作模式将会有很大不同。

随着未来 5G 和 AR/VR 眼镜的普及，AR/VR 虚拟屏幕有可能取代电影院、电视等实体屏幕。AR/VR 将成为所有视频的新屏幕。

虚拟影院

虚拟影院是指利用 AR/VR 眼镜观看传统在线视频，体验具有视觉冲击力的大空间个人 3D/IMAX 影院。随着视频内容分辨率的提升，4K 是体验的天花板，超过 4K 就很难体验出差别，而虚拟影院可以脱离这个天花板，通过调节视场角，增大屏幕，体验到 4K 以上的清晰度。虚拟影院通过 AR/VR 技术模拟 IMAX 的超大银幕及各种观影环境，为电影及其他传统视频内容提供了一种巨幕式的观看体验。

以前观众观看 3D 电影，需要专门购买门票到电影院观看。有了虚拟影院，观众不用再为了看一场 3D 电影专门去电影院，而是想怎么观看都可以：在客厅、沙发、卧室里等，再也不用担心有人争抢频道，这是一个专属于个人的观影神器。

不用拘泥于场所，旅途中、公园、野外……虚拟影院提供了个人定制化的观看背景：观众可以坐在山上看着阿波罗 13 号飞越大西洋；可以坐在山林里、火车上、海上，甚至花丛中观看电影。

海量的传统视频资源也为虚拟影院提供了丰富的内容源。无论是追剧看欧巴，还是观看世界杯，传统视频和直播以虚拟影院的方式打开，为观众提供了全新的、身临其境的观影体验。IMAX 被公认为全球最高级别的视觉盛宴，分为传统的胶片 IMAX、激光 IMAX 和数字 IMAX，其中，前两种体验最好，但因为成本等原因而没有大规模商用，目前我们能广泛体验到的大多是数字 IMAX。那么，虚拟影院的体验距离 IMAX 究竟有多远？

以华为 VR 2 为例，除了分辨率和对比度低于 IMAX，其他各项指标已经非常接近 IMAX，甚至略胜一筹。

但观影体验的好坏不仅仅是简单的硬件指标比拼，还应以人的视觉特性为中心，需要综合考虑观影视野、距离、清晰度、舒适亮度等多种体验因素。

观影视野可以用人眼和银幕两侧形成的水平视场角（FOV，Field of View）来衡量。对于标准 IMAX 影厅（22m*22m），IMAX 提供的 FOV 约为 53~102 度；而当前的虚拟影院提供的最大 FOV 为 100~110 度。因此，虚拟影院能提供与 IMAX 相同的观影视野。

但是，观影视野并非简单得越大越好，其中，60 度和 90 度的视野值得推荐。人眼舒适视域为 60 度，所以，FOV 只有 65 度的座位为最佳观影位置（俗称"帝王位"）。在此视野区域内的色彩与细节信息，人眼可以轻松捕捉，并能够辨识和理解，所以在"帝王位"观影，最为轻松和舒适。

每角度像素数（PPD，Pixels Per Degree）是衡量观影清晰度的一个重要指标。PPD 越大，观影越清晰。PPD 超过 60 时，人眼就无法感知更高的清晰度。

IMAX 观影时，距离银幕越近，PPD 越小。而虚拟影院的 PPD 是固定的，当前主流 VR 头显 PPD 为 16~19.6。虚拟影院的 PPD 接近于数字 IMAX 第一排，但尚未达到帝王位的数值。不过，到了单眼 4K 分辨率的阶段，虚拟影院就可以达到数字 IMAX 帝王位的观影效果。

虚拟影院之所以能成为 5G+AR/VR 最快的应用，主要原因有两个方面：从硬件端看，当前 VR 的 4K 巨幕影院已经可以达到数字 IMAX 帝王位的观影效果，观看时，不会出现纱窗效应，在清晰度上，表现十分优异；从内容端看，现有的互联网视频网站（主要为腾讯、优酷和爱奇艺）、TV 端（数字电视+IPTV+ OTT）、无线运营商手机视频三大渠道已经拥有海量优质视频内容和大量的用户资源，为虚拟影院的推广奠定了良好的基础。

2017 年 3 月，爱奇艺推出全球首款 4K VR 眼镜、VR 一体机奇遇 I 代，此后在硬件、技术、内容三方面齐头并进、协同优化，软硬一体进行端到端优化，成功推出三代 4K VR 一体机产品。

从实际用户体验来看，在进入爱奇艺 iQUT 未来影院观影后，VR 一体机会将用户安排在影院中心的最佳观影位，正前方就是一块 42mm×23.5mm 的近 2 000 英寸（1 英寸 =2.54 厘米）巨幕，3D 视觉效果相当震撼，达到了真实的 IMAX 巨幕影院效果。

另外，运营商、OTT 视频公司也都在开发类似应用，比如 Orange Cinema Series 应用为 Orange 的付费电视、电影用户提供 VR 影院服务，Netflix 和 Hulu 等 OTT 提供商的 VR 影院，三星 Gear、Oculus 和 Vive 都有由设备厂商开发的虚拟影院等。

沉浸式视频

这是视频点播与云 AR/VR 技术的结合。

一种是固定观看位置，支持 360 度全方位任意观看，称之为 360 度 VR 视频。在这种形式下，用户可以真正观看球形视频，可以环顾四周的方向。但是，没有任何真正的互动。目前大多数 VR 视频都是 360 度视频，而 180 度视频只允许用户观看半球形范围，比 360 度视频多一些限制。虽然它的观看范围更加有限，但是内容更容易制作和观看，对某些内容来说，更加合适，例如体育赛事，镜头面向赛场一侧，用户没有必要观看背后的东西。

一种是不固定观看位置，可以在场景中自由走动，甚至可以进行交互。这种类型的视频叫 VR 视频，允许用户在环境中移动，甚至与环境交互。这个虚拟环境是完全 3D 的。VR 视频与其他形式的 VR 视频的区别在于，如果是 360 度视频，用户是车上的乘客，制片人是司机，制片人一路带着用户感受叹为观止的体验。用户可以坐在座位上环顾四周，欣赏风景。但如果是"真"VR，用户是司机，可以自己决定去哪里。

全景视频应用场景多样，主要包括：体育赛事录播、综艺/明星录播、风景/纪录片、电影/电视剧等。

①体育赛事：自由切换视角，如亲临激烈的赛事现场。

越来越多的赛事主办方与体育平台开始尝试使用 VR 来进行拍摄。目前，市场上涌现了不少主打体育赛事的 VR 内容厂商，如 NextVR、微鲸等。VR 内容厂商对备受关注的篮球、足球、网球等赛事进行 VR 拍摄，以录播和精彩剪辑等形式上载至网络平台供用户点播观看。通过 VR 视频，用户能够突破空间的限制，可任意切换观看视角，仿佛坐在现场席位观看比赛。不仅如此，随着 VR 视频的交互更加自由和完善，观众还有可能在现场自由走动，甚至和球员互动。

②综艺/明星：VIP 视角，与明星近距离互动。

综艺明星类的娱乐视频一直是视频消费的重点，包括演唱会、综艺节目、晚会等。目前国际上不少影视传媒也在尝试 VR 视频，如中国中央卫视多档节目、美国著名脱口秀节目 *Saturday Night Live* 等推出了 VR 全景体验视频。不少明星演唱会也将 VR 录播内容呈现给用户。很多综艺节目或演唱会往往一票难求，而 VR 视频带给了用户极佳的 VIP 视角，让用户感觉与明星近距离接触，甚至还有可能在视频内行走、与明星亲密互动，这对于追星族来说是非常有吸引力的，背后也蕴藏着巨大的粉丝经济市场。

③风景/旅行/纪录片：足不出户，漫游各地。

VR 对风景/旅行/纪录片内容制作的魅力在于能够更完整且真实地呈现地方的风土人情。风景/旅行题材由于不涉及高额的知识产权（IP）费用，并且不依赖高超的叙事手法，因此，成为不少 VR 内容制作厂商或平台的选择，尤其适合于用户旅游前的预览决策。旅游行业厂商也能利用精美的 VR 视频来进行营销等。VR 纪录片对于大自然保护、边缘地区探索、民生问题等日常难以接触到的场景应用最为频繁。通过 VR 视频，观众足不出户，就可以身临其境，甚至可以漫步其中，自由探索自己喜欢的场景细节。

④电影/电视剧：不止于观众，成为剧中角色。

观看传统电影/电视剧，观众往往是旁观者，而通过 VR 电视/电视剧，用户不仅可以自由选择视角，重点关注自己喜欢的角色，还能以剧中角色参与视频中。比如在 VR 电影 *Miyubi* 中，用户以高级机器人的角色出现在剧情中，机器人还能时常与其他角色互动，虽然目前的互动较简单，并且是预置在视频中的，但给观众带来了耳目一新的感觉。期待以后随着 VR 视频的发展及人工智能的引进等，用户可以与其他角色、场景有更多自然的互动，甚至选择剧情，影响剧情走向。

◎ ｜虚拟 K 歌 ｜

将传统的 KTV 娱乐方式与云 AR/VR 技术进行融合，通过 AR/VR 构造的虚拟舞台，歌唱者秒变主场明星，在星光熠熠的巨星舞台上尽情欢歌，开启属于自己的专属演唱会。通过云 AR/VR 平台，用户能够和好友一起嗨唱，台下的观众可以和唱 KTV 的人互动、送花。用户还可以通过专业的录歌、分享等功能，向世界传播自己的声音。

虚拟 K 歌将会给家庭中的传统 K 歌带来全新的体验。由传统的一家人对着电视唱模式变为一家人一起到虚拟的世界中歌唱。场景可以是明星演唱会的现场，一家人与明星一起对歌；可以是星光下的草原，在草原上载歌载舞；也可以是幻想的世界，与卡通人物共展歌喉。AR/VR 带来的沉浸式体验让用户能够完全融入场景，脱离现实，放声歌唱。

内容方面，AR/VR 云平台能够摆脱设备的束缚，将终端和内容解耦。版权由平台统一负责，保证内容的数量和质量，让用户不再有买了设备却又没有歌唱的苦恼。

云 AR/VR 将会升级现有迷你 KTV 包房的体验。以往的 KTV 机柜，用户在狭小的空间中会感到压抑。而有了 AR/VR，用户则可以忘记现实的环境，在虚拟世界中放飞自我。在虚拟 KTV 中，用户也将不再是一个人唱，进入 AR/VR 的世界，你可以和各地唱 KTV 的人在一个舞台上比拼。

◎ ｜沉浸式音乐 ｜

沉浸式音乐通过 AR/VR 视频视觉沉浸与空间音频听觉沉浸配合，带给用户一种全新的，并且最接近现场的音乐体验方式。沉浸式音乐的独特之处在于空间音频，包含声音的混响、方位、衰减、空间化及多角度的效果。

有音乐的地方，就可以有沉浸式音乐，并且蕴藏着巨大的商业潜力。国际最大的 VR

音乐平台 Melody VR，完成了多次巨额融资，并与华纳音乐、环球音乐和索尼音乐达成合作，获得三大音乐公司的 VR 内容创作权和发行权。

沉浸式音乐受到了海内外不少音乐人的青睐，纷纷推出 VR 音乐 MV 或开办 VR 演唱会，有利于激活粉丝经济。

VR 音乐的独特之处是空间音频，与实景类和 VR 视频结合，应用场景丰富。

空间音频与实景类 VR 视频结合时，能够还原现场音效，营造身临其境的沉浸感。这类 VR 音乐需要 VR 视频和空间音频精准配合，讲究视觉与听觉的双重沉浸，对视频的分辨率要求往往较高。主要应用场景包括音乐 MV、演唱会、音乐会、音乐节、音乐欣赏等。

空间音频与计算机动画（CG）渲染类 VR 视频结合时，让音乐不止于听觉的享受，超越传统音乐体验。这类 VR 音乐的视频部分主要是为了更好地呈现空间音频，引导用户感受空间音频的特色。目前主流分辨率为 4K，体验良好。主要应用场景包括音乐欣赏、动画音乐等。传统音乐 MV 是平面视频与非空间化音频的结合，用户转头时视野内容和声音位置是固定不变的，MV 的焦点由导演安排，用户往往是"旁观者"。在 VR 音乐 MV 中则不同，用户不仅可以自由选择观看的视角，还会听到不同视角时不同的声音，用户感觉像是 MV 场景内的"主角"。目前，华为已推出了 8K VR 3D 声场 VR 音乐 MV，是领先的 VR 应用，标志着高质量的 VR 音乐开始走向市场。

当 VR 音乐遇见演唱会/音乐会，用户能够体验到最接近于现场的音效，领略音乐家的现场演绎。不仅如此，VR 音乐通过 VR 视频对现场视觉环境的全方位呈现，配合空间音频对环境不同位置的逼真还原，让用户每次转头都可以清晰地分辨出现场声音的变化，由于视听的相互影响，增强了视觉沉浸，提升临场感体验，让用户仿佛坐在现场 VIP 座位上享受视听盛宴。

VR 音乐帮助用户更专注于音乐，尤其适合音乐专业人士和骨灰级爱好者。比如，在听抒情的古典音乐时，可以配合相关的实景或 CG 制作视频，在音乐和故事的关联中抒发用户情感，让用户能更深刻地理解音乐；在欣赏 3D 环绕音乐时，通过 VR 动画，比如飞翔的小鸟来标志声源的位置，引导用户精准体验音乐。

◎ | **文艺演出** |

演唱会

5G 云化 AR/VR 技术创造演唱会全新的视觉体验。5G 云化虚拟现实技术在演唱会中的应用主要有基于 VR 的高清全景演唱会直播，以及 AR 形式演唱会。

VR 全景直播采用多机位全景视角进行拍摄，一方面，可以提供更多观看角度，另一方面，针对单一观看点提供 360°×180° 效果，极大提升了演唱会的观看体验。基于 5G 云化的 VR 全景直播技术，凭借 5G 超高带宽和边缘云技术，可更好地满足传输带宽和拼接算力的需求，提供更具沉浸感的全景直播体验。在演唱会现场，通过全景拍摄设备（如诺基亚 OZO 全景相机），可从多个拍摄点进行实时全景影像取景，并通过 5G 网络传输至边缘云。在边缘云上，借助高性能拼接缝合技术对视频流进行处理，将拍摄画面进行拼接和优化，并实时传输给场内的终端进行现场互动，同时还可通过 5G 网络低时延传输给场外的远端用户进行直播互动。

5G 可以实现 4K/8K 的 VR 直播效果，并将平均时延控制在 10ms。对于终端用户，5G 网络支持观看视点流畅平滑的无缝切换，保证直播时音画同步。

借助 5G 网络，以及实时虚实场景拟合和高性能拼接技术，AR/VR 全息演唱会可提供强交互、多场景的全息沉浸体验。在 5G 网络环境下，通过网络切片完成云渲染和虚实场景拟合，现场观众可佩戴 AR/VR 眼镜观看融入全息特效的演唱会，并在歌手、观众、全息数字特效间形成多维互动，营造壮观的现场效果。

现场直播

70 年风雨兼程，70 载沧桑巨变。2019 年的 70 周年国庆是中国综合国力的彰显，也凝聚着每一个中华儿女的中国梦。在这场举世瞩目的大阅兵背后，是许多普通人长达数月的无休奋斗，成就了一项又一项令人啧啧称奇的"黑科技"。其中，5G+VR 的现场超高清视频直播，就为广大观众带来了一场视听饕餮盛宴。

北京联通与央视共同携手，成功开展"国庆阅兵+双 G（千兆家宽+5G）+VR 直播"活动。在北京联通的营业厅，借助于北京联通千兆家宽+5G 和云 VR 业务，众多用户通过 VR

直播获取了另一种近乎"现场观看"的全新体验。用户通过佩戴 VR 眼镜,以 360 度沉浸式观感欣赏了这一盛况,宛如亲临天安门阅兵现场。直播现场回传采用光纤确保稳定的大带宽和低时延,并增加 5G 做局部补充,从而确保了 VR 直播视频的良好体验。

2019 年 11 月 8 日晚,第四届全国智力运动会《智运会》在浙江衢州举行。在本次智运会中,浙江移动联合兰亭数字在开幕式推出 5G+VR 云直播服务,让第二现场与手机端的观众 360 度沉浸式感受了这场发生在运动场上的视听盛宴。

据介绍,兰亭数字 VR 云直播依托 5G 网络,通过穿戴 VR 终端或下载视频播放客户端,将高清无损画面输出到内容平台,在云平台统一分发,实现 VR 内容上云、渲染上云、分发上云,以超高品质的深度交互与沉浸感,打开感官的新认知,让 5G 深度赋能 VR。

本次直播解决方案,兰亭数字采用 1 路 8K-VR 机位,采集超高清全景视频信号进行现场拼接,通过 5G 稳定的网络,传输至云端,并进行 8K-4K-2K 多路转码处理,对接 CDN,最终传输到 VR 一体机及移动咪咕视频端观看,给第二现场的观众们带来了前所未有的视觉冲击。

在第二现场,兰亭数字力争给观众带来全方位、零距离观看体验,用户可以通过 VR 一体机完全体验身临其境的感觉,不但能 360 度观看整个开幕式,还能通过 VR 终端切换视角,加之 VR 终端 8K 高清的视频输出,把震撼的现场画面与氛围带给第二现场的观众。

第 4 章

5G+AR/VR 的发展现状与趋势

世界各国的进展

◎ ｜韩国｜

论 5G 技术，中美走在前列；但论 5G 的落地应用，韩国世界领先。

2018 年 12 月 1 日，韩国正式部署全球首个面向企业用户的商用 5G 网络服务，成为全球首个 5G 商用国家。

2019 年 4 月 3 日，韩国推出面向消费者个人的 5G 商用网络服务，韩国成为全球第一个开通 5G 大规模商用的国家。

2019 年 6 月 10 日，韩国 5G 用户总数超过了 100 万户，世界第一。

2019 年 9 月 9 日，韩国的 5G 用户数突破了 300 万户大关。

到 2019 年年底，韩国 5G 覆盖率有望达到总人口的 93%。

韩国 5G 在全球是应用最早的。因此，其在 AR/VR 领域的具体应用情况非常值得我们借鉴。韩国 5G+AR/VR 的很多现状很可能就是我们的未来。

5G 概况

韩国有三大电信运营商：SK 电信（SK Telecom，以下简称 SK 电信）、KT（以下简称 KT）和 LG U+（LG Uplus，以下简称 LG U+）。SK 电信市场占有率第一，最高时占据超过 50% 市场，但现在已经滑落到 40% 左右，剩下的市场份额，则被 KT 和 LG 瓜分，两者相差不大。SK 电信在移动网络方面有优势，并且市场份额也最大，例如中国移动。KT 在固网方面，非常有优势，并且市场份额较大，例如中国电信。LG 市场份额最小，又总在网络侧和产品侧创新，例如中国联通。其中，LG 使用的是华为 5G 设备。韩国三大运营商图标参见图 4-1。

图 4-1 韩国三大运营商图标

据 IHS 统计,截至 2019 年 6 月 30 日,全球有 20 个国家的 33 个运营商推出商用 5G 网络和业务,以商用网络的数量来看,这是 2019 年第一季度的两倍多。其中,韩国于 2019 年 4 月率先推出面向消费者的 5G 商用,韩国三大运营商 SK 电信、KT 和 LG U+在政府支持下推出 5G 商用网络和首个增强移动宽带业务。2019 年 4 月 3 日 11 时,韩国 SK 电信、KT、LG U+三大运营商率先开通面向大众消费者的 5G 商用服务,韩国成为全球第一个开通 5G 商用的国家,领先美国 2 小时。两天后,全球首款 5G 手机——三星 Galaxy S10 5G 版,在韩国正式上市。

发展驱动力

韩国政府将 5G 作为国家战略之一,协调国内三大电信运营商,5G 发展步伐一直很快。纵观韩国 5G 建设发展历程,一方面,韩国 5G 的起步时间较早,在 2013 年,韩国就已经有了 5G 相关的战略部署规划。另一方面,在 5G 发展前期,政府强势主导,并且协调各方进行 5G 应用的尝试,积极推进 5G 发展。2018 年 2 月的平昌冬奥会上,KT 公司与爱立信、思科、三星和英特尔等公司联手提供 5G 应用服务，同时在赛事聚集区域设立 5G 体验区。2018 年冬奥会期间，KT 等公司提供了 360 度全景 VR 等不同于传统的观赛体验，借助 5G 的超快速率，在雪橇、越野滑雪、花样滑冰等项目推出了全新的转播形式，这些尝试为 5G 的商用化积累了经验优势。

2018 年 6 月，韩国完成 5G 频谱拍卖，成为全球首个同时完成 3.5GHz、28GHz 频谱拍卖的国家，韩国三大运营商则在此次拍卖中以 33 亿美元拍下了上述频段。此后，韩国三大运营商就开始着手加快部署 5G 设备。在距离 5G 正式商用化仅一年的时间里，就完成了 5G 试点——采购设备——频谱——部署网络——企业级商用化——消费者级商用化整个流程，推进过程十分高效和迅速。韩国三大运营商 5G 部署流程参见图 4-2。

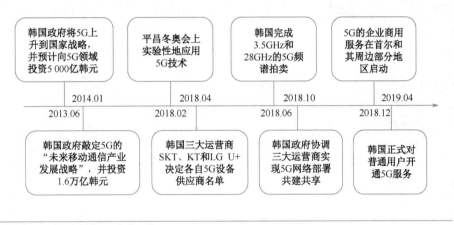

资料来源：公开资料整理、招商证券

图 4-2 韩国三大运营商 5G 部署流程

韩国能够率先开通 5G 消费者商用服务，有以下四点因素。

① 智能手机及互联网的高普及率，奠定 5G 用户基础。

据美国 Pew 研究中心显示，2018 年，韩国在智能手机普及率方面全球排名第一，普及率高达 94%，领先第二名以色列十一个百分点，中国的智能手机普及率约 68%，处在中游水平。在互联网普及率方面，韩国以 96% 名列世界第一。而且在 2019 年 5G 推出前夕，韩国总共约有 5 630 万 4G 用户，占全国移动用户的 84%。极高的智能手机和互联网普及率为韩国 5G 的商用化奠定了良好的用户基础。

② 韩国城市人口密集，网络建设能够快速实现较大覆盖。

韩国城区的居住区约占国土总面积的 2.4%，有 91.66% 的人口集中在占国土总面积 16% 的城区。韩国人口高度集中在首尔、釜山等大城市，因此，电信运营商在几大重点城市集中建设基站，就能够覆盖全国一大半的人口。2019 年 4 月 5 日，韩国已建成的 85 261 个 5G 基站中，共有 72 983 个（约 85%）的基站位于首尔、釜山、大邱、光州和蔚山等大都市。根据计划，韩国三大运营商在 2019 年内将在韩国 85 个城市建设 23 万个 5G 基站，覆盖韩国 93% 的人口。其中，LG U+ 基站数量领先，覆盖能力最广。截至 2019 年 9 月 2 日，据韩国科学技术信息通信部公布的数据，LG U+ 拥有最多的基站数达 30 282 个，KT 基站数 27 537 个，SK 电讯的基站数 21 666 个。LG U+ 目前基站分布重点集中在主要城市区域，位于首都圈地区的 5G 基站有 44 325 个，占 5G 基站总数的 55.8%。首尔、忠清北道、全罗南道地区 KT 基站最多，大邱、世宗地区 SK 电讯基站最多，其他大部分地区 LG U+ 的基站最多。

③ 现阶段，韩国 5G 网络的建设主要选用 5G NSA（非独立组网）模式，有利于快速部署推入市场。

处于该模式下的 5G 网络，仍然使用 4G 网络基站，仅仅只是将旧有的 4G 基站更新升级后接入 5G 网络。与 5G SA（独立组网）模式比起来，5G NSA 模式虽然存在网络延迟和服务缺乏可靠性等不足之处，但由于其利用了已有的 4G 基站，可以节约成本，有利于快速部署推入市场，抢占用户。较早开启 5G 商用服务的国家，如美国、英国等也均采用了 5G NSA 的组网模式。

④ 政府强势主导推进，协调运营商快速推进。

韩国政府在一开始就对 5G 极为重视，并且展现了发展 5G 产业的决心。早在 2013 年，韩国就成立了 5G 论坛推进组，把 5G 作为国家战略，纳入中长期发展规划。2013 年年底，韩国科学与信息通信科技部发布了 5G 移动通信先导战略，并且在统一三大通信公司发展 5G 过程中，强调在全球产业的竞争中，需要集合国家的力量来面对外界的竞争。韩国的 5G 产业，不单纯是通信运营商或几家设备制造商的事情，而且是韩国政府的一项重要的国家战略。

2018 年 4 月，在韩国政府的协调下，韩国三大电信运营商达成了关于 5G 的协议，三家运营商将在 5G 建设上共建、共享，加速 5G 部署，有效地利用资源来减少重复的投资，共同布局 5G，并于 2019 年 4 月 3 日正式开通面向大众消费者的 5G 商用服务。

产业链完善

韩国 5G 产业链主要有四大主体参与：①以三星、华为、诺基亚等为代表的基础设备商，负责提供并进行 5G 基础设施建设；②移动运营商，韩国目前有韩国电讯 SK 电信、韩国电信 KT 和 LG U+三大移动运营商，他们拥有国家颁发的移动网络营运执照，直接向企业和消费者提供 5G 网络服务；③5G 终端设备商；④内容提供商。韩国 5G 产业链参见图 4-3。

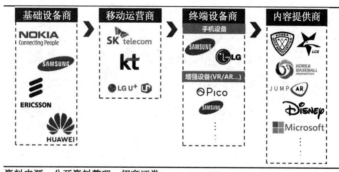

资料来源：公开资料整理、招商证券

图 4-3　韩国 5G 产业链

① 5G 设备供应商率先行动，与电信运营商深度绑定，构建 5G 基础框架。

设备供应商负责一系列 5G 物理网络设施的生产制造，包括 5G 芯片、5G 基站、天线、射频前端等组件及配套解决方案。在 2018 年 10 月，SK 电信 和 KT 选择三星、诺基亚及爱立信为 5G 网络设备供应商，而 LG U+则与华为、诺基亚和三星携手建设 5G 网络。根据韩国科学技术信息通信部公布的数据，截至 2018 年 9 月 2 日，韩国三家移动运营商建立的 5G 基站数接近 8 万个，基站收发信设备接近 18 万台。

② 5G 手机迅速推出，AR/VR 设备等新载体进入产业链。

2019 年 4 月，韩国首部同时也是世界首款 5G 手机——三星 Galaxy S10 5G 于韩国 5G 推出后两日上架发售，标价 139 万韩元（约 8 000 元人民币）。随后，LG 推出 5G 手机 LG V50 ThinQ 5G，售价约 7 600 元人民币。2019 年 8 月，三星发布其旗舰款手机 Galaxy Note 10，拥有对应支持 5G 的版本。2019 年 9 月，三星发布两款 5G 手机：Galaxy A90 5G，标价约 4 500 人民币，作为一款中端手机，进一步降低了 5G 手机的入手门槛；还有 Galaxy

Fold 5G，韩国首个折叠屏手机。

同时，AR/VR 等新载体设备迅速进入产业链。单个手机性能无法完美体验 5G 带来的丰富多样的媒体内容。5G 时代下，用户需要配备额外的视听增强设备，例如 VR 头显等。LG U+推出了"5G 流量套餐送 VR 头显"的活动，用户订阅 5G 流量套餐能享受优惠购买 VR 头显设备、高等级套餐，甚至可以免费获得 VR 头显。

③运营商将 5G 流量套餐与内容提供商提供的其他增值服务绑定，差异化内容服务成为竞争核心。

比如体育赛事直播、独家 AR/VR 游戏、视频会员权益、第三方 App 会员权益等，运营商以差异化 5G 服务内容，争夺新客户，并加速 4G 用户向 5G 转化。韩国运营商大多与本国职业棒球赛事、高尔夫球赛事和电竞赛事合作，推出 5G 环境下的即时高清和自由视角的赛事转播内容，或者与其他拥有优质 IP 内容公司合作打造独特的内容体验，如 KT 和迪士尼合作推出 AR 游戏 *Catch Heroes*，SK 电信和微软合作打造 5G 云游戏项目等。

当前情况

（1）5G 用户数及渗透率迅速提升，多项运营指标超出预期。

韩国是 4G 技术领先的国家之一，三大移动运营商 KT、LG U+和 SK 电信在 2011 年下半年就部署了 4G 业务。5G 推出前夕，韩国总共约有 5 630 万 4G 用户，渗透率约 84%。5G 商用在 2019 年 4 月份推出至 2019 年 6 月底，5G 用户渗透率达到 2.3%。虽然渗透率尚无法与成熟的 4G 产业相比，但 5G 上架后仅用了 69 天就达 100 万户大关，其用户增长速度已远超过当初的 4G。根据韩国科学信息部近期发布的最新数据，5G 市场占有率方面，SK 电讯占据第一的位置，占有率达 41.38%，用户数为 79 万人；KT 用户数 59 万人，占有率 31.2%；LG U+占有率 27.4%，比它在总体移动零售市场的份额高出了 7 个百分点，用户数为 52 万名。

同时，根据韩国科学信息部的统计，5G 用户的 ARPU（每用户平均收入）为 73 500 韩元，相较于 4G 的 42 000 韩元，ARPU 提升了 75%。2019 年 Q2 期间，韩国 5G DOU（每人月均流量消费）为 24GB 流量，而 4G 为 9.5GB，3G 仅为 0.5GB；5G 用户 DOU 近乎 4G 的 3 倍。

（2）三大运营商提供多档位套餐，5G 套餐资费整体略高于 4G，详见图 4-4。

韩国三大电信运营商 SK 电信、KT、LG U+为 5G 提供了不同档套餐，月资费从 5.5

万韩元（约合 325 元人民币）到 13 万韩元（约合 769 元人民币）不等。最便宜的 5.5 万韩元套餐，其每月提供至少 8GB 的 5G 流量，超出后即降速。三家运营商也都提供最高等级的无限流量套餐（LG U+和 SK 电信的最高等级套餐均享有 2 年的无限流量优惠），这些套餐享有流量分享功能、免费电视节目、手机保险、免费智慧设备（平板或手表）等额外的福利。整体来看，5G 和 4G 套餐价格较为接近，双方最便宜的套餐相差不过 6 000 韩元；二者均有无限流量套餐的选项，但 5G 无限流量套餐价格略高于 4G。

厂商	月费（韩元）	月费（美元）	套餐流量
KT	5.5万	47.7	8GB
	8万	69.4	无限
	10万	86.8	无限
	13万	112.9	无限
LG U+	5.5万	47.7	9GB
	7.5万	65.1	150GB
	8.5万	73.8	200GB
	9.5万	79.0	250GB
SKT	5.5万	47.7	8GB
	7.5万	65.1	150GB
	8.9万	77.3	无限
	12.5万	108.5	无限

资料来源：韩国科学信息部，Strategy Analytics，招商证券

图 4-4　韩国三大运营商多档位套餐情况

（3）5G 流量增长明显，AR/VR 内容成为流量收割机。

根据 Strategy Analytics 估计，约 8%的韩国 5G 用户使用基本的 5.5 万元套餐，而 80%的 5G 用户使用无限流量套餐，4G 使用无限流量套餐的用户只有 34%。并且，2019 年 Q2，韩国每位 5G 用户每月平均使用 24GB 流量，而 4G 为 9.5GB 流量，3G 仅为 0.5GB 流量；其中，5G 无限流量用户（27GB/月）比 4G 无限流量用户每个月（23GB/月）多使用 16%的流量。

同时，2019 年 Q1 的数据显示，56%的 4G 流量被用来看视频，8%的 4G 流量用在其他多媒体项目（音乐、游戏、地图等）上。5G 商用化以后，2019 年 9 月，LG U+表示，AR 和 VR 内容几乎占 5G 数据流量的 20%。3D VR 和 AR 内容会产生 300-400MB/分钟的数据流量，比普通高清电影 40MB/分钟增加 10～15 倍。AR/VR 内容成为流量收割机。AR/VR 应用是 5G 时代最为特征鲜明的内容应用，不论是 VR 影视，还是 AR/VR 游戏，抑或是 VR 直播、社交等多种泛娱乐方式，都成为流量及竞争力的关键因素。

下面介绍三大运营商基于 5G 的 AR/VR 服务。

KT

KT 正在 AR 和 VR 技术领域引领创新，为沉浸式媒体业务开发和提供下一代服务。

KT 在 2018 年 11 月推出了一项 VR 娱乐服务 GiGA Live TV，让大众消费者可以通过 VR 头盔畅享 VR 影视和游戏娱乐，参见图 4-5。

图 4-5　VR 娱乐服务 GiGA Live TV

GiGA Live TV 提供了非常丰富的内容，包括 "Olleh TV Mobile" "Live On 360" "WANT VR" "VRIN" 及 VR 游戏等。其中，"Olleh TV Mobile" 提供 100 多个实时直播频道和 18

万个点播服务，"Live On 360" 提供 KT 的体育直播、音乐、动画等独家 VR 节目，"WANT VR" 提供高质量的 VR 综艺、交互式戏剧节目，"VRIN" 提供 360 度全景视频。KT 还为 GiGA Live TV 提供了 100 多款 VR 游戏，涵盖射击、解谜、赛车、对战等 30 多种类型。

2.0 版的 Live on 360 具有 Widemax 模块，可以在比 IMAX 更大的屏幕上提供超高清电影和纪录片等内容。Widemax 剧院将提供 200 多种独家内容，并且每月会更新电影清单，参见图 4-6。

图 4-6　Widemax 剧院更新电影清单

如果要购买 KT 的 GiGA Live TV 服务，用户需要先购买售价 450 000 韩元（约 2 920 元人民币）的 VR 头显 Pico 小怪兽 G2。为了吸引用户，KT 已经在韩国首尔等城市提供了 18 个 GiGA Live TV 服务线下体验点。KT 的 GiGA Live TV 广告参见图 4-7。

从 2019 年 6 月 28 日开始，GiGA Live TV 改名为 KT Super VR。KT Super VR 按月付订阅费用，每月定期更新 100 多个 VR 视频、最新电影及 VR 游戏。加入" KT Super VR Pass" 订阅计划，用户即可无限制地使用 KT 的所有 VR 内容和服务。

图 4-7　KT 的 GiGA Live TV 广告

　　本质上说，KT 定制了一款 VR 头显硬件，然后整合了各种 VR 游戏、VR 影视等软件和内容，打造出 KT Super VR 这样 VR 定制硬件+VR 软件+VR 内容的一条完整 VR 生态系统。

　　在游戏方面，KT 与大 IP 进行合作开发，推出优质的 AR/VR 游戏。比如，KT 和迪士尼合作，开发"复仇者联盟"主题的 AR 手游 *Catch Heroes*。游戏的核心玩法和 *Pokemon Go* 类似，玩家通过在地图上发现无限宝石的图标来收集英雄卡，卡片对应《复仇者联盟》电影中的各个角色，包括钢铁侠、惊奇队长、雷神索尔、灭霸等。用户可以通过下载谷歌 Play 和苹果应用商店上的应用程序，或者扫描全国各地 KT 商店活动通知中的二维码来玩游戏。游戏目前在谷歌 Play 平台上已有 10 万次以上的安装量。

　　此外，KT 还在建造基于 5G 的 VR 主题公园。

　　KT 和亚洲第四大经济体的大型连锁便利店供销商 GS 零售有限公司结成合作伙伴，两者于 2019 年 3 月在首尔西部延世大学附近开设了第一家 VRIGHT 主题公园。这是一个两层的主题公园，自开放以来已经吸引了超过 18 000 名游客，成为年轻人的娱乐聚集场所，参见图 4-8。

图片来源：VRIGHT

图 4-8　VRIGHT 主题公园

2019 年 7 月，KT 开设了第二个 VR 主题公园 VRIGHT。KT 利用最新的前沿和创新技术，为下一代 VR 开创了新的机遇。VRIGHT 采用了诸如 5G 网络、AR 和 VR 等最新的信息通信技术（ICT），凭借 GS 零售公司在线下零售运营和分销业务方面的经验，获得了两家公司的大规模投资。KT 希望 VRIGHT 能在 2020 年前实现年收入 1 000 亿韩元的目标，届时，韩国沉浸式媒体市场的价值有望达到万亿韩元。

VRIGHT 第二层是冒险区，可以体验飞行、太空船、赛车等。比如 Flying Jet，用站立的姿势搭乘机器，体验实际飞行感觉的 VR 产品；太空战斗船，可进行操纵的宇宙战斗机形态的 VR 游戏；极速赛车，乘坐赛车进行赛车比赛的游戏 ；Robot Adam，利用机器人形态的模拟器，可以用机器人操作、战斗。VRIGHT 冒险区参见图 4-9。

图片来源：韩游网

图 4-9　VRIGHT 冒险区

　　VRIGHT 第三层是游戏区，可以玩多人对战的 AR/VR 游戏，比如 HADO PVP、HADO Monster Battle 等，参见图 4-10。

　　"HADO" 是由日企 Meleap 开发的一个 AR 娱乐系统，是运动传感器、智能手机、AR 技术和体育运动的结合。玩家戴上 Meleap 自制的 AR 头戴显示设备和手上的手势识别传感器，便可以实现能够将虚拟对象与现实环境的融合，从而带来炫酷的 AR 体验。

　　"HADO" 可分为玩家对战模式（PVP）、玩家打怪模式（HADO MONSTER BATTLE）、卡丁车对战模式（HADO KART）。在游戏中，玩家可以打出《街头霸王》中的经典招式：波动拳。"HADO" 对战模式广告画参见图 4-11。

살려주세요

장르　호러퍼즐 게임
내용　인기 호러퍼즐을 VR로 경험
하자!
플레이수　1인 플레이

Mega Overload

장르　아케이드/캐주얼/슈팅 게임
내용　걸러그의 VR 아케이드버전
플레이수　1인/2인 플레이

CRANGA!

장르　퍼즐 게임
내용　보드게임 '젠가'의 VR버전
플레이수　1인 플레이

Counter Fight

장르　아케이드/캐주얼 게임
내용　유명 VR 게임 '갑 시뮬레이터'
VR버전
플레이수　1인 플레이

Counter Fight Samurai Edition

장르　아케이드/캐주얼 게임
내용　기존게임의 업그레이드 버전
플레이수　1인 플레이

VRZ Torment Arcade

장르　액션/어드벤처/좀비슈팅 게임
내용　사실적 그래픽과 다양한 무기
제공
플레이수　1인/2인 플레이

Snow Fortress

장르　캐주얼/슈팅/액션 게임
내용　눈싸움 방식의 게임
플레이수　1인 플레이

The Bellows

장르　호러/어드벤처 게임
내용　대표 VR 호러 체험 게임
플레이수　1인 플레이

图片来源：韩游网

图 4-10　VRIGHT 游戏区

AR스포츠존
친구들과 함께 하는 퓨처 테크노 스포츠

☆ 收藏

AR SPORTS

HADO PVP

장르　AR 스포츠　　플레이수　최대 6명, 3:3 Multi-Play
시간　3~5분
내용　애니메이션에서 볼 수 있었던 에너지볼이 손에서 발사되는 총본과
방어막을 펼쳐 상대방의 공격을 막아나는 짜릿한 쾌감을 느낄 수
있는 AR 기반 Future Techno Sports입니다.

AR SPORTS

HADO Monster Battle

장르　AR 스포츠　　플레이수　최대 4명, 3:3 Multi-Play
시간　총 1라운드 150초 플레이
내용　불을 뿜어내는 거대한 몬스터의 공격에 맞서, 동료들과 힘을 합쳐
에너지볼을 발사하여 물리치는 AR 기반 Future Techno Sports
입니다.

图片来源：VRIGHT

图 4-11　"HADO" 对战模式广告画

SK 电信

在游戏方面，早在 5G 正式商用化之前，SK 电信就开始对 5G 游戏内容布局。2019 年 2 月初，SK 电信宣布与韩国最大的游戏公司之一 Nexon Gaming（代表游戏作品有地下城与勇士、跑跑卡丁车、*CS Online* 等）签订了合作协议。SK 电信在未来将使用该公司的三款标志性游戏作品：《跑跑卡丁车（Kart Rider）VR》《泡泡堂（Crazy Arcade）》和《泡泡战士乱斗（Bubble Fighter）》作为 5G 游戏服务差异化的重要内容，发行游戏的 5G VR 版本。

SK 电信积极布局 AR 游戏，通过独特内容体验和吸引 5G 用户。SK 电信计划于公司的 5 家旗舰店内的"5GX 高端体验区"开设 AR 眼镜 Magic Leap One 的演示平台。消费者可以在店内使用 AR 眼镜 Magic Leap One 来玩著名游戏《愤怒的小鸟》。

同时，SK 电信还与著名 AR 游戏公司 Niantic（*Pokemon Go* 的开发者）在 AR 手游《哈利波特：巫师联盟》上开展合作。这款手游是以哈利波特故事为主题的 AR 冒险类 RPG 游戏，与 *Pokemon Go* 一样，玩家可以在现实世界中的各个地理位置，发现哈利波特世界里神奇的魔法生物和道具，遇见知名人物，使用魔法和其他玩家对战。

《哈利波特：巫师联盟》上架后成绩不俗。首发下载量超 40 万，全球首周下载量达 650 万次，首月下载量超过 1 500 万次；上架 15 小时登顶美国苹果商店免费应用榜，并随后跃居全球 31 个国家/地区苹果商店下载榜冠军，首发一周后仍然在 7 个国家/地区维持榜首位置。此次合作开发能够有效吸引 5G 用户，一方面，SK 电信 的 5G 用户在游戏正式版上市前能够提前玩到正式版内容，并且游戏在韩国上市后，短期也只独家开放给 SK 电信的 5G 用户。另一方面，5G 用户还能享受额外的游戏内容，SK 电信线下商店内玩游戏免流量，处于重要商业区的一些商店甚至会比普通商店拥有更多的游戏内容和优惠等。

首尔有一个英雄联盟电子竞技场馆，可容纳 400 名观众，但门票经常提前售罄。SK 电信新推出的 AR 和 VR 服务将使电竞迷们可以在场馆外享受身临其境般的体验，参见图 4-12。

这三种基于 5G 的 AR 和 VR 电竞服务是：跳跃 AR（Jump AR）、LCK（韩国英雄联盟冠军）VR 直播、VR 回放（VR Replay）。

跳跃 AR 是一项增强现实服务，可通过智能手机屏幕将用户传送到电竞场馆"英雄联盟公园"。当打开跳跃 AR 应用程序时，手机屏幕上会出现一个通往首尔英雄联盟公园的传送门。如果用户朝传送门迈出几步，他们将被传输到虚拟的英雄联盟公园。通过四处移动智能手机，用户可以 360 度查看英雄联盟公园的内部空间，然后留下评论，观看玩家的问候视频及阅读其他电竞迷留下的消息。用户还可以通过 3D 面部识别和逼真的 AR 渲染技术拍摄粉丝自拍照，让用户感觉仿佛真的来到了英雄联盟公园。

图 4-12　英雄联盟电子竞技场馆

LCK VR 直播使用户可以通过安装在英雄联盟公园的 360 度 VR 摄像机观看电子竞技运动员的特写镜头，同时实时听到现场观众的欢呼声。

VR 回放从游戏角色的角度提供游戏回放的精彩内容。通过佩戴 VR 头盔，用户可以从游戏角色的角度观看 360 度的精彩战斗场景，就像他们在游戏中进行战斗一样。

SK 电信还发布了 Oksusu Social VR，是全球首个结合了 VR 社交和流媒体的服务，让用户无论在哪里都可以像在同一个虚拟空间一样一起观看视频内容，一起观看足球比赛，彼此聊天，并分享有关比赛的评论。SK 电信还具有一对一的 VR 健身和高尔夫课程、国内外知名美术馆的 VR 之旅，包括罗马和纽约在内的全球 20 个不同城市的 360 度 VR 之旅等VR 服务。

SK 电信拥有韩国最大的流媒体平台 Oksusu,用户数达到了 1 000 万名,提供了总共 170 000 部电影、电视剧和视频点播。SK 电信在其 Oksusu 中推出了 SK 电信 5GX 部分,以提供可通过 5G 体验的多种媒体内容。SK 电信 5GX 包含三个不同的菜单:VR、5G MAX、UHD。

VR 菜单提供偶像明星、体育比赛和电影相关的 VR 内容。

5G MAX 提供沉浸式的超高清视频观看体验。用户通过佩戴 VR 头显,可以在类似于 IMAX 影院的大屏幕上欣赏最新的电影、纪录片和极限运动。

UHD 菜单提供 4K 超高清版本的戏剧、综艺和音乐等内容。在观看超高清视频时,用户可以捏住屏幕缩放,将图像放大 4 倍,而不会降低质量。

LG U+

LG U+核心的 AR/VR 服务是 U+ AR 和 U+ VR,两项服务都有 400 多个内容。

U+ AR 在演播室中录制真人的实时视频,用户通过手机就可以观看某个韩流明星或瑜伽教练的真人 3D 影像,可以拍摄他们在明星身边跳舞的视频,紧跟明星的时尚舞步,或者通过瑜伽教练的 3D 立体影像纠正用户的动作,足不出户就能上瑜伽课。LG U+已与美国的 "8i" 签订了独家合同,后者拥有世界上最好的 360 度立体成像技术。在此基础上,LG U+ 正在建设 "U+ AR Studio",这是亚洲第一个专门制作 AR 内容的工作室,并通过 U+AR 为 5G AR 制作内容。U+AR 提供超过 400 种 5G AR 内容,其中包括韩国明星娱乐内容。LG U+ 是全球第一家生产 5G 专用 AR 内容,并通过其自己的 AR 平台提供的移动运营商。

U+VR 有纪录片、喜剧、太阳马戏团表演等丰富的 VR 视频内容,不少是韩流明星的独家视频。其中,VR 虚拟约会是目前越来越流行的一类 VR 应用。用户可以通过 VR 头显设备与心仪的偶像来一次美好的约会。

此外,Eyecandylab 和 LG U+达成了一项合作协议。借助 U+ AR Shopping,他们正在把增强现实技术带到电视购物中来。韩国电视购物频道 GS Shopping 和 Home & Shopping 的观众将受益于产品展示,用户可以直接在现实生活环境中可视化选定商品。

所有这一切都可以在电视节目播放期间进行。韩国用户现在可以下载并访问增强现实购物应用程序 U+ AR Shopping,然后系统可以识别电视内容,几秒钟之内,用户就能看到与电视节目产品有关的重要信息。如果认为适合自己,则用户可以直接通过手机订购,并获得额外的折扣。

得益于 Eyecandylab 和 LG U+之间的大规模合作，在家购物者现在也可以获得有关产品的更多细节。相关信息将显示在手机屏幕上，并在 AR 模式下排列在屏幕周围。这可以帮助潜在的买家在下单之前更好地评估自己感兴趣的商品。增强现实技术可以令商品展示更加充分，并带来更高的销售额。由于用户在下订单时有了更多的决策依据，所以退货率将有所减少，进而增加公司的营业额。

2019 年 7 月，在正式提供 5G 云游戏服务前，LG U+在韩国建立了 50 家 5G 云 VR 体验区，并计划扩展到 90 家。目前，体验区里有 10 款游戏，包含 *Beat Saber*、亚利桑那阳光等 Steam 平台上的热门 VR 游戏，在 2019 年 8 月底，游戏数量扩展至 20 款。VR 游戏的内容提供商包括乐天世界和 Kakao VX。其中，乐天世界是韩国主 VR 内容供应商之一，曾开发出 10 多款 VR 游戏；Kakao VX 是 Kakao 的子公司，蓝洞工作室所开发的游戏《绝地求生》就是由 Kakao Game 代理在韩国发行的。

为了让用户能够直观体验这些服务，LG U+在江南站附近开设了 5G 快闪店，参见图 4-13。快闪店面积为 200 平方米，分为本巴餐厅、尤普剧院等不同的主题空间。在本巴餐厅，用户可以戴上 VR 头显，和金圣勋、孙娜恩、车银优等明星一起吃饭。在尤普剧院，用户可以身临其境地看到国外著名的表演，比如太阳马戏团的精彩表演，也有可能成为卡通人物，并以第一人称视角体验。AR 服务以 3D 形式出现，并且可以 360 度自由旋转。

快闪店还有一个 5G 手机体验区。在这里，用户可以体验三星 Galaxy S10 5G 和 LG Electronics V50 ThinQ 5G 这些最新款的 5G 手机。

另外，LG U+还在中央广场运营了一个 198 平方米的 5G 体验区。体验区里面，用户能够同时体验国内三大运营商的 VR 服务，以便选择适合自己的 5G 运营商。

LG U+计划在拥有大量流动人口的电影院和购物中心运营着一个迷你 5G 体验区。

LG 还投资了面向高质量 VR 内容创作和大规模分发的云平台 Amaze VR。Amaze VR 与 LG U+携手为 VR 制作"必看内容"。LG U+同时将为 Amaze VR 内容提供托管服务，并利用 Amaze VR 的专有内容来生成工具补充自己的内容制作管道。LG U+ 2019 年推出了 1 500 款 VR 体验游戏。这家韩国电信运营商表示，基于云端的 VR 将成为 5G 的下一个杀手级应用与用例。

图 4-13　5G 快闪店

　　LG U+表示，50%的 5G 用户至少浏览过一次 VR 内容，六分之一的用户每天都在浏览 VR 内容。因 AR/VR 业务具有竞争力，选择 LG U+的消费者比例比另外两家竞争对手高两到三倍。

　　LG U+的 5G 经验表明，AR 和 VR 业务组合是实现 5G 价值差异化的关键，这不仅对用户行为和消费情况产生了积极影响，也为运营商带来了收入增量。

◎ ┃ 美国 ┃

　　美国是全球最大的通信市场：2017 年，四大运营商营收达 3 525.5 亿美元，资本开支达 567.9 亿美元。美国也是全球部署新制式力度最大的国家之一。由于经济发达，并且移动互联网蓬勃发展，美国在 3G、4G 方面均是全球第一批进行部署的市场。由于美国政府非常关注美国 5G 在全球的领先地位，因此，美国的 5G 和韩国、中国一样，具有全球风向标意义。

根据 Strategy Analytics 的预测，自 2020 年 5G 商用初期，中美两国的用户规模就将领先于其他先发市场，在此后三年中，中美两国的 5G 用户规模将继续与西欧、日本、韩国等拉大差距，构建起绝对的领先优势。而考虑到中美两国的人口基数差异，美国的 5G 渗透率将高于中国，预计至 2023 年，渗透率可达 50%左右。美国 5G 发展规划参见图 4-14。

美国5G发展规划

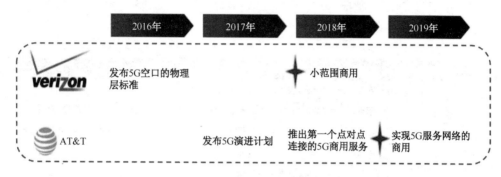

图 4-14　美国 5G 发展规划

美国不仅在 5G 相关技术方面需求旺盛，而且自身也拥有 5G 软硬件技术优势。5G 时代，移动通信网络的主要任务将从以连接人为主转向连接人与连接物并重。5G 的产业竞争也将不仅仅局限在消费者市场，而将扩展至更为广阔的万物互联市场。移动通信系统的产业发展也将更多受到软硬件技术水平的影响与制约。在产业互联网方面，美国拥有 IBM、微软、亚马逊等国际巨头，基础硬件、核心软件、应用服务等诸多领域具有明显优势，有利于美国 5G 万物互联市场的发展，发挥美国 5G 产业的竞争力。

美国总统特朗普说："5G 的比赛是美国必须赢的比赛。"特朗普希望美国成为 5G 时代的引领者。为了实现这一目标，特朗普要求在无线工业投入 2 750 亿美元建设 5G 网络，并且快速创造出 300 万个工作岗位，为美国增加 5 000 亿美元的经济效益。特朗普对美国联邦通信委员会 FCC 施压，要求其"大胆"放开频谱资源，提升批准效率。

美国 5G 商用时间仅次于韩国。2019 年 4 月 3 日，美国最大移动运营商 Verizon 在芝加哥和明尼阿波利斯推出了第一个商用 5G 网络。然而 5G 商用网络上线后，消费者似乎并不买账。据用户测试反馈，该 5G 网络信号非常不稳定，不断出现 4G 和 5G 来回跳转的现象，传输速率也并不理想。

从覆盖范围来看，Verizon 称已经在 10 个城市提供了 5G 服务，T-Mobile 是 6 个，Sprint 是 9 个。AT&T 的 5G 商用服务目前只提供给企业客户。Verizon 最初把重点放在将 5G 作为有线电视的替代品，而 Sprint 则大力鼓吹"移动 5G"，宣传其更广的网络覆盖。比如，Sprint 在洛杉矶的 5G 服务是从市中心一直延伸到海边的，而 T-Mobile 的 5G 服务目前只限于洛杉矶的一些特定区域。

美国 5G 套餐突出不限速流量的特点。运营商推出了不限量套餐，区分套餐档位主要通过提供不同权益来实现，参见图 4-15。

运营商	月费（人民币）	流量	备注
Verizon	570	不限	只提供慢速热点和480p视频
	637	不限	可观看720p视频，享受22GB的LTE网络下不限速的流量（不限速分享15GB热点）
	705	不限	全速5G网络，75GB不限速的LTE网络流量（不限速分享20GB热点）
T-Mobile	481	不限	
	582	不限	包括高清流媒体和LTE热点
AT&T			速度越快，价格越高，具体套餐暂未公布

来源：CV智识，中泰证券研究所

图 4-15　5G 套餐突出不限速流量的特点

Verizon 正计划在今年内将自家 5G 推展至美国的 30 个城市。不过，就目前来看，美国运营商提供的 5G 网络在口碑上并不好，再加上高昂的费用，大多数消费者并不买账。在 5G 手机尚未普及的情形下，5G 网络的商用市场还存在着很大的局限性。

AT&T

早在 2018 年 12 月 18 日，美国电信运营商 AT&T 宣布，将于 12 月 21 日在全美 12 个城市率先开放 5G 网络服务。AT&T 在其官网发布了这一消息，并表示 AT&T 是美国首个也是唯一一家基于标准的商用 5G 网络服务商。据新华社报道，2018 年 12 月 21 日，AT&T 将在 12 个城市开放基于标准的 5G 网络，分别是亚特兰大、夏洛特、罗利、达拉斯、休斯敦、印第安纳波利斯、杰克逊维尔、路易斯维尔、俄克拉荷马城、新奥尔良、圣安东尼奥和得克萨斯州韦科。

在 2019 年上半年，AT&T 预计将在全美新增 7 个城市推广 5G 网络商业运用，分别为拉斯维加斯、洛杉矶、纳什维尔、奥兰多、圣地亚哥、旧金山和加州圣何塞。

云 AR/VR

AT&T 与包括宏达电、英伟达、PlayGiga 和 Arvizio 在内的一些主要厂商合作，为虚拟现实和游戏开发新的 5G 和边缘流媒体解决方案。

传统上，云服务器远离使用它们的客户，但边缘计算使服务器更接近用户，缩短了服务器响应时间，也称为延迟。高带宽 5G 网络将使边缘服务器向延迟低得多的用户发送大量数据，包括高清 4K 和 VR 视频。

AT&T 项目中最令人兴奋的是与宏达电的合作，使无线 Vive Focus VR 头显能够接收 5G 传输，传输基于远程计算机每秒 75 帧、分辨率为 2 880×1 600 的视频，渲染需要高达 3.45 亿像素每秒。AT&T 表示，边缘计算和 5G 技术使这项测试能够在 VR 头显所需的延迟下顺畅进行。

与现有移动连接和大多数家庭互联网连接相比，下一代"5G"连接技术旨在实现带宽和延迟的飞跃。虽然增加的带宽可以增强静态内容，如 360 度视频流到 VR 头显，但超低延迟让 VR 内容云渲染变成可能。为此，AT&T 表示已经开发了一个 Demo，可以在云端渲染 SteamVR 内容，并将其快速传送到 VR 头显，把延迟控制在最低限度之内，可提供完整的 6DoF VR 体验。

在另一项合作中，AT&T 与英伟达及其 VR 云软件合作，通过 RTX 服务器（一台拥有 40 个 Nvidia GPU 的云计算机）提供 5G 以上的交互式 VR 游戏，网络延迟仅为 5 毫秒。这是传统 VR 头显和 4G 连接的六分之一或更少的延迟，当考虑云服务器的渲染质量时，这会变得令人印象深刻。云渲染器在企业标准下是强大的，不受任何移动芯片组或你拥有的 PC 的约束。

Arvizio 和 PlayGiga 各自的项目着眼于 5G 在 AR/VR 和游戏服务方面的应用。Arvizio 的概念展示了如何使用 5G 将复杂的数字 3D 模型集成到工业 AR 环境中，而 PlayGiga 则致力于展示如何使用云服务器将传统游戏作为服务在 5G 上运用流媒体。

变身蝙蝠侠

在 2019 年移动世界大会（MWC）上，AT&T、爱立信、英特尔和华纳兄弟展出一款利用 5G 的 AR/VR 线下体验，内容是一款蝙蝠侠体验。

去年年底，这些公司在洛杉矶的南加州大学校园进行了一个概念演示。

据说这款装置能让 MWC 的观众看到蝙蝠侠如何用数字模型击败 DC 反派英雄稻草人，带来动感十足的沉浸式体验。

这款体验由爱立信无线基站提供 5G 网络，并由英特尔 Xeon 可扩展处理器及 5G 移动技术提供支持，允许参会者在移动环境中互动。

AT&T、爱立信、英特尔和华纳兄弟之间的合作将展示 5G 的功能特点，如低延迟、高带宽等，以及它如何提供更快、更灵活的网络，以实现多用户混合现实体验。

5G+AR/VR 可以带来具有吸引力的沉浸式用户体验，这些体验将带来突破，把我们熟知的角色，如 DC 的蝙蝠侠和稻草人带入人们的生活中。

企业应用

2019 年 1 月，AT&T 宣布将扩大与 Magic Leap 基于 5G 网络的合作，这一次两家公司将合作推出面向企业的服务，如生产、零售和医疗等领域。

AT&T 列举了 5G 与 AR 在这些行业的潜在应用场景：远程协作诊疗、远程医疗评估、3D 成像和培训，比如利用 Magic Leap One 和 5G 网络在家里咨询医生，或者医学生也可以在 AR 中练习复杂的手术流程。

工程师也可以在 AR 中将引擎的 3D 模型进行可视化、测试和修改设计，消费者也可以通过 AR 提升购物体验，虚拟试穿衣服或预览家具在家中摆放的样子。对于线下店来说，消费者也可以在家里通过 AR 来重现店内购物体验。

在此之前，Magic Leap 与 AT&T 合作的主要方向是娱乐内容。在 L.E.A.P.开发者大会上，Magic Leap 与 AT&T 宣布两家公司为 Magic Leap One 开发直播电视应用程序。之后，Magic Leap 与 AT&T 在旧金山为对 Magic Leap AR 平台感兴趣的新兴开发者举办了一场黑客马拉松活动。这两家公司还联手在芝加哥为大片《神奇动物在哪里 2：格林德沃之罪》提供了 AR 营销活动。

下一代校园

迈阿密大学和 AT&T 正在校园中推出 5G 和多访问边缘计算环境，以帮助支持创新的教学和研究方法。这使该大学成为美国第一个 5G 大学校园，使学生和教师可以通过 AR 头显 Magic Leap 的空间计算平台更有效地从事学术活动。

与 AT&T 合作，迈阿密大学将很快能够在其校园中支持 5G，从而使该大学处于影响每个领域的数字化转型的前沿。它将使学生、教职员工能够以新颖有趣的方式开发、测试和使用下一代数字应用程序，包括 Magic Leap 的 AR 平台。

AT&T 的 5G +技术使用毫米波频谱，可提供超快的速度、较低的延迟及连接大量移动设备的能力。多访问边缘计算将使大学从使用远程数据中心转变为在本地服务器中处理信息。这种转变可以更快地访问数据处理，并意味着新的机器学习机会和更多类型的连接设备。迈阿密大学将 5G 与边缘技术结合，为学生提供前所未有的新型教育体验。与 Magic Leap 结合使用，学校最终可以提供前所未有的数字学习和发展机会。这些强大的下一代网络解决方案将帮助改变学生学习、研究和与周围世界互动的方式。而且，它将影响管理员从校园运营到学生安全的操作方式。

T-Mobile +Sprint

2019 年 11 月 5 日，美国联邦通信委员会（FCC）正式批准了 T-Mobile US 对 Sprint 的价值 265 亿美元的并购交易。T-Mobile 和 Sprint 合并意味着美国第三、第四运营商正式联姻，它们将会超越 AT&T 成为美国第二大运营商。T-Mobile 和 Sprint 合并后，优势互补，拥有更多频谱资源，有利于在全美部署 5G 业务，加快 5G 整体建设进度。另一方面，运营商的竞争格局将会发生改变，原来 Verizon 和 AT&T 的领先优势比较明显，现在"三巨头"的格局形成，新 T-Mobile 将拥有更多的话语权和主动权。据两家公司预测，合并后将能在 2024 年之前 5G 信号覆盖 96%的偏僻地区。在全国范围内推行 5G 套餐的速度也会在时间上快半年到一年。

2019 年 5 月，Sprint 已在美国 9 个城市推行 5G。LG、三星、一加、宏达电的 4 款手机可流畅运行 5G 信号，一个月一条线路不限量 80 美元，参见图 4-16。

图 4-16　Sprint 在美国 9 个城市推行 5G

Sprint 在堪萨斯城总部开设了 5G 体验中心，旨在展示和解释 5G 的工作原理及如何改变人们的生活、工作和娱乐方式。体验中心拥有十几个使用 AR/VR 的演示。

Verizon

尽管 Verizon 推出 5G 相比 AT&T 要早，但仅限于休斯敦、波利斯、洛杉矶和萨克拉门托四个城市。另外，Verizon 主要运营的是家庭宽带 "5G home"，参见图 4-17。

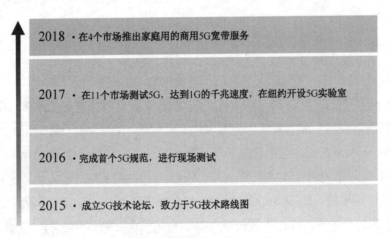

2018 · 在4个市场推出家庭用的商用5G宽带服务

2017 · 在11个市场测试5G，达到1G的千兆速度，在纽约开设5G实验室

2016 · 完成首个5G规范，进行现场测试

2015 · 成立5G技术论坛，致力于5G技术路线图

图 4-17　家庭宽带 "5G home"

从 2019 年 4 月初开始，Verizon 在全美 15 座城市推出 5G 移动服务，在原有不限量套餐上每月加收 10 美元。

AR/VR 移动化

Verizon 团队最近构建并测试了基于 GPU 的独立编排系统，并开发了企业移动功能，将彻底改变 AR/VR 的移动性。这些功能可以为新型的移动云服务铺平道路，为开发超低延迟的云游戏提供平台。

Verizon 利用 5G 和边缘计算技术，旨在距客户最近的网络边缘提供实时云服务。AR/VR 的大量图形图像渲染在很大程度上依赖于 GPU 的计算能力，因此，Verizon 的这项技术可以大大提高 AR/VR 的流畅性。这将为开发人员、消费者和企业开辟新的可能性。

智慧球馆

观看 NBA 体育比赛是很多人喜爱的娱乐方式，为了给现场和电视机前的观众提供最佳的观赏感受，擅长球队运作的 NBA 球队也在努力用先进的技术武装自己的球馆。萨克拉门托国王队是深受观众喜爱的一支球队，该队不仅在 5G 和 VR 领域与运营商 Verizon 合作，还在智能球场领域进行深入探索。

萨克拉门托国王队（Sacramento Kings）在尝试使用 Verizon 的 5G 技术和虚拟现实技术拉近与 NBA 球迷的距离，不过这一项目还处在起步阶段。萨克拉门托国王队首席技术官瑞恩·蒙托亚说，从把智能球馆纳入智慧城市体系中，到探索区块链技术的未来应用，球队正在不惜一切代价提升球迷体验。

在设计位于萨克拉门托市中心的黄金 1 号体育中心时，国王队就设立了四个目标：成为世界第一的室内外体育场标志性建筑；成为可持续发展的体育场，全部电力供应来自太阳能，90% 的食物来源 150 英里（1 英里=1 609.344 米）以内；成为科技化的先进体育场；通过使用数据个性化体育迷的观赏体验。

鉴于此，体育场落成以后，一切都向着智能化发展——智能入口能够承载每小时 1 000 人进场，远超传统的十字转门承载的 300 人/小时的进场率，球场的 App 能让球迷观看多角度视频回放，升级球票，升级停车付费和购买餐饮、商品等体验，甚至可以调整座椅下恒温器的出风口。

为了实现技术和数据驱动的目标，国王队团队很早就从苹果和高通公司引进人才，签约迪士尼的形象设计师，帮助设计世界上最大的室内 4K 分辨率记分牌，保证观众无论从什么角度都能轻松看见屏幕显示内容。

场馆内的 4K 播放控制室负责将内容传输到场馆内多达 800 个屏幕上，在比赛日或者活动期间，15 名工作人员负责监控数十个屏幕和平台，这些屏幕的内容包括应用程序使用的回放画面、餐饮销售情况，以及当天的天气状况等以便向观众推送通知。

场馆内有多达 1 000 个 WiFi 接入点，观众可以自由地使用网络在社交网站发帖等。任务控制中心会监控相关内容，以便及时关注现场体验的问题。蒙托亚举了一个十分有趣的例子，如果父母带着孩子来观赛，孩子不小心把热狗掉在了地上，以前他们可能不得不出去排队再购买一个，而我们现在通过社交网站或者客户服务平台，或者机器人的摄像头发现了地板上有一个热狗，我们的工作人员就会快速为孩子换一个热狗，有观众曾经在社交媒体上表达了对这种体验的赞赏，结果在社交媒体上掀起了一波热潮，很多观众都来扔热狗。

任务控制团队还连接了谷歌地图，能够在比赛日提供更精准的交通服务，当观众们抵达体育场附近时，周边的交通状况会好于预期。因为体育场可以连接交通摄像头、停车计时器等，通过交通流量控制能改善交通状况。

Verizon 是与国王队合作的公司之一，公司推出 5G 家庭网络服务仅一个月之后就在赛场进行了试运行。2019 年 11 月，Verizon 和国王队邀请了 20 名学生来观看国王队和湖人队的比赛，不过不是在场边，而是在电子竞技休息室里，戴上 VR 头盔，通过 5G 连接实现了在场边座位观赛的效果。

NBA 总裁亚当·西尔弗经常说，我们在全世界有数百万的球迷，但是这些球迷中只有1%的人真正在现场观看过比赛。这次给孩子们以场边的视角来观看这场比赛是一种奇妙的体验，下一步就是让更多人体验以这种方式来观看比赛。

除此之外，5G 技术还能帮助工作人员获得实时数据，比如球员跑得多快，跳得多高，扣篮多有力，以及球队在最后是加速，还是减速，这对球迷和体育博彩来说很有价值，对于球队来说，也能借此向球员提供针对性的训练和改进。

结合 AR/VR 技术，球迷能在任何地方看到球员，以及球员的数据和信息，这能让球迷更接近自己喜欢的球员。

Verizon 的工程师表示，5G 技术还将改变体育场的体验，比如指引你找到座位，你距离卫生间和餐饮购买处的距离和所需时间，为你提供定制化的内容，以及对教练和球员的采访等，体育场将成为企业和消费者使用 5G 技术的典型范例。

合作开发 AR 眼镜

Verizon 正在与 AR 硬件公司 Third Eye Gen 合作，此次合作将使 Third Eye Gen 成为 Verizon 5G 移动边缘计算的首个官方 AR 眼镜合作伙伴，Third Eye 还将与 Verizon 一起开发 AR 方面的 5G 用例。

5G 技术有望为 AR 解锁许多关键要素。大幅提高的数据传输速度将使 3D 视频（尤其是实时视频）的移动流媒体等功能成为可能。

在企业方面，5G 速度的提高对几个应用程序至关重要，包括将现场服务技术人员与总部的专家连接起来。AR 的一个主要早期用例是使专家能够通过 AR 眼镜将指令和动画投射到现实世界中，从而指导该领域的服务技术人员。这种双向 3D 传输需要传输大量数据，这就是 5G 可能会改变行业的原因。

新带宽的推出意味着 AR 智能眼镜将很快在没有 WiFi 的地方工作。Third Eye Gen 的一位代表举例说明了一个可能的用例。在这个用例中，汽车机械师可以用内置摄像头扫描复杂的电机等物体，并通过实时音频和视频指导将图像发送给远程专家，以获得实时帮助。

虚拟试衣

5G 凭借其巨大的带宽和超快的速度实现从 2D 到 3D 通信的转变。想象一下，在一个虚拟试衣间，你可以在其中试穿衣服，将 3D 全息图发送给你的朋友，并实时征求反馈。

在 Verizon 的 5G 实验室中，计算机视觉和 3D 传感软件公司 Evercoast 展示了 5G 和 3D 视频捕获如何使真实的人变成逼真的数字人物。首先，使用 16 个高清的深度感应摄像头捕获一个人的全身细节，然后将其渲染为全动态 3D 模型，接着就可以使用移动设备或 AR/VR 眼镜查看虚拟试衣后的逼真效果了。

处理流式传输 3D 体积视频文件需要大量带宽，通常需要数小时或数天才能呈现。5G 将使渲染速度提高 100 倍，现在只需几分钟即可完成。

教育科技

在可预见的未来，具有 5G 功能的 AR、VR 头显将改变教育，使一些学生能够从其他地方的教师那里学习，并成为其他人改变课堂体验的基础。

为了让更多孩子能够更快地实现这一未来，Verizon 和纽约媒体实验室正在合作开展

Verizon 5G EdTech 挑战赛，这是一项使用 AR、VR 或机器学习技术收集基于 5G 的教育解决方案的竞赛，奖金总计 100 万美元。

Verizon 邀请研究团体和大学等教育技术非营利组织提出基于技术的解决方案，以应对资源贫乏的中学面临的挑战。面对未受过教育的学生，教育者 STEM 专业知识的需求及对有特殊需求的学生的个人支持太少等挑战，参赛者需要推出使用下一代 5G 无线结合 AR、VR 的解决方案，以丰富学习经验。

参赛者可以在 5G EdTech 挑战赛网站上提交作品，随后由 Verizon 和纽约媒体实验室评选行业领导者，由社会影响力倡导者和技术专家组成的评审团进行评审。"十个最引人注目的项目"每个将获得 100 000 美元，以及访问 Verizon 5G 的网络和培训资源。

◎ | 中国 |

我国通信产业发展经历了从落后到引领四个阶段。在 1G 和 2G 时代，我国通信产业发展还不成熟，较之美、日、韩等通信强国有着较大的差距。进入 21 世纪，随着 3G 推出，我国通信人不断进取，在技术上积极贡献自己的力量。2013 年，4G 技术的应用来临之时，我国已经处于同世界通信大国并肩发展的地位。而在 5G 技术提出之时，我国就已明确目标，力争在商用化的过程中领跑世界。

2018 年，我国 3G/4G 移动宽带业务用户净增量超过 1.7 亿户，移动宽带用户占总宽带用户数的 83.4%，达到近 5 年来的顶峰水平。同时，我国已建成全球最大的 4G 网络，2018 年新建 4G 基站 43.9 万座，基站总数已经达到 372 万座。拥有如此良好的移动通信基础，可以使我国在大力发展 4G 网络的同时，积极推进 5G 标准的研究和技术试验，构建全球最大的 5G 试验外场，完成第三阶段的试验规范，因而能够在发展 5G 产业的初期形成全球领先的优势。

推进 5G 全面建设和商用，从而培育新动能和促进消费升级已经成为共识，我国正加快出台相关政策。2017 年，5G 技术被首次写入政府工作报告，政府工作报告也首次提到"第五代移动通信技术(5G)"。此举体现了国家对于发展 5G 的决心，并上升到了国策层面。随着商用步伐进一步加快，5G 技术将加速影响各行各业，推动经济和社会发展，发挥其在全行业、全社会的基础支撑作用，参见图 4-18。

中国5G发展时间表

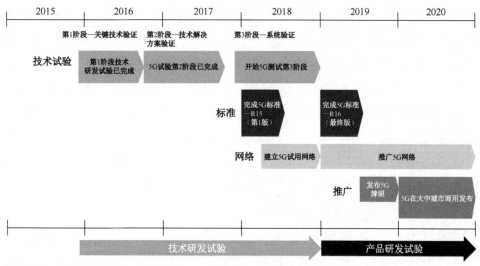

资料来源：工业和信息化部、《南华早报》、《中国日报》

图 4-18　推进 5G 全面建设和商用加快出台的相关政策

中国三大运营商在 5G 发展中扮演着至关重要的角色，因此，它们在 5G 上的节奏基本上决定了整个中国 5G 的迈进步伐。5G 的建设是现阶段三大运营商的重中之重，各大运营商已经开始布局基站、频段及相关的物联网场景建设工作。

2019 年 10 月 31 日，三大运营商正式公布 5G 套餐，并宣布 2019 年 11 月 1 日正式上线商用。从三大运营商此次公布的 5G 套餐资费来看，价格体系差异不大，价格位于 128～299 元区间，流量档位在 30GB～300GB。除了套餐资费之外，运营商还推出了各自的特色应用。中国电信推出天翼超高清、天翼云游戏、天翼云 VR、天翼云计算机和天翼云盘五大 5G 应用。中国联通推出 VR、4K 超清、AR、视频彩铃等 5G 视频会员特权，以及沃阅读、沃音乐等音乐/阅读特权。中国移动除了推出个人版套餐外，还推出家庭版套餐，区别是后者提供 100M 起步的宽带，同时收费上略贵。

从整体资费来看，5G 商用套餐与 4G 初期资费套餐价格基本类似，但套餐流量提升了 30 倍。与现阶段各家运营商的 4G 全国套餐相比，5G 套餐起步门槛较高，月基本费用都在百元以上。以中国联通 5G 版冰激凌套餐为例，和 4G 版冰激凌套餐进行对比，129 元 5G 版套餐包含 30GB 流量和 500 分钟通话时长，而 4G 版 129 元套餐包含 20GB 流量和 500 分钟通话。其他档次套餐比较结果也是如此，在套餐价格相近的情形下，5G 套餐包含的流量相当多，可以享受的权益或服务也更多。与海外运营商的 5G 套餐资费相比，韩国入门级 5G 套餐流量单价是 34 元人民币/GB，而中国是 4 元/GB；美国 Verizon 用户每月至少需要花费 90 美元（约合 635 元人民币）才能用上 5G。总体来说，5G 商用套餐虽起步门槛较高，但资费性价比突出。随着终端价格渗透，资费价格也有望降低。

中国 5G 研发起步早，市场广阔，这将使中国在发布 5G 商用后很快成为全球最大的 5G 市场。据安永预计，到 2025 年，中国 5G 用户将达到 5.76 亿元，占总人口的 40% 左右，在全球 5G 用户数中占 41% 左右。工信部此前发布的《5G 经济社会影响白皮书》预测：2020 年至 2025 年期间，中国 5G 发展将直接带动经济总产出 10.6 万亿元，直接创造经济增加值 3.3 万亿元，造就直接就业岗位 310 万个。

不仅是 5G，中国政府和企业界也希望成为 AR 和 VR 领域的领军者。中国的十三五规划已将 VR 确定为经济增长的一个重点领域。正式发布的中央政府相关计划包含互联网+和 VR+。其中，后者的目标是将 AR 和 VR 技术的运用扩大到传统行业。中央政府和私营机构与城市建立的合作伙伴关系都是在建立新的研发实验室基础之上的。另外一个引人注目的概念是建设 VR 城镇，吸引 AR 和 VR 企业入驻，同时将这些技术纳入城市运营和日常生活的各个方面。

中国很多大型互联网和科技企业都在积极开发 AR 和 VR。他们在多个方面投入资本，还有很多风险投资项目正在进行。这些企业还在为公司内部的 VR 计划提供资金支持，建立进入 VR 行业的衍生企业，并在国内外投资 VR 初创企业。目前，中国 VR 行业有至少 200 家初创企业。中国正在发展成为一个非常活跃的 VR 新市场。预计到 2020 年，市场规模可达到 85 亿美元。这些应用的快速增长将增加对低时延、高带宽的 5G 网络需求，以及更高效的内容发布的需求。

5G 既是变革的力量，也是全新的挑战，一场抢跑 5G 时代的激烈竞赛已经开启。AR/VR 和 5G 不断融合，创新发展，将催生新的业态和服务。中国的 VR 产业想要在 5G 时代处于领先地位，就离不开一个合作、共赢的良好行业生态。为了拿下 5G+AR/VR 的大市场，三大运营商都布局了从终端到平台、内容、服务的全产业链，力图构建一个有竞争力的生态体系。

终端

5G 终端陆续上市，一场争夺手机厂商的渠道大战开始上演。

2019 年 6 月，中国移动终端公司对 5G 终端（测试版）进行了集采，参见图 4-19。其中，5G 手机 8 100 台，包含 Mate20X 5G 测试版 4 000 台、vivo NEX（5G 测试版）100 台、OPPO Reno 5G 测试版 1 000 台、华为 Mate20X 5G 测试版 1 000 台、小米 MIX3 5G 测试版 2 000 台等。目前,中国移动已入库 10 900 台 5G 手机,在官网上展示出来的有:华为 Mate20X 5G 版、vivo iQOO Pro 5G 版全网通智能手机、华为 Mate30 pro 5G 版、三星 Galaxy Note10+ 5G 手机 12+256G 公开版。

图 4-19 中国移动终端公司对 5G 终端（测试版）进行集采

中国移动推出了自有品牌的 5G 手机：先行者 X1，参见图 4-20。中国移动先行者 X1 支持 NSA（非独立组网）模式下的 5G 网络，价格也非常实惠，只需要 4 988 元。先行者 X1 是中国移动自有品牌推出的首款 5G 手机，也是市面上首批 5G 手机之一，因此，其成为中国移动 5G 终端史上具有里程碑意义的一款产品。

先行者 X1 作为中国移动首款 5G 手机，搭载高通骁龙 855 和 SDX50M 组合处理器，辅以 6+128G 内存组合，足够日常使用。同时，后置采用 AI 智能三摄像头，拥有一颗 4 800 万主摄镜头、一颗 2 000 万像素防畸变超大广角镜头，以及一颗 800 万像素 3 倍光变镜头，能够应对各类拍照场景。中国移动先行者 X1 还内置了 4 000mAh 大电池，支持 40W 快充，

超大容量可轻松满足用户的使用需求。4 988 元的售价也让先行者 X1 面对市面上的其他 5G
手机具有一定的优势。

图 4-20　中国移动推出自有品牌的 5G 手机：先行者 X1

　　除了 5G 手机，中国移动还采购了 5G 路由器：华为移动路由 5G CPE Pro。CPE，全称
Customer Premise Equipment。简单来说就是一种将高速 5G 或者 4G 信号转换成 WiFi 信号
的设备，可大量应用于家庭、中小企业等无线网络接入，能节省铺设有线网络的费用。华
为移动路由 5G CPE Pro 除了具备家用路由器的全部功能外，还可将高速 4G 和 5G 信号转
换成 WiFi 信号，并支持 5G/4G 信号或千兆光纤宽带上网，提升家庭上网速度和使用体验。

　　另外，华为移动路由 5G CPE Pro 支持 4G/5G 双模，所以，无论在 4G 网络，还是在
5G 网络下，用户都能获得超光纤宽带的体验。另外，它还支持 NSA 与 SA 多模组网，能
够适应不同运营商的网络条件，并实现 4G 到 5G 无缝升级。根据实际测试，华为移动路由
5G CPE Pro 下载速度接近 1Gbps，上传速度为 100Mbps。

　　和 5G 手机一样，中国移动也推出了自有品牌的路由器：先行者一号智享版 5G Smart
Hub，参见图 4-21。这是一款 5G 无线网络共享转接设备，可将高速 5G 信号通过 WiFi、以

太网、USB 多种连接方式，将 5G 的超高速能力快速转化给个人设备、家庭设备，以及行业设备使用，最多可同时连接 20 个终端设备。在杭州、广州、成都、北京四城市的中国移动 5G 网络调测中，先行者一号下载速率突破千兆。

先行者一号是一款创新形态的融合型产品，在连接、交互、便携性等方面均有领先优势。其搭载高通推出的全球首款 5G 移动平台骁龙 855 及首款 5G 调制解调器骁龙 X50，支持 5G 多种频段；支持 5G 的高速率和低时延；触控屏幕、麦克和喇叭提供丰富的语音交互；具备一块 7 600mAh 的超大电池，重量仅 350g，可轻松手持。在家庭应用场景，可以支持 8K 高清视频播放、无线 VR、AI 语音交互控制等应用；在移动应用场景，可带到室外，随时随地畅享 5G 数字娱乐；在行业应用场景，可支持远程医疗、智慧工厂等。

图片来源：中国移动

图 4-21　先行者一号智享版 5G Smart Hub

2017 年，中国移动率先发布了"5G 终端先行者计划"以推动整个 5G 终端产业链成熟，其自主品牌 5G 终端"先行者一号"是该计划首批交付成果。未来，中国移动还将进一步丰富 5G 终端产品形态，推动终端价格快速降低，更多地让利于消费者，构建 5G 终端生态产业链。

中国电信 5G 终端入库也在进行中，2019 年 9 月前有三批终端入库。2019 年年底，中国电信采集了更多品牌和数量的 5G 终端，不仅包括手机，还包括多种形态的终端产品，参见图 4-22。

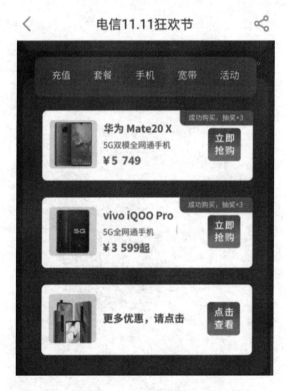

图片来源：中国电信

图 4-22　中国电信 5G 终端

2019 年 5 月，中国联通启动 5G 终端入库测试。目前，中国联通已经在线上线下全渠道开售中兴天机 Axon 10 Pro、华为 Mate 20 X（5G）及 vivo iQOO pro 等三款终端。国联通表示，目前正加速推进 5G 终端普及进程，2019 年 9 月集中上市三星 note 10 5G 版、vivo

NEX 5G 版、小米 9S 等 5G 智能手机，参见图 4-23。

图片来源：中国联通

图 4-23　中国联通上市的部分 5G 终端

平台

2014 年年底，咪咕文化科技有限公司成立，负责中国移动数字内容领域的产品提供、运营和服务，下设咪咕音乐（原四川无线音乐基地）、咪咕视讯（原上海无线视频基地）、咪咕数媒（原浙江无线阅读基地）、咪咕互娱（原江苏无线游戏基地）、咪咕动漫（原福建动漫基地）5 个子公司。咪咕文化科技有限公司架构参见图 4-24。

如今，咪咕文化已经开展了视频、音乐、阅读、游戏等多个业务，搭建了咪咕音乐、咪咕视频、咪咕阅读、咪咕快游、咪咕直播、咪咕影院、咪咕学堂等教育和娱乐平台，参见图 4-25。

公司架构

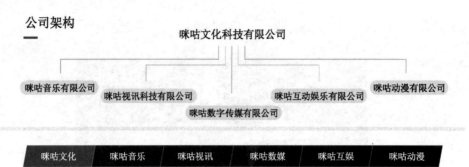

图 4-24　咪咕文化科技有限公司架构

图 4-25　咪咕教育和娱乐平台

联通和电信也开展了类似的业务，比如联通的沃视频、沃音乐、沃阅读、沃游戏等，电信天翼云游戏等。

游戏

移动的咪咕快游是一个手机、计算机、电视机顶盒三端互通的云游戏平台。玩家可免费畅玩海量精品游戏，千余款 3A 主机/PC 大作及高品质手游免下载，免安装，即点即玩。玩家无须下载，可轻松享受《刺客信条》《纸片少女》《多多自走棋》等超多精品游戏。超高清画质是 5G 快游戏的核心竞争优势。在 5G 网络下，最高支持 4K 60 帧 HDR 超高清画质，下行速率可达到 50～150M。5G 快游戏平台充分利用了 5G 高带宽、低时延、大容量的特点，通过云化方式，使原来在 PS、XBOX 或 PC 上才能运行的游戏在普通的手机、机顶盒上也能进行体验，给游戏行业带来颠覆式的变化。咪咕快游游戏界面参见图 4-26。

图 4-26　咪咕快游游戏界面

中国联通有沃家云游，利用 5G 网络低延迟等特性，解决了网络延时困扰，可摆脱昂贵的外设。沃家云游结合了 5G 和云端技术，将游戏经过云主机串流后，通过 5G 网络传输，以极清视频流的形式返回终端，摆脱了价格昂贵的专业级游戏硬件设备限制；同时，5G 网络超低延迟的特性配合边缘节点计算能力，解决了网络延时困扰。中国联通沃家云游界面如图 4-27 所示。

内容多　　　　上手快　　　　体验好　　　　省钱多

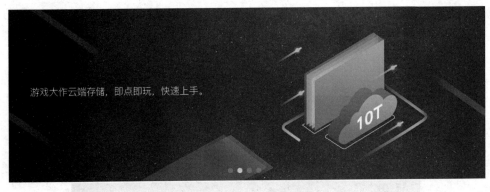

游戏大作云端存储，即点即玩，快速上手。

10T

图 4-27　中国联通沃家云游界面

天翼云游戏，是中国电信为 5G 用户精心打造的提供高清优质内容、跨终端体验的云游戏服务平台。在 5G 高速网络下，用户在云游戏平台，可通过即点即玩的方式，免下载，免安装，畅玩各类手机、主机游戏，随时随地、快速便捷地体验游戏乐趣。天翼云游戏，针对移动用户和家庭用户，推出了手机端和 TV 端的云游戏产品。用户无论在任何时间，任何地点，只要打开天翼云游戏 App，都可以找到自己喜欢的游戏，即点即玩，无须下载和安装，摆脱烦琐操作，尽享便捷乐趣，配合游戏手柄，还可获得更加畅快淋漓的游戏体验。

在 5G 超高速大带宽的技术加持下，天翼云游戏手机端最高可支持 60 帧每秒的超清游戏画质，普通手机也可体验高清酷炫的主机画质，而在 TV 端，最高可支持 4K 60 帧的超高清游戏画质。

天翼云游戏已与腾讯、网易等 TOP 级游戏厂商达成内容合作，引入了《拳皇 14》《世界汽车拉力锦标赛 6》《生生不息》《影子·里的我》等多款知名 IP 主机大作。目前，天翼云游戏平台上的游戏覆盖主机、益智解谜、角色扮演、冒险动作、策略养成等多种类型，可满足不同玩家的需求。

音乐

联通沃音乐文化有限公司聚焦于泛音乐产品的运营。联通沃音乐有新声音、新音乐、新知识、新科技全面升级四大产品线，以 VoLTE、AI、IoT、智能语音、大数据、视频、区块链为技术基础。沃音乐联手互联网平台、独立音乐人、内容提供商、音乐院校、综艺电视台建立中国声音库，包含流行歌曲、大咖声音、戏曲、综艺节目、相声段子、特色方言、游戏音效、信息查询等内容。

联通沃音乐已联合合作伙伴共推出四大加速器，分别是乐人原创音乐加速器、草原音乐加速器、5G 智能音乐加速器，以及大湾区音乐加速器。5G 智能音乐加速器聚焦 5G 技术开发和音乐产业创新合作，探索 5G 音乐的发展前景。目前，5G 智能音乐加速器与成都音乐坊、四川金熊猫、教育大数据应用技术国家工程实验室分别签署了音乐坊、熊猫视频及音乐 AI 教育云的合作协议。

移动的咪咕音乐为广大网友打造了正版音乐平台，塑造"音乐客户端族群"的全新概念，向广大用户提供方便、流畅的在线音乐、演唱会直播和丰富多彩的音乐社区服务。

天翼爱音乐文化科技有限公司负责独家运营中国电信音乐内容相关的产品、平台及服务，爱音乐致力于打造立体化数字音乐云服务平台，为广大用户营造一个新颖动感、便捷方便的音乐互动娱乐空间，提供全面、时尚、无缝的音乐服务，融合了彩铃、音乐盒、音乐下载、音乐资讯、卡拉 OK、会员服务、手机 K 歌、彩铃定制等多种特色音乐产品功能，参见图 4-28。

图 4-28　爱音乐平台

视频

移动有咪咕圈圈和咪咕视频、咪咕直播、咪咕影院等多个视频平台。

咪咕视频提供海量直播资源及原版高清影视节目。咪咕视频在手机客户端视频播放器上显得格外耀眼，一度登上腾讯应用宝重点推荐榜。其流行的扁平化 UI 设计和强大的同步直播和点播功能给用户带来愉悦的视觉享受，让用户在第一时间能够观看到精彩的热门视频。

视频业务作为中国联通大视频战略的基础业务，经过多年发展，中国联通已经构建形成覆盖 TV 屏、手机屏、VR 屏及行业屏的视频产品体系，做到了全终端、全内容、全产品、全客户群的完整覆盖，形成支撑全国亿级用户，支持全渠道计费、全业务接入、全内容分发的融合大视频平台能力。联通的 5G 用户登录"沃视频"平台，不仅可观看传统的视频内容，还可体验 5G 专属 VR 巨幕影院、4K 超高清视频、视频彩铃、AR 应用等炫酷的应用，参见图 4-29。

图 4-29　"沃视频"平台

中国电信发布了"5G+大视频"计划。中国电信计划联合产业链合作伙伴为"5G+大视频"提供支持，推动超高清视频、云游戏、VR 视频等崭新的应用加速面世。中国电信将着力打造具备接入、计算、存储、渲染、AI 等能力的大视频业务平台，面向个人和家庭客户推出 5G 超高清视频、直播、5G 云游戏、5G 云 VR、云计算机等应用。其中，5G 超高清视频以超高清点播、VR 直播和一键投屏为亮点；5G 云游戏免下载安装、即点即玩、多屏衔接；5G 云 VR 将为消费者带来超高清、低时延、3D 动态的沉浸式体验。

　　天翼超高清是由天翼平台官方出品的会员制影视 App，为用户提供超高清的热门聚集及影视资讯内容。不管是看综艺、看电影，还是看电视剧都能一网打尽，天翼超高清给用户提供超高清 4K 极致观看体验，享受全新的视觉盛宴。该应用拥有直播、影视、投屏等多种实用工具，在观看电影时还能自由缩放视频大小，同时还能适用于各种分辨率的影视内容，十分贴心。天翼平台 VR 专区参见图 4-30。

图 4-30　天翼平台 VR 专区

　　天翼超高清内置电视直播内容，还能通过 App 观看比赛直播和电视频道，地方台、卫视台、央视台等都能一网打尽，手机成为移动电视；提供 4K、VR 专区，进入其中，会给用户不一样的观影视觉盛宴。天翼超高清关联界面参见图 4-31。

图 4-31　天翼超高清关联界面

内容

在 5G+AR/VR 领域，中国移动投入超 30 亿元，推进"5G+超高清：VR 赋能数字内容产业创新发展"计划。咪咕公司秉承着"共创、共享"的开放态度，携手更多业内合作伙伴，加速推动 5G 与 VR 相关产业链的深度融合，共同构建 5G 开放合作生态。中国移动 5G+创新合作大会上，咪咕公司与竟盟公司正式签约合作，双方将在 5G+VR 联合品牌门店、5G 营业厅 VR 竞技体验模块、5G+VR 联合会员服务 VR 电竞赛事、IP 合作游戏开发和双方 VR 平台及频道联运对接等板块展开全面框架合作。咪咕公司还与韩国电信公司 KT 签署 5G 新媒体内容合作谅解备忘录，双方将围绕超高清视频、游戏内容、VR 内容、音乐内容等领域展开全面合作，共同探索基于 5G 的创新数字内容领域应用，参见图 4-32。

图 4-32　5G 创新数字内容领域应用

2019 年 10 月 31 日，5G 商用当天，一位用户在中国移动江苏公司商用发布会现场成功办理了咪咕 VR 业务，中国移动首名 5G+VR 用户诞生，这也标志着中国移动咪咕 5G+VR 正式步入应用阶段。

针对目前 VR 内容同质化、优质内容匮乏的行业问题，移动的咪咕 VR 充分发挥了咪咕公司众多优质体娱 IP 的优势，在内容方面，咪咕 VR 内置咪咕盛宴、VR 全景、3D 视野、沉浸影院、大戏剧场、体育现场和探索纪实 7 大应用频道，全面覆盖 2D/3D 巨幕电影、全景视频、精选 3D 视频、明星互动、VR 游戏等海量高品质的 VR 内容，满足用户多元化娱乐需求，目前咪咕 VR 内容量已超过 800 部。同时，VR 互动+360 度全景、VR 多视角、3D 三维体验、4K 巨幕等核心功能将打破传统观看模式，打造 5G 全景沉浸式新体验，构建 5G 新"视"界，参见图 4-33。

图 4-33　5G 新"视"界

咪咕 VR 目前已适配多款主流 VR 眼镜终端，包括 Pico G24K、支撑 8K 视频的创维 V901、外观时尚的大朋 P1 Pro4K 等。一位来自四川的大学生表示，能在远离家乡千里之外的南京"零距离"看大熊猫，并且可以随意切换视角，VR 的功能太强大了。体验现场，支撑 8K 视频的创维 V901 备受欢迎，兼具 8K 超高清与 3D 三维的影片《舞之梦》，则让大家畅享了影院级的观影体验。喜欢 SNH48 的用户更是惊喜于用 VR 看 MV《石中花》的观感，SNH48 成员环绕立体的舞姿与万花筒般绚丽的场景相互交融，让用户如临现场般地 360 度全景享受音乐盛宴。

2019 年 9 月 5 日，中国联通"5G+视频"推进计划发布，并同步启动中国联通"5G+视频"合作伙伴计划。随着 5G 标准的制定、5G 网络的全面商用推进，在 5G 时代，视频业务将迎来全新的发展机遇。以 8K、VR 为代表的 5G 网络超高清视频应用构成未来中国联通"5G+视频"的战略核心。目前，中国联通"5G+视频"的 AR/VR 内容合作伙伴有 4K 花园、爱奇艺等企业。

中国电信与 LG U+签署战略合作协议，加强在 5G 领域的全方位合作。合作内容包括：①AR 和 VR 内容交付与共同制作；②5G 服务解决方案和技术；③5G B2B、云游戏、数据漫游、物联网和数字用户识别模块（eSIM）平台等方面的合作。

LG U+为中国电信提供的"VR 内容"和"VR Live"解决方案，其首次向海外运营商提供 5G 解决方案和内容。"VR 内容"提供了现在面向韩国国内 U+ 5G 客户提供的 K-POP 舞蹈、明星约会等内容。"VR Live"提供了现在面向韩国国内 U+ 5G 客户的 3D VR 实时广播解决方案，包括用于以 3D 方式拍摄和制作 VR 内容的技术和软件，以及特殊的摄像头和监控设备。

根据双方的合作协议，中国电信将独家提供百兆码率的高品质 VR 视频平台，率先引入 100Mbps 高码率和 60fps 高刷新率的 3D VR 内容，并于中国电信 5G 商用发布当天在 5G 应用天翼云 VR 上进行了同步首发，VR 内容库超千部，包含风景人文、偶像 MV、魔术、瑜伽、舞蹈、艺术等各种类型，配合中国电信超高速 5G 网络，手机用户可以体验真正的高品质 VR 内容。

除了引进 LG U+拥有的版权 VR 内容，中国电信号百控股还将借鉴 LG U+在 VR 内容生产方面的经验，实现制作自主版权的 VR 内容。为此，中国电信将引入 LG U+拍摄技术、硬件设备，不断加强双方技术合作，并且与自制内容联合制作，后续将在超高清视频、AR/VR 应用、"3D＋180 度＋多机位"VR 真 4K 直播等方面开展一系列合作。

中国电信未来将建立 VR 产业联盟生态，近期准备逐步推出三大计划：XR 联合实验室计划、"3 个 100"内容计划、资本合作计划。"3 个 100"内容计划是指准备招募 100 个 VR 内容合作伙伴，解决高质量内容引入和内容层面的欠缺问题，公司会提供内容补贴，采用多种方式，包括买断、分成、共创共享的方式来推动内容的基础构建。XR 联合实验室计划主要聚焦产品创新、VR 游戏、全景直播，以及 MR 视频会议等方面。

服务

中国移动

2019 年 11 月 1 日至 11 月 4 日，中国移动咪咕公司将 5G+文旅沉浸式体验馆搬进了第十二届海峡两岸（厦门）文化产业博览交易会现场。万余名参会观众在此"穿越"时空、"探索"故宫，"复活"文物，第一时间尝鲜 5G+文旅沉浸式新体验。中国移动咪咕 5G+文旅沉浸式体验馆设有"T.621 数字创意成果"及"咪咕 5G+新产品体验"两大展区，旨在以 5G+文旅的新场景体验传承中华文化。现场观众不仅可以通过咪咕圈圈 App 的 AR 特效、VR 眼镜感受 5G 新拍法、新看法，还能通过 VR 探索故宫、AR 探究镜、AR 兵马俑九宫格合影等实现现场"穿越"，畅享 5G 新玩法、新用法。

在 T.621 数字创意成果展区，设置了 VR 眼镜、AR 探究镜、AR 兵马俑九宫格合影等体验产品。5G+VR 技术突破空间与时间限制，拓展了博物馆体验场景，让观众由"旁观者"转变成为历史的"参与者"，为用户带来了全新的观展方式。

AR 探究镜则让博物馆内的艺术品"活起来"。AR 增强现实技术精准识别了文物的原始风貌，同时配合音乐、视频、三维模型等融媒体讲解形式，让参会者了解古老的中华文物历史，丰富多元的虚拟互动形式也令人大开眼界。当镜头对准画册中郑和下西洋的图片时，镜中便立即呈现出相应的动态画面，栩栩如生，搭配音频讲解告诉你这段历史故事，仿佛一秒穿越到那片汪洋中。

AR 兵马俑九宫格合影、AR 虚拟太阳系互动等虚拟场景互动体验，让参会者不仅可以通过手势操作查看宇宙行星的公转与自转，体验宇宙中虚拟的太阳系运作，还能现场与兵马俑合影，感受属于我们中华文物背后厚重的文化底蕴。

在 5G+新产品体验区，咪咕圈圈 App 获得了现场众多年轻参会者的青睐，这款面向 95、00 后的"Z 世代"们打造的短视频社交平台，拥有多种趣味功能：用户可以自定义属于自已的短视频虚拟形象，还能与异地好友实时合拍、通过 AR 特效实现与虚拟形象同屏，还可以将短视频设置为视频彩铃等，充分体验 5G 时代的"新拍法"。

咪咕通过文化+科技不断探索 5G+VR 创新应用在多场景的落地。在体育超高清直播领域，咪咕在 2019 年 5 月 12 日上海上港对阵山东鲁能的比赛中，奉献了中超历史上首场 5G+真 4K+VR 直播。在 2019 国际滑联上海超级杯中，咪咕打造了全球首场 VR+真 4K 冰雪赛事直播；2019 年三对三篮球世界杯中，咪咕又带来了 5G 商用后的首场 VR+真 4K 体育赛事直播。演艺、传统文化的超高清直播领域，咪咕在 2018 年第十二届音乐盛典咪咕汇上进行了全球首次 5G+4K+AR 音乐颁奖盛典直播；"AR 博物馆在移动"、VR 看熊猫，又带来了 5G+AR/VR 与传统文化融合的沉浸式体验。

在 2019 年世界 VR 产业大会上，中国移动通信集团江西有限公司（简称中国移动江西公司）展示了 5G+行业应用、5G+XR 创新应用和 5G+个人/家庭应用等 20 余项应用，涵盖了交通、能源、公安、医疗、教育、游戏等诸多领域。

中国移动江西公司还对外发布了《江西移动 5G 行业应用白皮书》。该白皮书对 5G 智慧交通、5G 智慧民航、5G 网联无人机、5G 智慧工厂、5G 智慧电网、5G 智慧医疗、5G 智慧校园、5G 智慧城市、5G 云 VR、5G 智慧旅游等十大"5G+"行业应用需求、适用场景和发展前景进行了阐述，描绘了 5G 改变社会的美好愿景。

在 5G+智慧医疗板块，江西移动与合作方一起将 AR 技术应用到医疗行业，在诊疗和手术中，通过数据化和 3D 技术，将传统的二维图像信息立体化，使医生的病患分析和手术治疗更加轻松和精准。江西移动还将 5G、AR/VR 技术融入当地特色的景德镇瓷器、红色旅游等领域，为全球用户献上了更具视觉震撼的参观之旅。

中国电信

2019 年 10 月 28 日，中国音乐金钟奖闭幕式在成都城市音乐厅举行。本次晚会，中国电信在现场 5G 优化的基础上，引入了天翼云 VR 直播服务，将城市音乐厅打造为全国首个 5G 音乐厅的同时，在成都宽窄巷子、太古里、东郊音乐公园等地搭载 5G 高清直播区，现场通过 VR 眼镜让用户零距离感受无延时、超高清的视听体验，使用者可以随意选择观看位置，调整自己喜欢的观看角度，同时可以环顾四周，看到现场观众的反应，仿佛自己置身其中。在天翼云 VR 直播平台的助力下，本次闭幕式成为全国首次采用 5G 技术直播的国家级艺术盛会，是"天翼云 VR"助力文化传播的首次创新实践，参见图 4-34。

图 4-34　天翼云 VR

本次活动提供直播服务的天翼云 VR 业务,借助了中国电信大带宽、低时延的 5G 网络,充分发挥云网协同优势,将视频和声音无损传输到 AR/VR 显示设备上,给用户提供深度沉浸式体验。它不仅能为晚会、赛事等大型活动提供 VR 直播服务,更可以无须下载就为用户提供 8K 360° 全景、4K 3D 无束缚的云视频、云游戏服务。目前,已经引入 1 000+部超高清、无压缩优质视频内容,包括威尼斯电影节获奖作品、大型 3D 纪录片,以及 Beat Saber、Raw Date 等爆款游戏。同时,天翼云 VR 还能利用强交互全景优势为教育、医疗、广告、新闻等行业进行内容定制开发,垂直细分市场,满足用户及行业需求,突破时间、空间的限制,推动相关行业的飞越发展。

此外,天翼云 VR 近期还推出了许多 VR 直播活动,包括王者荣耀城市巡回赛全国总决赛、羽毛球年终总决赛、粤语歌曲颁奖晚会、CBA2020 新赛季等精彩赛事、晚会等,为广大爱好者提供足不出户即可身临其境感受现场火爆氛围的视觉享受。

中国联通

2019 年 10 月 31 日,中国联通宣布 5G 正式商用。站在这个时间节点,回望 5G 行业应用的发展历程，从 2018 年开始，中国联通就已经聚焦新媒体、工业、交通、医疗等十余个行业，开展了 5G+AR/VR 在不同行业、不同领域的探索与实践，时至今日，已经取得了许多成果与进展，一些重要时刻盘点如下。

2018 年 12 月 26 日，中国联通在红旗渠发布 5G 智慧旅游系列应用，包括 5G+VR 全景直播、5G+AR 慧眼等创新服务。

2019 年 1 月 20 日至 24 日期间，中国联通在贵州两会开启 5G 结合融媒体的两会报道全覆盖创新应用。

2019 年 2 月 3 日，中国联通助力江西卫视春晚，运用 5G+8K VR 技术进行直播。

2019 年 3 月 3 日，中国联通在全国两会实现 5G+VR+4K 直播，并成立中国联通服务两会 5G 新媒体中心。

2019 年 3 月 31 日，中国联通在重庆进行了专业级 5G+VR 直播和 5G 商用直播。

2019 年 4 月 9 日，在教育部举行的中国慕课大会上，中国联通作为网络总体协调方成功完成了北京、贵州、西安三地的 5G 网络支撑和保障工作，提供了 5G+4K 远程互动教学系统及 5G+超远程虚拟仿真实验方案。

2019 年 5 月 10 日，中国联通实现 2019 长春国际马拉松睿智全媒体服务 5G+VR 网络直播。

2019 年 7 月 20 日，中国联通成功中标一汽红旗 5G-AR-VR 试点应用项目。

2019 年 7 月 31 日，中国联通在佛山市北江大堤芦苞水闸处完成了 5G 网联无人机 VR 巡河示范。

2019 年 8 月，中国联通助力 2019 风云球王五人制足球争霸赛 5G+VR 直播，全程参与全国 8 场比赛，为比赛提供一体化的 5G+VR、4K 航拍等制播、直播服务。

2019 年 8 月 22 日，中国联通联合中图打造国际书展 5G 新阅读展区，高效呈现 5G 全息影像互动、5G 全息影像直播、5G+MR 混合现实互动等应用。

2019 年 10 月 18 日，中国联通助力第七届军人运动会 5G+VR 及超高清直播。

中国联通在过去一年多的时间里，积极展开 5G+AR/VR 在各行业的应用探索，构建开放共赢的生态和融合创新的模式，推动 5G+AR/VR 技术与行业应用的创新与融合，促进各行各业数字化、网络化、智能化发展。

五大趋势

◎ | 超现实 |

从沉浸体验度来划分，可以将 AR/VR 的发展划分为初级沉浸、部分沉浸、深度沉浸，以及完全沉浸这四个阶段。不同发展阶段对应不同体验需求，而不同的体验需求又对应着不同的技术指标要求，目前我们正处于部分沉浸阶段，参见图 4-35。

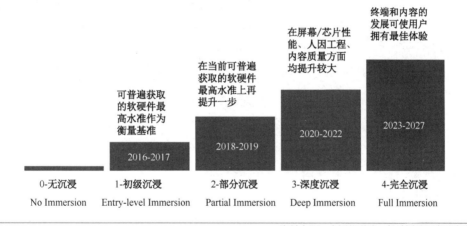

终端和内容的发展可使用户拥有最佳体验

在屏幕/芯片性能、人因工程、内容质量方面均提升较大

在当前可普遍获取的软硬件最高水准上再提升一步

可普遍获取的软硬件最高水准作为衡量基准

| | 2016-2017 | 2018-2019 | 2020-2022 | 2023-2027 |

| 0-无沉浸 | 1-初级沉浸 | 2-部分沉浸 | 3-深度沉浸 | 4-完全沉浸 |
| No Immersion | Entry-level Immersion | Partial Immersion | Deep Immersion | Full Immersion |

资料来源：中国信通院、长城国瑞证券研究所

图 4-35 AR/VR 的发展阶段

在完全沉浸的体验中，物理世界和数字虚拟世界水乳交融，我们甚至难以分辨出来。这种世界，就是超现实的世界。

5G 对全沉浸的技术支持

4G 网络难以实现 AR/VR 业务更高程度的视觉沉浸。在云化牵引的网络架构下，不断提升的近眼显示技术对传输带宽提出了更高要求。若以角分辨率、视场角、色深、刷新率、焦平面作为衡量视觉沉浸感的主要测度，基于其乘数效应估算可得，完全体验等级所需未经压缩的原始带宽可达 5Tbps。

随着终端用户对 AR/VR 内容质量和实时性需求的不断提高，沉浸式内容制作对超高速网络的需求与日俱增。相关技术，包括内容采集方向的实时抠像、全景拍摄，内容编辑方向的云端三维重建、虚实场景拟合、拼接缝合、空间计算，内容播放方向的 WebXR 等。

实时抠像主要分为基于绿幕抠像和基于计算机视觉两个方向。基于绿幕的实时抠像技术是时延敏感型业务，虽然绿幕抠像技术发展较为成熟，但受限于当前网络环境，在时延和传输能力上仍需较大提升；而随着神经网络技术的发展，基于 CNN（卷积神经网络）实现实时抠像技术的兴起，以 Instagram、Snapchat 等移动终端社交软件为代表，通过对已有的海量图片数据进行标记，导入卷积神经网络进行训练，从而研发出可对动态人像进行实时抠图的技术，这种技术需要强大运算能力支持 CNN 进行训练与分析，考虑到终端设备的局限性，需要将运算放于云端进行，减轻终端算力负担，渲染帧率保证不低于 30fps。

5G 网络可以为实时抠像提供更高的渲染帧率，有望在今后提升至 60fps，甚至 90fps。全景拍摄通常通过一体多目式（非光场式）360° 全景相机完成，常见的有 2、4、6、8、16 等多种相机组合类型，如 Insta360 Pro、Nokia 的 OZO 等。此外，基于阵列式（光场式）相机的全景拍摄技术可通过上百个镜头组成相机矩阵进行拍摄，生成由两张具有一定视差的左右全景图组合的立体全景图，附带深度信息，成像效果令观众更具沉浸感。由于全景拍摄的相机数目较多时，特别是面向全景直播等时延敏感性业务场景，数据计算、传输量会急剧增加。面对全景拍摄带宽、时延双敏感的业务特点，5G 网络可为全景直播提供传输保障。适配 5G 网络的云端三维重建将采集到的点云信息上传云端，在云端完成点数据的滤波降噪、分割、配准、网格渲染等处理，构建 3D 模型。将三维重建放在云端，可极大减轻终端计算压力，提高三维重建精准度。同时，对云端重建的模型可结合云端神经网络进行深度特征提取、识别、追踪等，用于构建云端三维语义地图等。

虚实场景拟合是指在 AR 系统中需要将虚拟对象与真实场景进行实时匹配，以保证虚拟对象更加逼真地融入现实世界。在虚实融合过程中，一是要达到几何一致性，保证虚拟对象符合真实世界的物理原则；二是要达到时间一致性，保证交互得到及时反馈；三是要达到光照一致性，在几何与时间一致的前提下，提供实时光照追踪与渲染。针对为几何、时间、光照一致性提供的 GPU 集群，5G 网络有助于承载海量数据实时传输。高性能拼接缝合对多镜头拍摄的画面通过亮度色彩调整、对齐、畸变矫正、投影到球面等一系列处理，形成完整的全景视频。高性能拼接缝合需进行大量计算，通常由驻留本地的高性能服务器完成。在 5G 网络支持下，高性能拼接缝合技术可移到边缘云完成，实现高精度画质的全景直播。

WebXR 技术针对目前硬件终端和内容服务商碎片化的发展现状，推动内容生态加速成形，解决跨平台内容分发问题。2019 年初，W3C 正式发布了 WebXR Device API 首个规范工作草案，提供开发基于网页的沉浸式应用程序。WebXR 处于早期阶段，目前支持的浏览器厂商包括 Mozilla 和 Chrome，受支持的设备包括兼容 ARCore 设备、谷歌 Daydream、宏达电 Vive、MagicLeap One、微软 Hololens、Oculus Rift、三星 Gear VR、Windows 混合现实头戴设备等。

5G 技术高带宽、低时延的特性，将极大扩展 Web 端内容呈现能力，推动 WebXR 技术落地。移动边缘计算、网络切片与 5G 核心网 QoS 有助于保证 AR/VR 不断进阶沉浸体验需求。针对虚拟现实对带宽、时延双敏感的业务特性，5G 网络的发展与商用部署需要做出针对性的优化，适配边缘计算、网络切片、5G QoS、智能运维、拥塞控制等网络传输技术，旨在弥合潜在技术断点，推动用户体验进阶。

其中，边缘计算借助网络边缘设备一定的计算和存储能力，实现云化虚拟现实业务的实时分发，如 VR 视频直播可以全视角流推送到网络边缘，再进行基于单用户视场角的信息分发。边缘云作为基础设施提供了渲染所需 GPU 资源及平台服务 API，如视频分析、人脸识别、图像特征提取等，以供虚拟现实应用调用，从而降低应用算法复杂度，避免原始数据回传，节省回传带宽。网络切片为 AR/VR 提供端到端网络资源的保障。

AR/VR 渲染处理对带宽和时延提出了更高要求。渲染处理是虚拟现实领域的关键技术，直接影响内容呈现与用户体验效果。当前移动式虚拟现实终端硬件性能有限，仅能输出不高于智能手机图形处理效果的 3D 模型。为提高虚拟现实终端的图形处理能力，以及 3D 图形的显示效果，可利用 5G 网络及云渲染优化画面质量。云渲染旨在帮助用户在中低配头显上实现渲染能力更强的 PC 级虚拟现实沉浸体验，降低终端购置成本。对于虚拟现实这一时延敏感型业务，云渲染引入的新增时延对于用户体验潜在影响较大。此外，3D应用对于用户指令的响应高度敏感，如进行虚拟现实游戏时，用户指令需要得到及时响应，若稍有时延，容易引发眩晕感。混合云渲染旨在解决云渲染所引入的新增时延，以及编码压缩造成的画质损失，将渲染处理拆分为云端与本地渲染协同进行，利用云端强大的渲染与存储能力实现静态画质与视觉保真度的提升，同时基于本地渲染需要满足时延控制要求。5G 网络低时延的特性可以有效降低分步渲染产生的新增时延，进一步降低渲染损失和功耗。由于采用云渲染处理、终端交互呈现的技术架构，云渲染、混合云渲染对网络带宽、时延、可靠性提出了更高要求，当前高汇聚、高收敛承载网络面临更大挑战。

基于 5G 的端云协同模式触发 AR/VR 感知交互能力跃升。业界主流移动虚拟现实终端可通过基于传感器融合的 SLAM 技术实现环境感知、设备定位和地图三维重构等功能。实时定位技术日趋成熟，三维重构发展相对缓慢，目前尚难以构建用于导航、避障等需求的高精度地图，或用于人机互动的语义地图。上述场景依赖于图像分割、物体识别、高精度表面检测和三维建模领域的融合创新。基于 5G 网络的环境感知可分为初期和成熟两个阶段，初级阶段主要解决现有终端侧三维重构的缺失，通过与云端的低时延通信实时建立并保存地图。成熟阶段需要在云端建立完整的语义地图，各终端能够实时感知自身定位，获取地图信息，并完成交互。

5G 对感知交互能力的提升主要表现在机器视觉、云端神经网络和云端语义地图三方面。2019 年 6 月，苹果发布 ARKit3 套件，展示了全新人体遮挡效果，通过基于机器视觉的实时肢体姿态捕捉，将真实人体、虚拟场景与真实环境相互融合。目前，此类融合基于本地完成，随着终端对现实世界理解地不断深入，需要速度更快、算力更强的神经网络进行识别、分割、跟踪、匹配等复杂任务处理。

云端语义地图将获取的点云特征与云端预先准备好的数据库进行比对，通过具体的语义特征对点云地图进行标记，达到辅助理解的目的。5G 网络为云端语义地图提供算力更强的云端大型 GPU 集群及高速带宽网络。基于 5G 云端的语义地图，能更好地结合神经网络，构建广域地图信息，将物理世界进行数字重建和标记，同时对 AR 云的搭建提供了极大的技术支持。基于 5G 的云端处理方式有助于放大机器视觉对环境感知的作用，以更低时延完成实时空间感知与语义标记。云端神经网络可以同时为多种不同的交互模态提供神经网络运算，如同时处理语音交互与手势交互。由于云端神经网络借助超大型 CPU 与GPU 集群进行运算，可处理更加复杂的业务，如自然语言识别等。5G 网络可降低多类自然交互产生的叠加时延,降低运算处理和交互耗时。同时,基于 5G 云端架构,经过训练的神经网络可以部署到边缘云,在面对异地多人多端实时交互的虚拟现实系统时,以更低时延处理大量交互的反馈信息。此外,云端神经网络可以与空间计算结合,在 5G 网络下提供更加贴合物理世界的虚拟信息和渲染效果,并对交互信息进行分析和预判,提升物理世界中虚拟信息的交互体验。

混合现实

混合现实(MR)(包括增强现实和虚拟现实)指的是合并现实和虚拟世界而产生的新的可视化环境。在新的可视化环境里物理和数字对象共存,并实时互动。系统通常包含三个主要特点:①它结合了虚拟和现实;②在虚拟的三维空间里(3D 注册);③实时运行。

混合现实(MR)的实现需要在一个能与现实世界各事物相互交互的环境中。如果一切事物都是虚拟的,那就是 VR 领域。如果展现出来的虚拟信息只能简单地叠加在现实事物上,那就是 AR。MR 混合现实是更先进的 AR 和 VR 的混合,关键点就是与现实世界进行交互,并且及时获取信息。

如果用 1 代表虚拟环境,0 代表真实环境。越靠近 1,虚拟成分越多,真实成分越少,娱乐成分越多,应用成分越少,反之相反。那么,当 VR 位于 1 处,AR 更靠近 0 处,MR 则位于 AR 与 VR 之间。

2019 年,在伦敦时装周上,英国电信运营商 Three 的 5G 混合现实 T 台在伦敦时装周进行首次亮相。

本次时装秀的预热系列是由新生代设计师雅各布负责的,采用了创新的 Magic Leap 空间计算技术和 Three 的 5G 网络。设计师的灵感通过高科技的帮助在 T 台上变得栩栩如生,而相关的装置设备将继续保留以供学生使用。

Magic Leap 使得企业能够创造与现实世界交织的数字效果,而且是以实时形式进行的。这是很多人以前从来没有经历过的事情。

同时,这是英国第一个面向消费者的永久性 5G 装置,是 Three 与伦敦中央圣马丁学院长期创意合作的一部分。这所著名学院的 5 000 名学生将加速时尚、艺术、设计、表演和技术的融合,包括创建一个定制设计的 5G 实验室,更好地帮助学生利用 MR 来表达他们的创造力。

MR 能彻底改变我们和科技交互的模式，虽然现在领域内最夺人眼球的还是消费领域的发展，比如游戏，但是 MR 真正的潜力还是会在企业级行业应用方向上，通过在现实场景呈现虚拟场景信息，以新的方式体验不同的世界。5G 三大应用场景中，高带宽与低时延是 MR 很好的载体。5G 时代，MR 应用必将超乎想象。

泛在现实

移动通信的根本目的是帮助人随时随地互联互通，让世界变得更小。当 5G 的标准和产品都已初见成形，产业化的下一个关键因素就是寻找 5G 的杀手级应用。

5G 可以实现世界虽大，却可以身临其境的体验。这就是 OPPO 提出的泛在现实（Ubiquitous Reality）体验。OPPO 认为，泛在现实将成为 5G 的特色应用之一。

具体而言，OPPO 提出的 5G 泛在现实概念充分利用 5G 网络的毫秒级低时延、数千兆级的带宽能力，在广域范围实时合成来自终端和云端、终端和终端的视觉资源，模糊了真实和虚拟的边界。

随着 5G 的到来，可以将 5G 两端的不同的视觉资源进行实时合并。比如说在 5G 两端虚景的资源合并，称之为远程的 VR；在 5G 两端实景跟虚景的合并是远程 AR，以及在 5G 两端，实景资源的合并称为远程 JR。3D 视频的远程实时传输是泛在现实的关键能力，没有 5G 的百兆级传输速率及毫秒级时延，这些是没有办法完成的。

远程 VR。透过 5G 网络在不同地点将产生的虚拟视觉资源实时合并。比如，OPPO 研发的 3D 网络试衣间，用户可以通过终端实时采集用户的 3D 视频，通过 5G 网络上传到服务器。服务器根据收到的视频采集用户的生物特征，实时还原用户的 3D 模型。当我们在网络选购衣服的同时，可以看到自己的试穿效果，这也就避免了现在网购衣服时，不管是选码，还是搭配给我们带来的困扰。

远程 AR。透过 5G 网络在不同地点产生的虚景资源和现实视觉资源实时合并。比如，用户可以通过智能设备采集三维人像信息。利用 5G 网络传输，最终在远端接收显示器，实现三维人像画面的还原。3D 远程视频通话 OPPO 已经完成了样机研发，通过搭载 3D 结构光的摄像头，对用户进行实时的 3D 视频采集，通过 5G 网络传输到服务器，在服务器端实时还原人物的 3D 模型，从而有一个呈现的效果。

远程 JR。透过 5G 在不同地点产生的虚景资源和实景资源实时合并，从而可以获得本地拍摄无法产生的超现实效果。例如，两位用户可以将其中一位的环境作为背景，进行二人实时合照的拍摄，实现与异国他乡的朋友或自己喜欢的景点实时合照。

随着 5G 的到来，本地的 AR/VR 会向 5G 泛在现实演进，进而会为用户带来全新的体验和感受，同时也会触发一系列新的视觉类业务，包括拍照、短视频、游戏、导航等。

削弱现实

AR/VR 技术已不是什么新鲜事，如今削弱现实（Diminished Reality，简称 DR）技术也来了。到底这是什么新技术，是实用技术，还是只是一个新噱头？

DR 可以将物理环境（现实）中不需要的、有障碍的物体"删除"，在 AR/VR 设备上将看不到它们的存在，从而获得新视角。

比如说，在地下停车场，想要通过 AR"放置"一辆车，但中间有根柱子阻碍了视角，AR 生成的车被截开两半，严重影响 AR 体验。这时候，通过 DR 技术，可将柱子从移动显示设备上"抹掉"，再将 AR 铺设进去。

也就是说，DR 更多时候是作为 AR 的一种补充技术。当然，DR 单独存在的时候，也可以应用到很多场景。

比如说二手房交易的时候，利用 DR 技术就可以直接看清房子的布局、插座的摆放情况，无须先清空，省时省力。

DR 技术于 2017 年由国外 Marxent 公司提出，在近年 AR 迅猛发展的势头下，DR 也崛起了。现今，DR 技术已和 AR 一起走进零售、购物领域，像宜家、Wayfair 和 Anthropologie 等零售商都推出有 DR 技术的 AR 购物体验。

DR 并不是简单的"删除"障碍物，还能通过设定，使其能够识别实地特征，对多余的空白进行填充。

到底 DR 对 AR/VR 体验有多大的提升呢？谷歌翻译就是一个很好的例子。当我们走在街上，看到英文的导向牌，通过 DR 可将英文"删除"，再利用 AR 将中文翻译填充进去，原来的英文就看不到了。

这样一来，视觉体验能够得到非常大的提升。随着往后的技术更新迭代，相信 DR 技术能给 AR 应用带来更好的用户体验，使 AR 形成市场优势。

◎ ∣ **智能化** ∣

随着 AR/VR 走向云化，在 5G 超大带宽和超低时延的网络能力的支持下，人们可通过便携式 AR/VR 终端随时获取物联网和云端的数据和各种服务。届时，各个设施和服务都将智能化，智慧医疗、智慧港口、智慧农业、智慧矿山、智慧景区等将成为现实。

智慧医疗

智慧医疗是指在诊断、治疗、康复、支付、卫生管理等各环节中，建设医疗信息完整、跨服务部、以病人为中心的医疗信息管理和服务体系，包括互联、共享协作、临床创新、诊断科学等功能。

中国医疗行业的痛点如下。

- 碎片化的医疗系统：不同的人群接触的一些医疗保健资讯、医疗服务、药品和医疗器械、医保支付之间的数据没有打通，即存在"数据孤岛"现象。
- 医疗资源供不应求：医疗资源供不应求，医护人员供给不足、初级卫生保健体系欠缺、商保覆盖率低，严重依赖社保。
- 城乡医疗资源配置不均衡：2018 年 11 月，复旦大学医院管理研究所发布了《2017 年度中国医院综合排行榜》，其中，100 强中的大部分医院来自北京和上海，另有少数来自湖南、广东、浙江等经济较为发达的省份。而在最佳专科医院排行榜中，40 个专科中，有 34 个专科冠军来自北京和上海，而像山西、贵州、内蒙古、西藏、青海等省份几乎无一上榜。

与传统医疗服务模式相比，智慧医疗具备多个优势，利用多种传感器设备和适合家庭使用的医疗仪器，自动或自助采集人体生命各类体征数据。在减轻医务人员负担的同时，获取更丰富的数据。

采集的数据通过无线网络自动传输至医院数据中心，医务人员利用数据提供远程医疗服务，提高服务效率，缓解排队问题，减少交通成本。

数据集中存放管理，可以实现数据的广泛共享和深度利用，有助于解决关键病例和疑难杂症，能够以较低的成本对亚健康人群、老年人和慢性病患者提供长期、快速、稳定的健康监控和诊疗服务，降低发病风险，间接减少对稀缺医疗资源如床位和血浆的需求。

　　惠州市中心人民医院作为广东省惠州市最"老牌"的三甲医院，同时也是广东省高水平医院，在积极推进 5G+智慧医疗的过程中，不仅将 5G +AR 诊疗搬上了救护车，也充分利用 5G 网络的优势，进行了惠州首次 5G+VR 远程手术，并在院内实时直播。

　　"5G 应用示范医院项目"将形成医院范围内的 5G 全网络覆盖，并构建基于 5G 技术的移动智慧护理、移动智慧医生、患者实时监护、AI 辅助导诊、AR 远程在线会诊、VR 远程重症探视及生命体征在线监测、AR/VR 远程手术操作、AR/VR 远程手术示教、AR/VR 远程超声检查等多个应用系统，为患者提供智能化便捷的应用服务。

　　在智慧医疗领域，结合 AR/VR 等智能设备，具有大宽带、低时延、广连接特性的 5G 正在改变传统的医疗方式，特别是远程医疗。5G 技术下的低时延通信，几乎可以做到完全同步，偏远地区的医院可以与三甲医院的医生实时视频，进行远程病理诊断、远程医学影像诊断、远程会诊，甚至远程手术。

　　国内一些大型医疗机构的智慧医疗服务平台已经初具规模。以华西医院、华西附二院为代表的龙头医疗机构，针对 5G 远程医疗、互联网医疗、应急救援、医疗监管、健康管理、VR 病房探视等方面展开 5G 智慧医疗探索与应用创新研究，一方面，实现患者和医疗的信息连接，最大程度提高医疗资源利用效率，便利就医流程；另一方面，医疗数据的价值被进一步挖掘，产生新的移动医疗应用服务。

智慧电网

　　5G 技术将在智慧电力的多个环节得到应用。在发电领域，特别是在可再生能源发电领域，需要调控分布式电源，5G 可满足其实时数据采集和传输、远程调度与协调控制、多系统高速互联等功能需求。在输变电领域，具有低时延和大带宽特性的定制化的 5G 电力切片，可以满足智能电网高可靠性、高安全性的要求，提供输变电环境实时监测与故障定位等智能服务。在配电领域，以 5G 网络为基础，可以支持和实现智能分布式配电自动化，实现故障处理过程的全自动化。在电力通信基础设施建设领域，通信网将不再局限于有线方式，尤其在山地、水域等复杂地貌特征中，5G 网络部署相比有线方式，成本更低，部署更快。

　　AR/VR 技术在电网领域的应用潜力与价值巨大。在电网运维检修、现场施工作业、复杂装配等方面，可大幅提高运营效率。根据美国电科院（EPRI）相关研究认为，AR/VR

技术将使整体工作效率提升 25%，设备运行时间延长 20%，误操作减少 30%，并降低作业风险。

三维数字化电网

随着城市的数字化和智能化不断推进，输电网络的三维数字化将成为基础设施建设的关键一环。

什么是电网的三维数字化？电网的三维数字化是指通过软件建立电网设备和建筑的三维模型，并在电网的设计、建设、运营过程中，基于模型对电网组件进行监控和管理的过程。通俗地讲，相当于在软件中以 1:1 的比例虚拟出一个与现实世界中完全相同的电网体系，并且通过传感器、摄像头等设备，与电网设备连接，实时保持虚拟和现实的同步。目前，在三维数字化技术手段上，主要包括：GIS（地理信息系统）、BIM（建筑信息模型）、AR（增强现实）、VR（虚拟现实）。

AR 及 VR 技术，可以看做对 BIM 及 GIS 技术的综合应用。通过 BIM、GIS 系统构建的模型及实景环境，可在 AR、VR 场景中更多维度地观看和体验。例如，在穿戴 VR 设备后，工作人员可在虚拟场景中巡视和检查电网设备。抑或在 AR 场景中，工作人员可将一个虚拟的电厂设备摆放在面前，练习模拟和检修。由于虚拟设备与真实设备完全 1:1 还原，这为检修人员的培训，以及不断电故障清除等常规工作提供了更多的练习机会，进一步确保了电网的高效和稳定运行。

曾经，在"科幻大片"中出现过的场景：在个人计算机中分层、分零件查看电厂、架空线路等设施，并通过对虚拟模型的操作来控制实际电网设备……这些应用均成为现实。

随着 5G 的大规模商用，软硬件设备不断升级，大面积应用 AR、VR 技术进行三维数字化电网建设时代即将到来。届时，人们将能够在沉浸式的 VR 场景中观看电网设备的设计、建设、运营过程。发生暂时停电事故时，可实时查看故障点的检修进程。

电网巡检

对于电力企业而言，确保设备的安全、可靠、稳定、经济运行是其赖以生存和发展之本。生产系统中任意设备的缺陷和故障，都有可能影响安全生产。

因此，设备和线路巡检管理在企业管理中占有非常重要的地位。目前，少数企业仍停留在以人工的方式和方法登记、统计设备信息来管理工作状态。部分企业正在使用较高级的电子 PDA 手持设备进行巡检，这会造成以下几个问题。

解放不了双手，双手无法得到解放，无法集中精力专心工作，导致工作效率低下。出现漏检，巡检过程工作量非常巨大，设备漏检及数据管理差错缺失不可避免。

数据实时性差，巡检人员无法实时获得巡检标准信息，更难定位，管理部门无法及时得到巡检的统计分析结果，不能保证管理的准确性和连贯性。

评估不准确，对巡检过程缺乏科学监督，对巡检人员的考核方法不够客观，管理成本过高。

数据孤立，缺乏关联，巡检过程中应该产生大量数据，但是巡检数据孤立，没有智能化关联分析，不能有效地预防和管理安全隐患。

国家电网某部门与 AR 眼镜公司 0glass 进行联合研发电力行业的 AR 智能眼镜工作辅助与培训系统（PSS），将增强现实、人工智能、头戴设备等新技术结合企业实际需要，很好地改变目前的巡检状况。应用 PSS 系统之后，无疑会提高巡检的效率，避免巡检人员的缺口，确保电力系统更加稳定运行，并且能够进一步推动巡检工作的标准化、管理的科学智能化、监督的自动化。

PSS 系统包含实时指导、透明管理、个人教练、知识沉淀四大功能模块，结合智慧数据库，形成智能电力巡检系统。系统中四大功能模块数据信息互联互通，互动互融，形成智能化大数据电力巡检，PSS 系统如何在电力企业应用呢？

解放双手，AR 眼镜完全解放了巡检人员的双手，特别是高空作业时，能够集中精力完成任务，根据巡检人员需求，随时将信息推送到眼前，从而提高工作效率。

操作手册可视化，通过 PSS 系统将现有的巡检内容（如文字、图片、视频、3D 动画）进行编辑、排序，形成标准化的巡检流程，转化成可视化巡检资料，快速更新迭代巡检资料，传输给智能眼镜终端，实时指引巡检人员完成标准规范的巡检工作。

设备识别，将设备、工具、环境数据通过 PSS 后台系统导入数据库，AR 眼镜通过摄像头进行三维图像识别巡检对象，触发对应的巡检信息，可准确判断巡检人员有无准时到达准确地点，并实际完成巡检项目。当环境和设备模糊导致三维图像识别失去作用时，还可识别铭牌来获取铭牌对应设备的巡检内容。而在极端的环境下，摄像头是失去识别能力的，通过智能眼镜内置 Rift 电子标签与巡检对象内置电子标签进行互动，实时获取相关巡检信息。

远程 AR 协助，当巡检人员遇到难以作出决策的巡检项目，或者遭遇紧急事故需要处理时，以其自身的知识经验和现有的数据信息无法解决现场问题，巡检人员可以通过智能眼镜摄像头以第一视角将现场复杂的情景直接传送到远程专家处，专家可通过平板、手机、PC 等设备随时随地进行援助。由于获得的是巡检人员第一视角，远程专家可以通过语音、增强现实电子白板，直观地将数字信息远程叠加在巡检人员的视野中的操作对象上，现场巡检人员犹如获得现场专家的指导一样，可以处理棘手问题，极大地降低了沟通和交流成本。

实时监督，管理人员可以随时、随地使用移动设备、PC、平板等设备观察巡检人员的工作状态，如工作轨迹，或者以巡检人员第一视角远程查看工作状况。

紧急任务推送，当有紧急任务需要优先执行，或者突发事件需要进行快速响应支援时，管理人员可以通过 PSS 系统将信息推送给附近最适宜进行援助，或者执行紧急任务的巡检人员，巡检人员第一时间会做出回应，管理人员能快速反应和了解现场状况，并进行协调，做出最优化的决策。

数据结果信息化，在电力巡检过程中，遇到设备、环境或者参数存在异常状况时，以智能眼镜为数据采集入口，PSS 系统软件定义输入方式，结合多种灵活的手段，如语音、视频、图片、文字等形式记录现场异常状况，真实还原异常场景和环境，并实时传输回后台管理系统，对数据进行实时分析，维修部门快速作出响应，解决隐患，缩短隐患存在的时间，减少危险发生的可能性。

预防报警，通过软件逻辑定义、计算机视觉、人工智能的结合，对已发生的错误进行报警，报警级别可进行设定，如对于高危错误，智能眼镜会立即停止其巡检工作，并通知其直接上级进行处理。对于中级错误，可进行报警，并形成记录。对于普通操作，会提醒失误，并提供其修正措施，修改完毕即可继续工作，或者通过智能眼镜体感识别、三维图像识别及云计算得到的数据结果智能地提前显示可能发生的危险。

优化流程，利用人机交互、体感识别、软件定义等方法记录巡检人员的工作细节，可通过时间维度、操作姿势、空间维度等多维度分析其工作细节产生的结果，通过大数据智能化分析，对巡检人员进行智能化评价，并优化巡检流程，提高巡检效率。

内容点播，员工可以随时随地在巡检过程中利用智能眼镜调取相关巡检的详细内容，实时解决问题，将学习场景与工作场景融合，打破空间和时间的限制，在三维立体互动中实践，加深巡检人员对错误操作的记忆，避免错误习惯的形成，提高其技能水平的同时，提升工作效率。

课程自动推送，通过眼镜端数据采集、过滤、后台系统进行清洗、分析，得到巡检人员某个模块，甚至细化到每个步骤的表现与预期的差距，或者巡检业务中某个巡检点存在严重缺陷，强制推送某个巡检点的培训内容给巡检人员，强化培训重点，有针对性地培训，改变对培训效果的评估模式，解决传统在线学习理论和实际脱节，"学时不能用，用时不能学"和"遗忘曲线"的困境，实现智能培训。

通过系统内的大数据算法对透明管理中得到的数据进行分析，沉淀经验和教训，实现四化："隐性知识显性化，显性知识结构化，结构知识可视化，可视知识行为化"，让大数据真正成为可以在工作中使用的智慧数据。

采集数据，通过智能眼镜上的传感器采集人的工作数据、环境的特性参数、设备各项运行参数，以及通过网络采集当天天气等可变化数据进行分析，得到其设备运行规律，经过统计分析和运算，实现人工智能化地预防潜在危险和错误的发生。

内容生成，利用 PSS 的中间件，可半自动生成实战型指引内容或课件（传统的课件制作过程包含建模、动画渲染、输出等多个过程），只需将图片或者视频进行简单编辑（拖动、旋转、标记一些简单工具或者符号），按照快速、简单原则制作好实用课件，帮助企业节省成本的同时，降低使用门槛。

优化巡检流程，根据企业制度编辑软件定义，采集巡检过程中巡检人员的所有工作过程中的标准步骤节点和数据。通过大数据分析巡检流程，自动生成标准化巡检流程。

应用 PSS 新系统之后，无疑会提高巡检的效率，避免巡检人员的缺口，确保电力系统更加稳定运行，并且更加进一步推动巡检工作的标准化、管理科学的智能化、监督的自动化。

系统不仅提供了规范的数据采集接口，而且有利于减轻巡检人员和设备管理人员的工作量，完全解放巡检人员的双手，特别是高空作业时，使其集中精力完成任务，根据巡检人员需求，随时将信息推送到眼前，从而提高工作效率，同时对加强巡查人员的监管、加强巡查与检修工作的衔接力度，起到了非常好的促进作用。

最后，通过对系统内累积的大量的巡检数据进行跟踪分析，可以得到故障出现的各种规律，形成电力巡检智慧引擎，有效预防和迅速排除故障。最终为保证电网安全运行、提高供电、用电管理自动化水平和工作效率，提高经济效益和社会效益提供了有效手段。

智慧城市

2008 年，IBM 提出"智慧地球"，用新技术手段推动社会发展的理念迅速在全世界得到认同，并形成"智慧城市"发展理念。2013 年，我国设立了第一批智慧城市试点，引爆了智慧城市在中国的落地进程。

2019 年，AR/VR、云计算、大数据、物联网等技术快速迭代，催生了数量众多的商业应用和创新，而智慧城市的建设经过短暂的爆发，进入理性探索阶段，智慧城市建设缺乏体验感与实际效用、发展碎片化、建设资金不足、难以持续运营等问题亟待解决。

在我国城镇化发展和技术水平不断进步的背景下，智慧城市的进程才刚刚开始。

智慧城市是一种新理念和新模式，基于信息通信技术，全面感知、分析、整合和处理城市生态系统中的各类信息，实现各系统间互连互通，并及时对城市运营管理中的各类需求做出智能化响应和决策支持，优化城市资源调度，提升城市运行效率，提高市民生活质量。

智慧城市以 AR/VR、5G、云计算、物联网等新一代信息技术为支撑，致力于城市发展的智慧化，使城市具有智慧感知、反应、调控能力，实现城市的可持续发展。其目标在于以智慧的理念规划城市，以智慧的方式建设城市，以智慧的手段管理城市，用智慧的方式发展城市，从而提高城市空间的可达性，使城市更加具有活力和发展潜力。5G +AR/VR 使万物互联成为可能，助推智慧交通、智慧安防等应用场景成为现实，从而使智慧城市的建设步入崭新阶段。

想象一下，当城市的基础运营开始整合 5G、物联网与 AR/VR，我们的生活会变得如何？例如：智慧停车场能把停车空位的数量与位置预先通知驾驶员，户外太阳能路灯根据当下气候条件自动开关与调整亮度，绿色建筑可以即时监控空气品质，并自动优化与调节能源损耗等，所有环境资讯都能即时感知和即时处理，让城市的运作非常有效率。

想象一下，AR 可以与无人机结合，当大范围或危险性较高的灾难发生时，第一时间派出无人机侦查，透过无人机宽广的视角对目标进行侦测与感应，收集天气和地理空间等影像数据，再将地景资讯、街道名称、受灾者位置和相关事发地点等关键资讯叠加到视讯影像上回传，为第一线的救护人员提供即时而准确的背景情报。

在 AR 技术的协助下，救灾人员能迅速而安全地抵达灾难现场，为求助者提供更周全的协助，及时回报灾害应变中心当前最新的受灾状况与所在位置，提供适当的后续行动。

当救援人员配备 AR 智慧装置，不仅能够随时侦查，并掌握周遭状况，更安全、快速地到达受灾者位置，也能随时回报滞留人员和安全路线等重要影像与信息，让救灾行动更安全和更有效率。

在智慧城市的蓝图中，VR 技术可以应用在消防救灾人员的新手训练与防灾演习上。VR 可以让消防人员沉浸在一个虚拟的训练世界，将他们放置于现实发生过事件的模拟情境中，如同身处事件现场，学习如何应对与处理灾情，同时感受实境中的身心反应。现场表现不佳的人，主管能随即发现其缺点，当场指导，并反复训练。透过 VR 教育训练课程，消防人员将体验每个可预见的紧急情况，并随时准备在危险情况下采取行动。

当 AR/VR 眼镜的价格日益亲民，5G 高速网络普及，5G+AR/VR 的生活化应用让智慧城市的计划得以实现，从救灾防灾着手，构建安全实用的生活环境，从微小的生活所需扩散到交通、医疗、教育等各个方面，居民也能在日常体验中累积使用经验，提供更多智慧服务数据和城市发展建议。

智能安防

视频监控是智能安防重要的组成部分，5G 超过 10Gbps 的高速传输速率和毫秒级低时延有效提升了现有监控视频的传输速度和反馈处理速度，使智能安防实现远程实时控制和提前预警，做出更有效地安全防范措施。安防监控范围将进一步扩大，获取更多维的监控数据。在公交车、警车、救护车、火车等移动交通工具上的实时监控将成为可能。在家庭安防领域，5G 将使单位流量的资费率进一步下降，推动智能安防设备走入普通家庭。

AR/VR 赋予了安防行业巨大的创新能力。曾有这样一则新闻引发全民热议：2018 年春运期间，郑州铁路在短短两天时间内查获 7 名在逃人员和 26 名冒用他人身份证件人员。这样亮眼的成绩背后，功臣就是一部 AR 眼镜。

在 VR 的助力下，前端摄像头能够自由变换角度，AR 则可以将实时视频的"现实"与数字化标签"增强"信息结合起来，用户在监控时能够获得各种角度的目标对象信息。

同时，后端监控中心可借助 AR/VR 与视频互动。例如：在城市电子地图中，直接与部署的摄像机、门禁、防盗或者消防、楼控等系统交互操控，增强了安防值勤人员收集、理解、处理信息的能力与效率。

目前，国内外安防领域各大企业已开始关注 AR/VR 技术。国外一些安防企业已经开始涉足 AR/VR, 如高通可用于 VR 及面部扫描的深度感应摄像头、IC Real Tech 全景 VR 虚拟摄像头、Forte 3D/AR 概念监控平台等；国内，高新兴科技集团股份有限公司（高新兴）也研发出以 AR 为核心的立体防控云防系统，在天津、武汉、重庆、广州等 200 多个项目中应用落地。

5G 超大带宽、超低时延、规模连接等特征，将使 "5G、AR/VR、大数据、AI 人工智能等技术融合一体" 的智能安防系统成为现实。

2019 年 1 月 29 日，江西省南昌公安局联合中国移动、华为、北京蔚来空间等研发机构，调通并上线了真实场景下 5G＋VR 智慧安防应用。秋水广场智能（5G＋VR）安防管控中心的监控大屏幕上，无人机回传的 4K 高清 VR 视频画面清晰流畅。公安第五代信息系统革命揭开篇章。

随着对 AR/VR 技术的不断研究与深入，结合 5G 提供的技术支撑，安防行业效益将逐步提升，从而推动整个公共安防产业的持续发展。

智慧文旅

智慧文旅是利用 5G 大带宽、低时延、大连接的特点，结合 AR/VR 新技术，搭建基于5G 的 AR/VR 智慧旅游云；以 "AR/VR 云服务" 和 "定制化工具" 为抓手，为景区提供场景化的智慧旅游服务；用 "文旅元素 + 5G + AR/VR 云" 方式打通 "智慧旅游内容云"，通过线上线下接口，带给游客不同的方式和多方位体验；以 5G 场景下的智慧旅游新场景、新生态，新消费为起点，打造高端旅游智慧平台。

5G+AR/VR 技术的崛起，为文化和旅游行业发展提供了新的引擎。一方面为行业转型升级提供了新的战略方向；另一方面，智慧技术的应用可以提升行业的服务能力，满足游客日益增长的个性化和深度体验需求。早在 2010 年 3 月，镇江首次提出 "智慧旅游" 概念。2012 年 5 月，国家旅游局确定了 18 个国家智慧旅游试点城市。2015 年，中华人民共和国国家旅游局（以下简称国家旅游局）发布了《关于促进智慧旅游发展的指导意见》。2017年 3 月 7 日，国家旅游局公布了《"十三五" 全国旅游信息化规划》，旨在推动信息技术在旅游业中的应用，进一步满足游客和市场对信息化的需求，助力旅游业蓬勃发展。2018 年3 月，中华人民共和国文化部（简称文化部）和国家旅游局整合组建了文化和旅游部，文旅融合成为行业热点。

在这个过程中，文化+旅游+技术的智慧文化和旅游概念逐渐成形，以文化为内涵，以旅游为载体，以技术为动力，推进文化和旅游的全面结合，进一步提升文化和旅游体验。

随着 5G 网络的商用化深入，5G+AR/VR+文化旅游行业生态日益完善，在丰富旅游内容、提升游客体验的同时，将促使文化和旅游行业信息化向更智慧的方向发展，同时对整体文化和旅游行业的格局起到优化和促进作用。

随着文化和旅游行业数字化转型节奏逐渐加快，5G 将可以真正地将网络从人的连接走向物的连接，从为人传递信息扩展到为万物传递信息。通过空间互联网赋予万物互联的能力，每一个在物理世界中真实存在的物体，在虚拟世界中，同时存在一个数字化的孪生体。5G 网络将是物理世界的海量信息输入到数字系统的重要技术方式。随着数字化建设不断深入，5G 网络资源将和水、电、路一样，成为景区运营必备的基础设施之一。

5G 网络在景区将承担以下角色：满足游客基本的上网需求，对景区实现信号全面覆盖，提供高带宽、低时延的 5G 网络，解决密集人流的访问网络难的问题。

● 景区提供服务、进行管理的重要基础。

5G 网络将成为景区实现信息化和智慧化的必要条件。景区中，将呈现不同形态的 5G 的终端用于实现富有景区特色的旅游项目。未来景区在部署 5G 网络方面，将具备更高的主动性。

● 景区建设的规划与 5G 网络部署规划并行。

景区在服务、管理和营销等方面的功能，很多都依赖 5G 网络来实现。所以，在景区进行设施、功能建设前，需要同步考虑 5G 网络的部署，否则会对景区的日常运行产生影响。而景区作为自然、人文景观的所在地，需要 5G 基站等设施在外观上能够与安装位置的景观和谐统一。

随着更多的基础技术与 5G 网络融合，在文化和旅游行业信息化中会不断出现创新应用体验，如云 VR 为用户提供更加便捷的沉浸式体验、5G 融合全息投影提供的虚实难分的感官体验等，对传统意义上的应用体验进行了颠覆，为旅游目的地的传播和推广提供了更多的技术手段。

● 5G+VR 全景视频文化和旅游应用业务。

VR 全景直播将会逐步用于演艺活动、极致体验、广告、新闻及电影等商业活动拍摄中。用户随时随地通过 VR 全景直播获取现场体验。

通过在旅游目的地部署全景相机进行视频采集、拼接处理与视频流处理，通过连入5G网络上行链路，将4K/8K全景视频传输到云端视频服务器，再通过下行链路为游客提供体验服务。在用户计划前往景区，或希望了解景区情况时，作为远程体验手段，游客只要戴上AR/VR眼镜，就可以随时、随地、无延迟地进行沉浸式现场体验，游客也可以通过虚拟游览方式更全面地了解景区布局。

在旅游过程中，游客也可以通过此产品体验景区打造的整体景观效果，或对无法亲临的景点进行沉浸式游览。这解决了游客不能逐个体验众多景点，或者最佳观赏位置无法到达的问题。

同时，对于博物馆类的旅游目的地，游客可以在游前通过数字化展品观赏或馆内虚拟游的方式，进行提前体验。

在旅游过程中的娱乐环节中，5G应用结合AR/VR技术，可打破空间与时间的限制，让天涯变咫尺，为体验者提供亦真亦幻的效果，给体验者带来强烈的立体空间视觉冲击。通过动态的三维重建，利用超高速的5G网络传输，游客可以亲身体验对方或虚拟角色站在你面前的感觉，而不再局限于屏幕里。双方置身于同一空间内，可以任意变换距离、视角，可以清楚地看见对方的细节，也可以与其互动。

5G应用结合物联网技术、AR/VR技术，为景区提供全面感知的智慧化管理服务。5G应用通过全面感知区域生态环境参数、能耗参数、人员流动、车辆数据、资产物品等采集实时物联业务数据，进行业务数据分析处理，用于景区人员管理、车辆管理、能源管理等智慧化应用。应用业务也可以通过景区指挥中心大屏幕等方式集中展示、管理，并可以为游客推送相关信息。

随着物联数据外延不断扩展，数据也将逐步覆盖到旅游过程中。随着5G网络的万物互联和不断扩展，将使5G网络承载的数据信息不仅全面覆盖区域内的人员、车辆、资产、环境、能源等信息参数，还将逐步扩展到旅游过程中的业务内容，包括游客观看5G+VR内容的统计数据、5G+AR辅助讲解过程中的各类型素材的统计数据等。

5G+AR/VR应用业务将会完全覆盖游客的旅行过程，通过统一规划，有效避免常见的系统拼凑现象、原生信息孤岛、智慧化技术不均衡等问题。全部应用统筹规划，实现数据流动、应用相通，建立整体技术业务体系，实现全流程业务数据的有序沉淀。

◎ | **大融合** |

5G+AR/VR 是一个平台，这个平台可以搭载物联网、区块链、云计算、人工智能等各项先进技术，获得更好发展。这些技术会互相融合、互相促进，一起解决人类社会面临的问题。从数据角度看，5G 是通信的基础架构，可以更快地传输各种数据。物联网是数据产生的来源，人工智能是处理数据的，云计算是存储数据和处理数据的，区块链则保证数据的可信度，AR/VR 可视化展现数据，是人类与数据交互的直接入口。因此，这些技术只有无缝融合在一起，才能打通数据链条，产生最佳效果。

云计算

云计算为当前最具影响力的产业，赋能社会和经济的发展。按照传统的 IT 部署模式，企业要购买服务器、存储等，服务器还要装系统、中间件、应用等，然后再去调试。同时，企业还要自建或者租用数据中心等，投入巨大，而云计算则是对传统 IT 模式从底层硬件到业务模式的颠覆，改变了核心芯片、网络体系、硬件体系、软件模式、IT 服务等，对外提供按需分配、可计量的 IT 服务。

云计算的服务模式包括 IaaS（基础设施即服务）、PaaS（平台即服务）、SaaS（软件即服务）三种。IaaS 云服务属于"重资产"的服务模式，主要提供数据中心、基础架构硬件和软件资源等，需要投入较大的基础设施资源，以及积累长期的运营经验；PaaS 云服务可以看成未来互联网的"操作系统"，与 IaaS 服务相比，PaaS 技术是研发和创新最活跃的领域，能对应用开发者形成更强的业务黏性，PaaS 服务的重点在于构建紧密的产业生态；SaaS 云服务主要是向客户提供基于网页的软件。

云计算是对传统 IT 模式从底层硬件到业务模式的颠覆，传统 IT 市场具备万亿级市场空间，目前云计算收入占 IT 支出比例尚小，渗透率较低，未来空间较大。

从长远来看，云计算具备高成长性，尤其是进入 5G 时代，随着移动互联网向人工智能+万物互联过渡，产业重心将从"端"转"云"，以云端为核心逐步向管+端推动，云计算有望迎来发展新风口。

科技的发展带来不断增大的大数据，用人工智能来分析，需要以云计算来存储。这得益于网速的不断提高。以后，软件都将被淘汰，以云服务代替。所以，对底层的数据存储和数据分析就是靠云计算来支持的。换言之，AR/VR 的背后是云计算的默默付出。

云 AR/VR 就是 AR/VR、云计算和 5G 三者融合的产物。未来的 AR/VR，都将在云上。由于前文对此已有详细阐述，这里不再展开。

区块链

区块链是一种不可篡改的分布式数据库。区块链能实现全球数据信息的分布式记录与分布式存储，一定程度上解决传统数据库的中心化、云端数据储存成本高昂、易篡改等问题。其实，区块链技术并不是单一的、全新的技术，而是融合了密码学、共识机制、点对点传输等多种现有技术，形成一种新的数据记录、传递、存储与呈现的方式。

区块链技术有很多优点，核心是：便于追踪，高容错性，保护隐私。

由于区块链将从创世块以来的所有交易都明文记录在区块中，并且形成的数据记录不可篡改。因此，任何交易双方之间的价值交换活动都是可以被追踪和查询到的。这种完全透明的数据管理体系不仅从法律角度看无懈可击，也为现有的物流追踪、操作日志记录、审计查账等提供了可信任的追踪捷径。

区块链的记账与存储功能分配给了每一个参与的节点，因此，不会出现集中模式下的服务器崩溃风险问题。分布模式使得区块链在运转的过程中具有非常强大的容错功能，即使数据库中的一个或几个节点出错，也不会影响整个数据库的数据运转，更不会影响现有数据的存储与更新。区块链的高容错性特点保证了所有的内置业务都能从运转的第一天开始延续至今，业务的连续性得到了保证。

区块链的信任基础是通过纯数学方式背书而建立起来的，能让人们在互联网世界里实现信息共享的同时，不暴露自己在现实生活中的真实身份。区块链上的数据都是公开透明的，但数据并没有绑定到个人，交易背后的人是谁，我们并不知道，透明世界的背后具有匿名性的特点。这些特点极大地保护了参与者的个人隐私，为一些需要匿名的个人领域（如需要保护患者隐私的医疗领域等）打开了区块链的发展空间。

BaaS（Blockchain as a Service），区块链即服务，是一种区块链与云计算深度结合的新型云服务平台，可以帮助公有云用户在弹性、开放的云平台上快速构建自己的 IT 基础设施和区块链服务。

BaaS 对于各产业的帮助在于大大降低了区块链应用开发门槛，从而使区块链技术更容易被应用到各行业。BaaS 平台提供的模块化的常用功能,开发人员只需通过 API 和 SDK 等接口,连接这些功能,降低中小企业使用区块链的门槛。BaaS 可使开发人员专注于业务应用层面的开发,无须专门建设自己的基础设施,购买服务即可,不仅可节省服务端研发成本,还可提供更好的测试工具,降低部署和测试成本。用户借助 BaaS 供应商在行业内的影响力和经验,可提升自身系统的安全性。除了成本降低,效率提升这些优点外,BaaS 还有提供应用生态和强安全隐私的优点。

区块链与 5G 技术的结合充满想象力,5G 技术将支撑区块链让更多的终端接入网络,从而让数据在无线环境下传输更快,容量更大,为区块链网络点对点的信息传输和交换提供更好的基础设施服务,为 BaaS 提供高速网络支持。另外,区块链技术也能够为 5G 网络提供一种新领域的延伸,促使 5G 实现真正的点对点价值流通。二者取长补短,相得益彰。

2019 年 11 月,中国联通研究院与中兴通讯共同发布《"5G+区块链" 融合发展与应用白皮书》。白皮书指出,区块链技术可以构建 5G 网络基础设施:利用区块链技术构建去中心化网络基础设施,促进通信运营商间的基站共享、频谱动态管理和共享,调动用户将身边的电子产品打造成可以进行传输的微基站,实现宏微基站的协作。在当前通信运营商网络建设资金压力下,通过区块链去中心化、安全、智能合约的特点,实现运营商间及运营商与用户间网络基础设施、资源的共享,帮助通信运营商广泛建立 5G 相关基础设施,推动 5G 的快速落地和发展。

AR/VR 和区块链的融合案例也已经落地。《比特币 VR》应用可以让用户实时查看 VR 环境中比特币在数据区块链上的交易,这其实只能算是简单的区块链概念和虚拟现实技术的结合。国外数字货币 SONM 宣布筹集超过 4 200 万美元的数字货币,其中,包括比特币、以太币和 DASH 币等,这些数字货币可以用来购买 AR 游戏服务。另一家类似的 Lampix 公司也同样筹集了大量的以太币,可以提供 AR 服务。一家公司为 Decentraland 的 VR 游戏项目筹集了 2 550 万美元的以太币,这些以太币可以供用户在 VR 中购买虚拟的房地产。社交 VR 公司 HighFidelity 增加了一个基于区块链的经济和所有权系统 "AvatarIsland",HighFidelity 的用户可以购买 300 多件来自全球各地数字艺术家设计的商品。

基于区块链去中心化,加上云存储技术,可以做到将用户提供的闲置 GPU、硬盘等重要资源整合进行出租。同样是出租云存储,但是由于去中心化的原因可以不受桎梏。另外,由于是闲置的资源整合,价格会更低。对于开发一款虚拟现实游戏需要的资源,还有游戏的服务器的搭建都是一种新的选择。玩家想流畅运行一款高质量的虚拟现实游戏需要高配置的计算机。如果需要联网游戏，同样要求流畅的宽带。通过云共享的高配置计算机、宽带，就可以实现用老计算机同样可以流畅运行高质量的大型虚拟现实游戏。对于用户闲置的高速无线网络，移动 AR/VR 头显在任何地方都能够流畅运行，不需要特意地在固定的地方使用。

AR/VR 作为下一代计算平台可以实现无处不在的数字化，5G 的万物互联可以实现实时快速地传输数据，区块链的不可篡改、安全、可溯源、零知识证明技术能为大规模协作提供去中心化的解决思路。

5G 技术将加速 AR/VR 领域的爆发，而 AR/VR 的快速发展也将推进 5G 产业的成熟；5G 时代将催生大量的产业创新，区块链的加密技术可以为发展数字经济做出更好的安全保障。万物互联的未来场景也离不开 5G、VR、AI 和区块链的融合发展。5G、AR/VR 与区块链结合，将加速应用场景的落地。

人工智能

人工智能将赋能 AR/VR 设备：65%的 AR/VR 设备将提供语音交互技术，20%的 AR/VR 设备有望让用户习惯语音交互，从而更好地弥补虚拟键盘难以操作的短板。人工智能的发展将推动 AR/VR 设备中传统交互模式的改变，利用语音识别等技术，用户将摆脱手柄及传感器的限制。同时，由于语音识别系统涉及数据传输及后台计算等单元，厂商需要整合芯片技术及应用开发资源，解决系统延迟、设备成本及用户体验之间的平衡问题。

AR 的基础是图像识别技术，是近年来人工智能实质性取得突破的方向。识别技术一直以来都是限制 AR 技术进一步发展的瓶颈。环境识别是对摄像头或传感器获得的真实世界的信息进行分析，得到对于环境的精准理解，告知系统哪里需要"增强"，以及需要"增强"的内容。对周围环境理解越透彻，定位越准确，虚实结合的效果越好。近年来，人工智能在识别技术方面取得了实质性突破。算法的发展和多种传感器之间的融合使识别不再是难以逾越的技术壁垒。

AR 识别技术依托于 SLAM 算法，SLAM 算法现在已经取得重大进步。SLAM 算法就是即时定位与地图构建，对每一帧画面同时（Simultaneously）进行定位（Localization）和建图（Mapping）两种运算。十年来，视觉 SLAM 算法取得巨大进步。

近年来，更优秀的 SLAM 算法开始出现。目前，不少研究者尝试将深度学习的思想注入 AR 的识别流程中，使 AR 识别可以从图像中获得丰富的语义信息。

AI 芯片渐趋成熟，AR 应用得到相关支持。苹果 A11、麒麟 970 等手机芯片是为 AR 应用准备的，同时也是 AR 在手机端由软件到硬件推动产业化的关键一步。

2017 年，华为、苹果先后推出了内置 AI 芯片的人工智能手机，成为引领手机行业变革的风向标。华为麒麟 970 处理器拥有一个专门的 NPU（神经处理单元，Neural Processing Unit），并用在了 Mate 10 系列和荣耀 V10 中，使之成为一款"真正的人工智能手机"。苹果将自己最新的处理器命名为 A11 Bionic，主要是因为内置了人工智能"神经引擎"。内置的神经网络处理引擎（Neural Engine）采用双核架构，每秒处理相应神经网络计算需求的次数达 6 000 亿次，可以为面部特征的识别和使用提供性能支撑。神经引擎在神经网络和深度学习方面具有优势，为苹果在人工智能领域的发展提供助力。

手机处理器性能的提升推动了全新的技术场景应用。A11 Bionic 的出现，意味着苹果已经开始在 AR 领域探索新的发展机会。得益于 A11 Bionic 强大的 CPU、GPU 及神经引擎，苹果手机可以非常流畅地运行 AR 游戏。

麒麟 970 内置了寒武纪的 NPU 芯片，可以大幅提升手机在图像识别、语音交互、智能拍照等方面的能力，让手机"更懂你"。NPU 主要负责处理涉及神经网络的计算，比如使用增强现实、语音识别、图像识别等涉及 AI 的应用。

除了华为和苹果外，高通和联发科芯片也在人工智能方面做出了优化。2017 年 12 月 7 日，高通宣布推出的 Qualcomm 骁龙 845 移动平台，主打沉浸式计算，全面支持人工智能和 AR/VR。

VR 和人工智能并不完全是新事物。实际上，他们已经存在了一段时间。最近，增强 VR 和 AI 将它们结合在一起，在创建单一形式的技术方面取得了重大进展，该技术提供了看似无限的可能性。

旅游业已经在使用 VR。航空公司、酒店、度假村、游乐园和顶级旅游地点都在使用该技术，以使潜在客户了解他们的体验。例如，虚拟现实使旅行者可以看见度假胜地的住宿情况或探索目的地所需要的情况。通过让人们在到达度假村之前探索度假村的客房、游泳池、餐厅和温泉浴场，使照片和描述栩栩如生。将 AI 添加进来，客户将有机会以更加动态的方式体验旅行。准旅客可以使用 VR 游览他们感兴趣的地点，并且可以使用 AI 帮助他们做出有关旅行的决定。

例如，VR 使游客预订度假胜地时能提前预览美景，而 AI 软件则可以处理旅行的实际预订订单。例如，酒店和航班订单。而这一切都需要 5G 网络的支持。

VR 已经被用于增强购物体验。虚拟现实使消费者可以在购买之前在虚拟环境中试用他们正在考虑的产品。例如，他们可以试穿衣服或试驾汽车。虚拟购物令人兴奋，AI 则会带来购物体验质的变化。

例如，有兴趣购买家具的购物者可以使用 VR 来测试他们感兴趣的沙发和椅子，而 AI 可以带来一个虚拟的销售助理，他可以提出建议，回答问题。AI 和 VR 的融合不仅使消费者受益，而且为企业提供了巨大的可能性。例如，它将使公司有机会了解更多有关购物者的信息，例如，他们的喜好和购物方式，以便他们做出改进，促进销售。

VR 已经极大地改变了娱乐的形式。虚拟现实头戴式耳机将游戏玩家沉浸在模拟环境中。因此，他们实际上就像在玩游戏一样，并且使惊险刺激的玩家体验了无视死亡的速度和过山车的高度。尽管 VR 已经成为娱乐行业中如此激动人心的部分，但 AI 的引入将使其更加激动人心。

人工智能将使视频游戏中的背景角色更加智能。这些角色将能够对现实生活中的玩家做出反应。通过使游戏更具吸引力和刺激性，把游戏带到一个全新的水平。

AI、5G 和 AR/VR 是令人难以置信的技术，它们本身就提供了惊人的机会。但是，将它们聚集在一起使它们一起工作，将使各种体验更加互动。三者的融合无疑将提供无穷的机会，并且将改变我们拥有的许多体验。

◎ | 全连接 |

5G +AR/VR 构建了空间互联网，其最核心的改变就是丰富了网络连接的适用范围，进而满足了新增的连接需求，将连接的范围从人扩大到万物。空间互联网时代，我们所处空间中的一切事物都连接在一起，这是翻天覆地的巨大变化。这会大大增强互联网的实用性和适用范围，改变人与物的信息交换方式，从而带来社会层面的信息交互方式的转变。

从人的连接到万物连接

时至今日，移动互联网搭建了一个以人为节点的中心化网络，通过数字化人类的日常和商业活动实现商业模式的创新。主要特点如下。

① 人是移动网络的主要服务对象，数据的采集、分析、传播和交换都是以人为核心节点进行的，网络的主要功能是满足节点间的交互。

② 网络服务是人类活动的数字化，移动互联网主要的商业模式包括社交网络、电子商务、移动支付等，这些是传统社交、商业、金融等活动的数字化映射。

③ 网络呈现出高度中心化，因为目前网络从用户到服务都存在显著的正外部效应，一个通过提供大规模标准化服务的平台可以获得大量的用户流量，然后凭借正外部效应不断地自我加强。

目前，智能手机的渗透率已经空前饱和。根据工信部的数据，中国每一百人拥有移动电话的数量达到了 112.2 部，已经超过了人手一部手机的普及率，后续将进入存量更新升级阶段，基于人的连接数再难实现类似 21 世纪之初的快速增长。与此同时，移动互联网单位流量资费的不断下降，使得运营商来自数据流量的收入并没有如流量本身的快速增长而增长，目前，三大运营商移动数据及互联网业务收入已进入几乎零增长阶段。无论是基于人的连接数，还是连接价值，都已经发展到了较为饱和的水平。

与此同时，基于物的连接数及价值量，可挖掘空间巨大。根据三大运营商披露的数据，2018 年年底，运营商物联网连接数合计达到 7.61 亿个，同比增长 136%。同时，中国移动提出要新增 3 亿个物联网连接数的目标，电信提出连接数新增 8 千万~1 亿个。

另一方面，随着连接数快速增长，三大运营商相关物联网业务收入也快速增长，均保持在 40%以上的高水平增速，成为其各个业务板块中非常亮眼的部分。但是，即使是中国移动，其目前物联网业务收入还不到百亿元，距离移动互联网的千亿级收入，还有很大的潜力可以挖掘。

而从网络基础设施对经济推动的溢出效应看，4G 时代，基于人的连接孕育了即时通信、直播/短视频、移动支付等新经济形态，而 5G+AR/VR 时代，基于物的连接，必将孕育众多的新应用、新业态。

5G 支持海量机器类通信和低时延、高可靠通信，这都属于移动物联网场景，是 5G 时代之前从没有提出过的应用愿景，是 5G 时代最大的不同之处。

移动物联网场景，要求 5G 通信协议族中，新加入更多的协议标准，以支持对于海量连接、低时延连接的人与物、物与物之间的通信。4G 后期已经开发，并正在使用的支持物联网的协议标准 eMTC/NB-IOT，支持车联网通信 4G-V2X 等新通信协议，将在 5G 最终冻结的 3GPP R17 版本中予以升级和完善，从而纳入 5G 整体协议族中，共同支持各类通信应用。

5G 时代支持物联网的通信标准全面完善，是移动通信史上第一次将通信网络的服务对象从人延伸至物品，并将由人组成的信息单元扩展至社会生活中的所有单元，从而试图构建一个无障碍的信息传导世界，大幅提高数据的传输和使用效率，真正实现万物互联的愿景。

5G+AR/VR，可以实现物与物之间在任何时间、地点的互联，进行无所不在的计算，成为无所不在的网络。空间互联网时代将实现毫秒量级的端到端时延和可达海量的连接数，无限拉近人与人、人与物、物与物之间的距离。过去不敢想象的场景正变为现实，例如，自动驾驶、无人机巡检电网等。

目前的物联网应用以轻量级为主，5G+AR/VR 技术推动重量级物联网应用。2016 年，摩拜单车作为现象级物联网应用引爆市场。2017 年，车联网、电网监测、移动支付、远程抄表等领域的物联网连接数均快速增加，每年对物联网模组的需求量在千万级；2018 年，充电宝、自动贩卖机等设备需求量也开始增长。

总体来看，目前的物联网应用大致可以分为两类：①读取静态物品的状态数据；②读取移动物品的位置数据。之所以说目前的应用大多为轻量级，主要反映为：①传输的数据量比较小，主要原因为物品本身的状态信息比较少；②停留在远程读数阶段，还未实现远程控制，主要原因为网络时延高，难以实现远程同步操作。

5G 技术的完善，将改善以上两类问题，从而推动重量级物联网应用的出现，引领产业全面升级，主要体现在以下几个方面。

高速率传输支持"万物可操作"

4G 技术可以大幅提升图像和视频传输的清晰度和流畅度，直接刺激显示屏的大范围普及。以自动贩卖机为例，传统机械式贩卖机只能进行简单的物品选择和投币购买，不仅找零不方便，还容易出现缺货的情况，用户体验非常差，难以大规模普及。现在最新的智能贩卖机，配备触控屏及安卓系统，可以和手机互连，不管是在触控屏，还是在手机上操作选购和支付，都非常方便，并且物品缺货时，也能通知后台及时进行补充，用户体验大幅提升，因而得到了大规模推广。

在未来，贩卖机不需要配备屏幕，可以获得更好的体验。因为 AR/VR 设备可以自动识别贩卖机，通过语音或手势操作就可以一键下单支付，更加便捷。所有联网的机器设备，其相关数据和信息都可以直接显示在 AR 眼镜上。AR 眼镜就是物联网的操作入口。5G 技术对于这种高速率、高并发应用的支持，将全面推动物联网场景的落地。

边缘计算推动物端智能

边缘计算（Edge Computing）是 5G 网络区别于 3G、4G 标准重要的差别，其将云计算平台从核心网网元迁移到无线接入网靠近终端的边缘，配套移动接入网搭建贴近用户和终端的处理平台，提供 IT 或者云能力，以减少业务的多级传递，降低核心网和传输的负担。简而言之，边缘计算架构允许数据只在源数据设备和边缘设备之间交换，不再全部上传至云计算平台，极大地释放了物端信息交互的潜力，给了数据设备产生和传输大量数据的权利。一台带有安卓系统的设备，可以源源不断地产生大量数据，而不用担心信息过载的状况。可以预见的是，未来的物联网时代，入网的设备将更加智能，数据应用将更加丰富，而不仅仅限于当前简单的物品状态和位置信息。

云计算、大数据技术支持海量物联网应用

移动互联网时代，产生的更多的是生活数据。基于人的衣食住行，现有的大数据模型已经逐步完善，或者在完善中。而在移动物联网时代，生产数据也将加入到交互模型中，极大丰富了数据种类、数据量，给大数据产业带来了巨大挑战。此外，数据安全一直是云计算的重点，物联网时代的到来，网络的接入节点以指数级增加，意味着网络的风险暴露也大幅提升，数据加密将成为重要命题。这些问题都将在 5G 网络协议不断完善中得到解决，以更好地支持海量物联网应用的落地。

低时延提升人机交互体验

5G 时代，低时延的网络传输特性，将极大推动远程控制类应用的兴起，从而极大地提升人机交互体验，AR/VR 应用在 5G 时代得到大规模推广。而远程控制处于物联终极产业链环节，也是产业落地最困难的一步。

在无人驾驶解决方案中，通过 5G 网络，驾驶员可以坐在室内，通过 AR/VR 眼镜，对远端的挖掘机进行控制，并且基本可以实现同步，驾驶员并不会感觉有延迟感和晕眩感。

远程控制是实现物联网闭环的关键，未来会越来越多地运用到各类联网设备中，从而实现采集数据、分析数据、数据应用的完整链条，让物联网技术真正实现提高生产管理效

率、降本增收的功能。5G+AR/VR 的加持，让物联网产业得到全面升级。

综上所述，5G+AR/VR 将催生更为生动、更为智能、更为海量、更为完整的物联网应用，极大地提高物联网产业的附加值，推动产业进一步高速发展。

车联网：汽车的连接

车联网不是简单地"为车上的人提供网络接入及服务"，而是"将汽车组成数据互动网络"，它是物联网的细分。车联网是以车内网、车际网和车载移动互联网为基础的，按照约定的通信协议和数据交互标准，在车与 X（X：车、路、行人及互联网等）之间，进行无线通信和信息交换的大系统网络，是能够实现智能化交通管理、智能动态信息服务和车辆智能化控制的一体化网络。

车联网由端、管、云构成。端指可以实现通信的车载终端，现阶段包括车载中控系统等；管指数据传输的管道，包括各种通信设施及交互协议；云指车联网云平台，负责数据的处理、分析、整合及再利用。

车联网的生态由人、车、环境三部分组成。人是指车辆为人提供信息、娱乐等服务，同时集分析用户的驾驶行为、习惯等用于保险等增值服务。车是指车辆需要依托车联网来实现高精地图导航、超视距决策、车辆监控、车辆救援、车辆诊断、工况信息用于车辆研发、保养等。环境是指通过车联网可以搜集实时路况信息，实现不停车道路收费、道路事故监测、实时调度等。

由于中高级别自动驾驶所需的通信技术及设施还未完善，现阶段网联化与智能化还处于各自发展或初步协同发展阶段。随着智能化向终极的自动驾驶阶段迈进的过程中，车联网作为自动驾驶的基础是不可或缺的，最后智能化、网联化将深度融合。车联网让自动驾驶实现云感知、云计算。传统汽车是单独的个体，而自动驾驶汽车将互连互通，汽车变成了一个移动终端。通过云端的高精地图实现路径规划，同时将实时路况上传，更新高精地图。通过车联网实现车与车、车与道路基础设施的实时通信，更好地感知车、人、路的状态。通过本地决策与云端决策并重的方式分析雷达等传感器，获取海量数据，然后通过执行单元控制车辆。

车联网将使汽车变成下一个移动终端，流量红利将从智能手机分流到汽车上。因此，互联网巨头纷纷布局智能网联汽车，试图将成熟的移动互联网生态移植到汽车上。比如阿里的 AliOS 已经搭载在上汽荣威、名爵、大通等车型上，而且与神龙、福特等战略合作。腾讯的 AI in Car 与广汽、长安、吉利、比亚迪、东风柳汽、一汽等战略合作。百度的 Apollo 平台已经进化到 3.5 版本，合作伙伴达 100 家。华为汽车业务基于 ICT（信息通信技术）为智能网联汽车提供增量部件，具体包括云服务、智能驾驶、智能网联、智能互联、智能能源 5 个方面。

5G 为车联网提供了低时延、高可靠、大带宽的无线通信保障，借助于"人-车-路-云"的全方位连接和信息交互，车联网不仅可以为用户提供娱乐导航、共享出行等信息服务，还能支持驾驶安全及未来的自动驾驶服务。基于市场需求和技术成熟度，当前主要实现驾驶安全和交通效率类应用。例如，车辆与车辆之间，通过广播车辆位置、运动状态等信息，可以实现十字交叉路口碰撞预警、紧急刹车预警等主动安全应用；经过联网改造的红绿灯等路侧基础设施，可以实现红绿灯诱导通行、车速引导等交通效率提升应用等。

自动驾驶

苹果于 2017 年 9 月申请了"沉浸式虚拟显示"专利。根据该专利，未来的自动驾驶汽车可以通过 AR/VR 系统为乘客提供沉浸式乘车体验。车辆的虚拟现实系统与车辆控制系统可以交互。在行进中，VR 系统不仅能够根据行车数据提供虚拟现实场景或者增强现实场景，还能向车辆控制系统发送信号，使虚拟场景与车辆运动状态协同，附以主动系统（如声音、空调及主动座椅），为乘客提供增强的沉浸式体验。

VR 系统可以调整虚拟环境以适应不同乘客的偏好，如通过调整视觉提示经过乘客的速度和数量，使乘客感觉的车速与实际车速不同，这既可以防止高速行驶时某些乘客出现晕车，也可以使某些乘客在龟速行驶时有飞车般的感觉。另外，VR 控制系统可以检测乘客是否已经晕车，或出现晕车征兆，从而改变虚拟现实环境，以减轻晕车。措施包括在乘客下方显示虚拟地平面，减少虚拟环境中标示汽车运动的视觉提示或减慢视觉提示，减少虚拟内容，提供空旷的虚拟环境，在虚拟环境提供锚定物体等。

玻璃车窗影响汽车部件结构的完整性，VR 系统可以减小车窗面积或消除车窗，未来汽车的车窗不再是必要的选项。通过车内显示的虚拟现实，乘客也能够看到外部的真实世界。VR 系统还可以让乘客产生所乘为"豪车"的错觉，改善乘车体验。

自动驾驶与虚拟现实结合，乘客可以在行进中工作、学习，提高生产效率，也可以在乘车过程中娱乐，放松身心。根据该专利，苹果向我们展示了梦幻般的虚拟现实乘车体验，如可以是工作场景，在虚拟会议室或虚拟平板卡车上举行多人会议，参与者甚至可以选择不同的会议虚拟场景；可以是娱乐放松，乘坐独木舟在江河中漂流，在滑翔机翱翔，俯瞰风景，实际车辆行驶的转向或曲线行进，暂停也能够投射进虚拟现实场景中，VR系统还能够指令车辆系统配合虚拟场景产生身体感知，提高真实性。可以穿越至另一个真实的地点（如伦敦大街），观赏虚拟的城市或景观；可以在虚拟公路上赛车；还可以将真实或虚构的人物集成至虚拟系统。51VR最早从房地产行业涉足VR，随后陆续进入教育、汽车、游戏等行业，将VR技术与各行业结合。51VR已经发布了三款面向自动驾驶的产品："Cybertron-Zero"VR强化训练场、"Cybertron-Matrix"VR体验测试场和"Cybertron-Eye"AR增强测试场。

"Cybertron-Zero"是VR强化训练场，Zero为自动驾驶企业提供可视化交通环境模拟、传感器数据仿真，用于训练自动驾驶系统，大大降低了自动驾驶的训练成本，提高了效率，并使训练、测试更加安全和全面。

"Cybertron-Matrix"是VR体验测试场，消费者通过Matrix感受自动驾驶汽车沉浸式的驾乘体验。不仅帮助自动驾驶公司全面了解消费者驾乘反馈，迭代人车交互体验，同时让消费者更容易触及自动驾驶，加速市场普及。

Matrix还可以借助VR和高性能动态模拟器等外设，模拟自动驾驶汽车真实场景中的各种关键元素，包括乘客、训练对手、路人等，从而打造理想的自动驾驶实验室。例如，测试人员可以通过模拟器模拟在VR驾驶道路上的一辆汽车，进行各种可能的驾驶操作，从而测试该道路上自动驾驶汽车的反应。

"Cybertron-Eyes"是AR增强测试验场，即借助AR增强现实眼镜，让自动驾驶实路测试人员在关注道路状况的同时，能够监督自动驾驶系统的运行状态，也就是让测试人员拥有一双机器视觉的眼睛，用于实时查看自动驾驶行驶过程中的感知和决策系统，以便及时地发现及解决问题。

远程驾驶

2019年5月15日，一辆汽车在重庆渝北区仙桃数据谷的道路上平稳地行驶、转弯、加速、定点停靠……这一系列行云流水般的操作，并非来自车内，而由远在20千米外，中国汽车工程研究院驾驶模拟舱上的驾驶员所控制。5G网络高速率、低时延的特性，让远程驾驶成为现实。

当日亮相的"5G 远程驾驶",是由重庆电信、中国汽研、大唐移动三方联合推出的 5G 智能网联汽车试点项目内容之一。这是重庆首次发布的 5G 远程驾驶一期成果。

此次开展的 5G 智能网联汽车一阶段试点体验,包括 5G+VR 应用、5G 视频直播应用、基于 5G 的车辆远程控制应用三个主要场景。5G 远程驾驶是通过 5G 网络高速率、低时延来实现"人车分离"的远程驾驶的。

用户可通过中国汽研园区的驾驶模拟舱,实时远程操控远在仙桃数据谷的车辆:5G 远程控制系统通过 5G 网络+天翼云实现用户远程对车辆的操作及控制;车辆实时接收远程用户的控制命令,对自身进行控制;同时,实时反馈车辆自身运行状态及周边环境;当车辆运行存在安全隐患或者数据传输中断时,车内安全员会主动接管车辆。

驾驶员在模拟舱远程操控仙桃数据谷的车辆时,身在解放碑的市民还可以在重庆电信 5G 智慧体验馆,通过佩戴 VR 眼镜设备,利用 5G 网络,获得 360 度全景浸入式体验,观看车辆完成启动、加减速、转向等各种动作,如同身临其境。除此之外,车内搭载了多路摄像头,拍摄的画面也将利用 5G 网络传回,并在大屏幕上直播,让体验者能够一睹车内的奥秘。

除了此前启用的十字路口通行、前撞报警等 16 类常规场景,目前中国汽研还规划了 5G 远程直播、5G 远程驾驶、高精度地图下载、路侧智能感知、危险场景预警、连续信号灯滤波通行 6 大应用场景。

AR 导航

虽然现在手机、车机的导航能力越来越强,但是当我们遇到不熟悉的路况,或者在夜间开车的时候,还是会出现拐错路口、错过路口的情况。

而且,一边开车一边看导航本身就是不安全的行为,本质来说就是在盲开。当车速为 120 千米/小时的时候,看导航 1 秒钟大概就有 70 米在盲开,更不要说在国外不限速的高速公路上以 200 千米/小时的速度行驶。

所以,现在的导航对我们来说,功能还是不够人性化,呈现效果还不够直观。

相对应的,在这样的市场需求下,"AR 导航"作为一种更好的解决方案应运而生,而且已经有不少科技公司将这个概念带到了我们的视野里。

比如百度在去年的世界大会上展示了自己的 AR 导航功能,高德和阿里达摩院各自发挥优势研发了一款 AR 导航,Marvel X 因为搭载了斑马开发的 AR-driving,成为目前市面上第一款带 AR 导航功能的量产车。

AR 导航对于用户而言最大的变化就是"直观性"。从驾驶员的视野来看，导航信息与车道线进行了融合。AR 导航是在真实的路况信息中，实时出现一些虚拟指向箭头来更直观地引导我们前进。

与传统导航相比，车载 AR 导航会先用摄像头把前方道路的真实场景实时捕捉下来，这是实；再结合当前的定位、地图信息及场景 AI 识别进行融合计算，在人眼可见的真实道路上生成虚拟的指引信息，这是虚。

这样的虚实结合，可以更直观地告诉用户下一秒该干什么，比如，它会用箭头准确地指向路口，而不是说什么 300 米后左转。

除此之外，还会有驾驶安全的提醒，比如跟车距离预警、压线预警、红绿灯监测提醒、前车启动提醒、提前变道提醒等；未来还可以提供车道偏离预警、前车碰撞预警，驾驶员状态监测等。

苹果申请了名为"一种利用立体图像的自适应车辆增强现实显示器"。该专利技术通过 AR 系统，获取预先生成的 3D 网格数据模型，从而对车辆传感器获取的现场 3D 数据进行补充或增强，改善 AR 场景的渲染，生成增强的 3D 图，并将其投射到风挡玻璃上，将车辆行驶前方的场景以 AR 的方式呈现。

预先生成的 3D 网格数据是车身周围 360 度真实环境记录，AR 系统利用该 3D 网格数据，对车辆传感器探测范围外的环境信息进行补充。在传感器被阻挡或受限时，还能够补充渲染图像数据。预先生成的 3D 网格数据一般在云端存储，AR 系统可以通过无线方式查询和获取，在行进中实时对车辆传感器获取的数据进行补充和增强，改善 3D 图像的渲染能力。

通过该专利技术，可以提供更多路况信息，比如提醒司机视线之外值得注意的信息，或者是被前车遮挡的视野信息。而在传感器失效或者功能受限的条件下，如遭遇大雾、大雪，能见度低，或者行进在弯曲的山路，被前车阻挡等，汽车传感器可能难以直接创建外部区域的准确图像，预先储存的云端 3D 网格数据则可以对现场虚拟内容进行补充，并帮助车载系统准确给出预判路线。

2019 年 4 月，联通与车萝卜合作推出基于 5G+V2X 的车内智能网联 AR 导航，具有红绿灯预警、前车碰撞预警、限速超速提醒等功能。

AR 导航把车辆和周边环境，感知在一起，为驾驶者解决了日常驾驶中的一些复杂状况。

比如，大部分车主都会遇到这样的情况，行驶到十字路口，偶尔会遇到前车遮挡导致无法判断红绿灯的变化状况，导致错过行驶时间，甚至车速判断错误而闯红灯。而车萝卜AR 导航将为驾驶者提供红绿灯的预警数据，使得驾驶更加顺畅自如。

另外，结合驾驶中遇到的各类场景和多元化需求，车萝卜后续将会逐步实现更多功能，例如盲区监测、变道辅助、紧急刹车制动、左转辅助、信号灯车速引导、车辆失控预警等。让车主们在行驶过程中，做到真正万物互联，安全驾驶。

联通 5G 的高带宽、低时延、大连接等新能力升级，5G 加速智能车车内人机交互。在高带宽的技术背景下，5G+AR 导航提供给驾驶者更加流畅的车内 AR 体验，更丰富的驾驶信息交互。

网联无人机

无人机是利用无线遥控和程序控制的不载人飞机。它涉及传感器技术、通信技术、信息处理技术、智能控制技术及航空动力推进技术等，是信息时代高技术含量的产物。无人机价值在于形成空中平台，结合其他扩展应用，替代人类完成空中作业。

民用无人机主要分为消费级和工业级两类。其中，消费级无人机多用于个人航拍、娱乐等领域，工业级无人机则在农业、巡检、物流、救援等领域有众多应用。随着无人机市场规模持续快速增长、应用范围持续拓展，现有无人机点对点通信解决方案带来的飞行距离短、信号不稳定等局限性逐渐凸显。同时，无人机"黑飞"、安全事故屡次发生也给监管政策提出了警示，无人机网联化发展势在必行。

5G 让更多应用场景的无人机接入低空移动通信网络成为可能，而接入低空移动通信网络的网联无人机，可以实现设备的监管、航线的规范、效率的提升，促进空域的合理利用，从而极大延展无人机的应用领域，产生巨大经济价值。

4G 网络基本可以满足现有的部分低速率、对时延不敏感的无人机应用，但对于高速率、超低时延无人机应用存在挑战。与 4G 网络相比，5G 可以为网联无人机赋予实时超高清图传、远程低时延控制、永远在线等重要能力，全球将形成一个数以千万计的无人机智能网络，7×24 小时不间断地提供航拍、送货、勘探等各种各样的个人及行业服务，进而构成一个全新的、丰富多彩的"网联天空"，参见图 4-36。

图片来源：一电科技

图 4-36　5G 网联无人机整体解决方案

VR 直播

最近几年，无人机可以说是爆发式发展，以前它仅用于军事，如今却在我们的日常生活中见怪不怪。要实现空中赏景，普通的无人机需经过飞行拍摄之后再拷贝、传输、编辑视频，高昂的成本、烦琐的流程和不高清的体验总是让人烦躁，但是通过中国移动 5G 网联无人机搭载的 4K 高清摄像头、全景摄像头，则可以实时传输超高清的视频，让人们通过 5G 网络及 VR，足不出户地从空中全景沉浸式俯瞰世界。

5G 网络带来的传输能力和边缘计算技术的计算分发能力，让无人机应用得到了极大扩展，5G 网联无人机可以配合园方进行园区内重大文艺汇演活动及景观的高清、全景直播，不仅可以随时、随地无延迟地体验激动人心的现场，也可以让更多无法前来园区的游客远程欣赏园区风光。

基于 5G 的网联无人机已不再是首次在我国进行"表演"了。2018 年 9 月 25 日，在浙江海宁老盐仓回头潮景区，一架无人机就曾迎着江风盘旋遨游。央视直播过程中，当钱江回头潮拍岸激起"冲天浪"的关键时刻，央视导播在电视屏幕中同时切入了两路画面，一路是央视记者在直升机上俯瞰拍下的全景画面，一路是由无人机通过 5G 网络传回的高清近景画面。可以看到，两路画面构成了近远景的完美组合，远景距离百米高空，气势磅礴、气象万千，近景贴潮飞行，惊涛拍岸、浪花四溅，高清画面让人感觉仿佛巨大的水汽扑面而来。

网络直播中的卡顿问题，是时常困扰人们的问题。有时候，观看的人数过多，网络信号就会延迟严重，特别是在观看世界级别的大型表演、体育赛事的时候。中国移动通过无人机 360 度全景视频及实时 5G 网络传输，视频解码后，人们可实时在世园会移动 5G 展厅中体验空中世园景观。

2019 年北京世园会，中国电信在世园园区内放飞无人机，5G 实时 VR 直播了世园全貌，参见图 4-37。

中国电信通过 5G 传输技术，实时把世园的美丽风景传送到世园内的 5G 馆中，远在馆内的观众可直接戴着 VR 眼镜，实时观看美丽的世园全貌。用户将花香鸟语、郁郁葱葱的花海尽收眼底，特别是高耸的永宁阁，极具美感的中国馆，都仿佛近在咫尺，甚至能数清楚阁上的每一片屋瓦，馆外排队的人潮。

图 4-37　5G 实时 VR 直播

本次无人机 5G+VR 直播，是北京世园会第一次实现无人机实时 VR 直播。中国电信依托高速率、低时延的 5G 网络，将无人机拍摄的 360 度画面实时传输到 5G 馆，再结合高清 VR 眼镜进行观看，戴着 VR 眼镜的游客就如同翱翔的小鸟一般，鸟瞰整个世园，把美景尽收眼底。同时，中国电信将会对此次航拍视频进行存储和剪辑，在 5G 馆展出，让更多参观者可以体验 VR 航拍的沉浸式视觉盛宴。

虚拟训练

现有的无人机通常需要"飞手"来操控，但如果热爱在各种户外活动中记录自我，有一个自动跟随的无人机小跟班可以说是非常省事的。

自动跟随、自动避障是消费者级无人机的一大需求，按照目前的技术，如何保证无人机在复杂的城市空间中穿梭自如，可不是一件简单的事情。一旦发生碰撞，代价就非常昂贵了。

在训练无人机飞行员的时候,使用 AR/VR 进行模拟训练,可以大幅度降低损失和成本。

DroneBase 将无人机与 AR 结合，在画面中制造虚拟的障碍物，让飞行员在本空无一物的大空间中训练对这些"障碍"的规避，这样即便不慎撞上了"物体"，也不会因此而坠机。

爱普生和大疆合作推出了一款 AR 无人机模拟飞行应用，大家可以佩戴爱普生的 AR 眼镜来操作虚拟无人机，可以在真机上手前事先进行练习。这款 AR 应用由 Y Media Labs 公司专门为爱普生 AR 眼镜 Moverio BT-300（FPV/Drone 版）定制的。用户佩戴 AR 眼镜后，可在真实的环境中使用无人机的控制台，操作一台虚拟的无人机，现在可兼容的无人机包括大疆 Mavic Pro、Phantom 4、Inspire 2 和 Spark。应用中的虚拟无人机可模拟大疆 Mavic Pro 的真实运行状态，让新手玩家事先学习无人机飞行，积累经验。

麻省理工学院的研究人员采用 VR 技术来训练快速移动式自动 AI 无人机，从而减少碰撞维修或更换。这个系统叫"飞行护目镜"。

"飞行护目镜"使无人机能够在虚拟环境中学习自动导航和规避物体。该系统追踪无人驾驶飞机的运动，呈现当前虚拟位置的每秒 90 帧真实感图像，并将图像快速传输至无人机的图像处理器。无人机将在空荡荡的房间里飞行，但会幻化出一个完全不同的环境，并将在那个环境中学习。

"飞行护目镜"研发团队的灵感来自希望开发一个自主式无人机。该无人机可以在竞争激烈的无人机比赛中胜出。通过构建虚拟版本的迷宫，让无人机实践导航障碍，它可以比相同演习的人拥有更快的移动速度。

　　测试表明,"飞行护目镜"的做法是有价值的。通过 10 次以 5 英里/小时（1 英里=1 609.344 米）的速度测试飞行，无人机成功通过虚拟现实窗口飞行 361 次，仅"失败" 3 次，没有造成实际损失。在 8 次航班的实际测试中，无人机能够在实际的窗口中飞行 119 次，只有 6 次需要人为干预。

　　当你想进行高吞吐量计算，并快速运行时，即使你对其环境做出一点改变都会导致无人机发生故障。通过某种虚拟现实环境可以训练无人机的自主学习能力。

第 **5** 章

迎接未来

　　在 5G+AR/VR 的大变革来临之前，我们应该如何应对呢？企业该如何转型升级？如何能够最大化地抓住这场变革中史无前例的机会呢？

　　首先，我们可以看看全球科技巨头的动作。因为他们对未来看得准，也在不停地创造未来。通过研究科技巨头的布局，我们可以进行借鉴学习，少走弯路。

科技巨头的布局

科技巨头一直对于 5G 和 AR/VR 非常看好，投入重金布局。2019 年以来，全球知名高科技公司纷纷加大 AR/VR 市场的拓展力度。微软、谷歌、苹果、脸书等分别开展了不同程度的 AR/VR 软件、硬件的研发工作。HTC、索尼等也推出了新一代硬件产品。中国市场以华为为首推出新款 VR 产品，科技巨头布局详见表 5-1。

表 5-1　科技巨头布局

公司	时间	事件
华为	2019/9/26	推出新款 VR Glass，售价为 2 999 元。
HTC	2019/8/24	Vive Cosmos 预计售价 5 488 元，9 月 12 日预售，9 月底发货
谷歌	2019/8/20	步行 AR 导航支持安卓和 iOS 设备
Snap	2019/8/15	snap 发布 Spectacles3 双摄像头 AR 眼镜
FB	2019/8/14	FB Spark AR 正式登陆 Instagram
Void	2019/8/1 2	The void 将在 2022 年推出 25 个新的永久性 VR 线下店
索尼	2019/ 7/30	索尼 PS4 出货 1 亿台，PSVR 或达到 500 万台
微软	2019/ 7/30	Hololens1 止于 2018RS5，不再有大更新，二代预计年内发售
行业	2019/7/9	2019Q1 中国区 VR 头显出货量 27 万台（IDC）
FB	2019/6/20	0C6 预计 2019 年 9 月 25 日举行
Ultrahaptics	2019/5/31	Ultrahaptics 宣布收购 leap mot ion
Meta	2019/5/29	Meta 陨落后获新生，新东家或继续支持 Meta2 用户
索尼	2019/5/27	PSVR2 不会和 PS5 一同发售，不会推出一体机
FB	2019/5/21	Oculus Quest 正式发货
谷歌	2019/5/18	谷歌将于 2019 年 6 月 28 日关闭 Jump VR 视频云端拼接服务
Magic Leap	2019/4/26	Magic Leap 完成 2.8 亿美元融资，累计融资 26 亿美元
谷歌	2019/4/11	谷歌专利显示正在研发头戴 AR 头显
Void	2019/4/11	The void 将在旧金山开设第 12 家 VR 体验中心
苹果	2019/4/10	Jaunt VR 创始人加入苹果公司
行业	2019/3/28	2018 年中国头显出货量：VR 116.8 万台，AR 3.2 万台

续表

公司	时间	事件
索尼	2019/3/26	PSVR 销量超过 420 万台
FB	2019/1/18	FB 成立 AR 事业群

◎ ｜微软｜

微软公司布局情况参见表 5-2。

表 5-2　微软公司布局情况

公司	时间	内容
微软	2019.02	投资虚拟现实内容制作商 Start VR（孵化器/加速器，Microsoft ScaleUp）
	2017.01	收购了面向虚拟现实的社会平台开发软件公司 Altspace VR
	2017.09	基于 HoloLens 的扩增、混合现实开发公司 DataMesh 的 A 轮投资（Microsoft ScaleUp）
	2016.09	投资增强技术软件开发商 Whodat Tech，可帮助创建基于 AR 的产品（孵化器/加速器，Microsoft ScaleUp）
	2016.08	投资 VR 头显开发孵化器（孵化器/加速器，Microsoft ScaleUp）

AR 头显：Hololens

微软的 Hololens 是微软推出的一款 AR 头显，通过图片影像和声音，让用户在家中就能进入虚拟世界，用户可以通过 HoloLens 以实际周围环境作为载体，在图像上添加各种虚拟信息。无论是在客厅中玩《我的世界》游戏，还是查看火星表面，甚至进入虚拟的知名景点，都可以通过 HoloLens 使其成为可能。

HoloLens 在 2015 年 1 月正式发布，在 2019 年，微软正式发布了 AR 旗舰产品 HoloLens2。

HoloLens2 为 HoloLens 第一代后时隔四年的更新版本，解决了头显的视野、舒适度和手部追踪等问题。HoloLens2 的视场角是第一代的 2 倍，HoloLens2 的视场角预计在 70 度左右，而且能够提供每度 47 像素。硬件方面，HoloLens2 采用了高通骁龙 850 芯片和微软自己的 AI 引擎，取代了第一代英特尔处理器。HoloLens2 配置了眼球追踪传感器，还具备虹膜扫描功能，可以直接与 Windows Hello 结合，实现开机登录和个人账户登录等功能。另外，还有语音控制和手指跟踪功能。对手指跟踪的反应迅速，大大提升了 Hololens 的交互效率。

Hololens2 与云计算 Azure Spatial Anchors 结合，可以使用共享的坐标系统，让各终端之间保持一致的全息图像。

Hololens2 的强大功能令其具有很多价值。

多人协同：做到实时数据、场景和交互的共享，提高沟通效率。

多人社交：让用户在虚拟的环境中开派对，举办活动等。

虚拟办公：可以将工作项目分享给其他人，多人合作，共同完成工作项目。

多人游戏：可以将用户的环境融入游戏当中，多人协同，共同游戏。

教育培训：专家远程培训员工、学生，指导其完成工作。

AR 有可能发展成手机体量的新一代消费电子产品。但消费级 AR 眼镜的商业化和大众化，还尚需时日。未来 3 年，AR 的主要机会还在企业市场，特别是数字引导和远程协作上。

微软直接将 HoloLen 2 定义为企业级产品，定价 3 500 美元，只发售给企业客户。HoloLen 2 的效果展示和早期客户相关，均在工业、仓储、医疗、建筑等方面。毫无疑问，HoloLens 系列将持续领衔 AR 企业应用。

MR 操作系统

2017 年 10 月 17 日，微软公司发售了基于 Windows 10 的 Windows 混合现实头显（Windows Mixed Reality Headset）。

在微软中国的官方商城上的虚拟与混合现实频道里，微软 MR 合作伙伴之一惠普的 Windows 混合现实头显已经正式开售，售价为 3 499 元。此外，还有惠普开发者版 MR 头显（2 699 元）和 3Glasses 蓝铂 S1 的开发者版 MR 头显（3 499 元）也在售卖的行列之中。而在微软美国的官网上，开售的微软 MR 头显包括四大品牌：宏碁（399 美元）、戴尔 Visor（449 美元）、惠普（449 美元）、联想 Explorer（399 美元）。

Windows MR 头戴显示设备采用了内向外的空间追踪方案，可以在不依靠任何外接设备的情况下实现空间追踪，极大简化了 VR 体验的操作难度。另外，得力于 Windows 系统极强的集成功能，头戴显示设备在安装、试运行等方面的体验均得到了相应的提升。

Windows MR 中有一个 AR 功能 Mixed Reality Viewer，它的作用是通过调用 PC 摄像头让用户看到融入现实环境的人物、场地、事物等 3D 对象。这项功能主要针对移动 PC 类设备，目前该类型应用在更新后的 Windows 应用商店中还很少。Mixed Reality Viewer 在未来将有可能被开放成为一个将 Windows MR 设备与 PC 设备连接的工具。到时，即使没有 VR 头显玩家，也可以实时参与到 VR 游戏中来与玩家联机。

在内容方面，微软已经宣布兼容游戏平台 Steam，这意味着 Windows Mixed Reality 将成为目前汇聚最多 VR 内容的平台。随着新版本的更新，Windows 应用商店将上线 20 000 款以上 VR 应用。除了在 Steam 上常见的 VR 游戏之外，还有 VR 视频等内容。

另外，微软也发布了 Office 3D 制作软件，主要是将创作的方式从 2D 向 3D 转化。通过该应用，创作者可以通过拖拽等更直接的方式创造新内容，并可以将内容接入到 Mixed Reality Viewer，辅助 MR 应用的开发。

在这个 Windows 10 MR 操作系统中，用户习惯的 Windows 桌面变成了一栋别墅，而各种应用则被镶嵌到别墅的不同位置。例如，用户在看电影的时候，可以将场景设置在虚拟的家庭影院；如果想玩 Xbox 游戏，则需要走到虚拟别墅中的游戏间。在 Windows 10 MR 的操作系统中，各个应用都有位置。至于用户经常用到的 Windows 任务栏和开始按键，则可以随时被调用出来，保证大家在别墅里瞎逛时仍然可以兼顾效率，参见图 5-1。

图 5-1　Windows MR 操作系统

微软希望打造基于 Windows 的 VR 生态体系，推动 VR 内容、硬件标准化，加速产业普及。微软在智能手机时代被苹果、谷歌甩在身后，如今在下一代计算平台上加大投入，有望重夺江湖地位。

云游戏 Project xCloud

Project xCloud 是微软的云游戏解决方案，通过云技术，允许玩家在任何设备上随时随地游玩 Xbox One 数字版游戏。

微软已经在全球 13 个 Azure 数据中心部署了 Project xCloud 服务，跨北美、亚洲和欧洲三大洲。全球顶尖开发团队，现在能轻松地直接通过 Project xCloud 测试他们的游戏，而不必将其移植到一个新的平台。

Project xCloud 目前已经支持超过 3 500 款游戏，无须开发者修改游戏。另外，还有超过 1 900 款游戏正在为 Xbox One 开发，并且都支持 Project xCloud。这意味着支持 Project xCloud 的 Xbox 游戏已经达到了 5 400 款。

借助 xCloud，用户不仅可以在 PC 上串流 Xbox 游戏，智能手机和平板也可以玩 Xbox 游戏。这意味着，在手机上玩原汁原味的《光环》《极限竞速》等大作成为可能。

未来，AR/VR 游戏有望登录 Project xCloud 平台。

◎ | 谷歌 |

谷歌战略布局参见表 5-3。

表 5-3　谷歌战略布局

公司	时间	内容
Alphabet（谷歌）	2019.02	投资 VR 卡游戏公司 Been There Together（孵化器/加速器，Google for Startups Campus）
	2019.01	参与 AR 游戏开发商 Niantic 2.45 亿美元的投资（C 轮、Google）
	2018.10	参与 VR 游戏开发商 Resolution games 的 750 万美元投资（B 轮，Google Ventures）
	2019.02	加入 AR 接口开发商 CTRL-Labs 2 800 万美元的投资（B 轮、Google Ventures）
	2018.07	加入 AR 条形码扫描公司 SCOANDIT 的 3 000 万美元投资（B 轮、Google Ventures）
	2018.03	加入 AR 接口开发商 CTRL-Labs 2 800 万美元的投资（A 轮、Google Ventures）

公司	时间	内容
Alphabet（谷歌）	2018.03	Blue Vision Labs AR 软件开发商的 1 450 万美元投资（A 轮, Google Ventures）
	2018.03	收购 3D VR 图像捕获、拍摄软件开发商 Litro
	2017.08	收购 AlMatter，拍照时的实时图像处理器厂商
	2017.10	收购实时虚拟游戏公司 Owlchemy Labs
	2016.10	收购 eye tracking 软件开发商 Eyefluence

AR 眼镜

早在 2012 年 4 月，谷歌联合创始人首次佩戴了谷歌眼镜（Google Glass）公开亮相。这款谷歌眼镜内部研发多年，体验像「钢铁侠」的头盔那样科幻的产品迅速成为科技行业的热点。

2013 年 4 月，谷歌眼镜"探索者版本"以 1 500 美元的价格，提供给测试者和谷歌 I/O 开发者；2014 年 4 月，谷歌眼镜正式在网上开放预订。

不过谷歌眼镜并没有成为 iPhone 那样改变行业的产品，有限的应用、糟糕的续航、昂贵的售价和一直伴随的隐私问题让谷歌眼镜迅速降温，变成了很多媒体评测人眼中充满问题的产品，参见图 5-2。

图 5-2 谷歌眼镜

随后，谷歌眼镜逐渐淡出了主流视野。2015 年 1 月，由于外观和功能等方面的限制，谷歌宣布停止接受谷歌眼镜订单，关闭其"探索者"软件开发项目，谷歌眼镜团队也搬出 Google X 部门。

2017 年，谷歌卷土重来，宣布已放弃 AR 眼镜的消费者版，推出名为"Glass Enterprise Edition for businesses"的企业版谷歌 AR 眼镜，取得不错成绩，拥有 DHL、大众、三星和通用电气等客户。而谷歌眼镜团队也重回 Google X 部门。

2018 年 11 月，谷歌申请了第二代谷歌眼镜企业版相关专利，在 2019 年 5 月发布了第二代企业版。

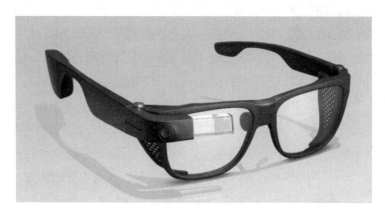

图 5-3　谷歌眼镜企业版

报道称，第三代谷歌眼镜的设计更加轻量化，同时继续采用无线模式。

移动 AR

从 2012 年正式成军，到 2017 年汇入谷歌 AR/VR 部门，Tango 项目为全世界开发者上了 AR 的启蒙课。

Project Tango 团队的目标非常简单，就是希望手机、平板等移动设备在不使用 GPS 的情况下，能够感知设备在现实世界中的位置。通过这个位置感知能力，Project Tango 的应用可以实现室内导航、3D 空间映射、空间测量、环境感知等功能。

Project Tango 团队在 2014 年推出了两款搭载 Tango 技术的硬件：使用安卓系统的手

机，搭载了英伟达 Tegra K1 处理器的 7 英寸（1 英寸=2.54 厘米）平板；谷歌的合作伙伴联想和华硕，先后在 2016 年和 2017 年推出了搭载 Project Tango 的手机 Lenovo Phab 2 Pro 和 Asus Zenfone AR。可惜的是，后两款手机并没有掀起 Tango 浪潮。

谷歌在 2018 年 3 月正式停止对 Tango 项目的技术和服务支持，转而将全部精力投入 ARCore 的解决方案上。

相对于 Tango，谷歌的 ARCore 最大的优势是，只需要一台中高端安卓手机就可以运行，不需要在硬件层面进行创新，能够覆盖最多的用户。而 Tango 使用的普通镜头+鱼眼+红外摄像头的方案支持者寥寥，连谷歌自己都不愿投入精力亲自打造手机。

ARCore 是一款软件开发平台，用于在安卓中构建 AR 应用程序。ARCore 具有运动追踪、平面检测和光线估算功能，使开发者能够为各种用例创建高级 AR 应用程序。这些 AR 应用程序将在谷歌 Play 商店中提供给超过 1 亿个安卓设备使用。

ARCore 利用不同的 API 感知用户所处环境，理解现实世界，与信息进行交互。在设备移动时，跟踪它的位置和构建自己对现实世界的理解。工作原理上，ARCore 的运动跟踪技术使用手机摄像头标识兴趣点（称为特征点），并跟踪这些点随着时间变化和移动。将这些点的移动与手机惯性传感器的读数组合，ARCore 可以在手机移动时，确定它的位置和屏幕方向。除了标识关键点外，ARCore 还会检测各类表面（例如地面、咖啡桌或墙壁等水平、垂直和倾斜表面）的大小和位置，并估测周围区域的平均光照强度。

2019 年，谷歌正式推出 ARCore1.7 版本，为其添加了前置摄像头 AR 自拍能力及动画支持效果，而且为其引入了机器学习技术，来推断近似的 3D 表面几何结构，并且仅需用一个单摄像头输入，而无须使用专用的深度传感器。ARCore 此次升级的效果使用更简单的模型带来了实质性的加速，同时也使 AR 特效质量的降低幅度最小化。

谷歌 VR 平台

谷歌 Cardboard 是谷歌开发的，与智能手机配合使用的虚拟现实头戴式显示器。谷歌 Cardboard 以其折叠式纸板头盔命名。按照谷歌发布的规范，用户可以利用廉价简易的组件自行制作头盔，或购买预先做好的头盔。要使用谷歌 Cardboard，用户需在手机上运行 Cardboard 兼容的应用，将手机置于头盔后端，透过镜片观看内容，参见图 5-4。

图 5-4　谷歌 Cardboard

谷歌 Cardboard 在 2014 年 Google I/O 开发者大会上亮相。到 2017 年 3 月，谷歌 Cardboard 发货量超过 1 000 万个，1.6 亿个 Cardboard 应用程序上线。随着 Cardboard 平台的成功，谷歌在 2016 年的 Google I/O 上展示了增强 VR 平台 Daydream，参见图 5-5。

图 5-5　增强 VR 平台 Daydream

Daydream 自安卓 7.1 起便集成在安卓操作系统中。Daydream 平台规范包括软件和硬件两方面，与之兼容的手机标识为"Daydream-ready"。Google Daydream View 与首款 Daydream 头设在 2016 年 10 月 4 日对外发售。把支持 Daydream 的智能手机放入 Daydream View 前部的格子里，用户便可以通过 Daydream View 的 2 个镜头看到 VR 图像。

谷歌 Daydream View 使用了更软的纤维材质来提升佩戴的舒适度，同时对戴眼镜的用户也有很好的兼容性。手柄集成了陀螺仪、加速计、磁力计、触摸板、按钮，以及方向传感功能，能够感知手腕和手臂的微小运动。但需要指出的是，Daydream View 仅支持 Pixel 手机使用。

2019 年 10 月，谷歌终止了 Daydream VR 项目，宣布停止销售 Daydream View 设备，原因是项目并没有如公司预期一般被用户和开发者喜爱，Daydream View 的活跃度也在持续下降。同时，该公司宣布开源 Cardboard 硬纸板 VR 眼镜项目，希望更多开发者能够继续创造 Cardboard 体验，并为自己的应用程序添加支持。

◎ ▍苹果 ▍

持续收购+自主研发

苹果从 2011 年就开始布局 AR/VR，近年来收购了多个相关公司，参见表 5-4。

表 5-4　苹果布局 AR/VR

公司名称	时间	产品
Polar Rose	2011 年	面部识别技术
PrimeSense	2013 年	三维传感与动作捕捉技术
WiFiSLAM	2013 年	室内定位技术
LinX	2015 年	利用不同角度的图片实现三维建模
Metaio	2015 年	AR 场景构建技术
Faceshift	2015 年	3D 虚拟图像传感技术
Emotient	2016 年	利用 AI 分析人类表情
Flyby Media	2016 年	AR/VR 通信
RealFace	2017 年	面部识别技术
SensoMotoric Instruments	2017 年	眼动跟踪技术

续表

公司名称	时间	产品
Vrvana	2017 年	AR 头盔
Akonia holographic	2018 年	基于全息技术的光学技术

数据来源：TechWeb，东吴证券研究所

2010 年，苹果以 2 900 万美元价格收购瑞典面部识别技术公司 Polar Rose。2013 年，苹果以 3.45 亿美元收购了一家开发实时 3D 运动捕捉技术的以色列 PrimeSense 公司，该公司曾为微软 Xbox Kinect 设计了第一台动作感应器。2015 年 2 月，苹果获得了一项专利，把一台头显和其他便携式电子设备（比如：iPhone 手机）结合，以便用来观看。

2015 年 5 月，苹果收购德国的增强现实公司 Metaio。Metaio 是一家专业从事移动 AR 应用的公司，从事 AR 研究超过 10 年以上，是增强现实技术解决方案提供服务商。这桩收购，让苹果收获 171 项与 AR 相关的全球专利。

2015 年 9 月，苹果从微软挖走了工程师尼克，此人曾是微软 HoloLens 项目的音频工程负责人。同月，苹果还收购了面部表情捕捉技术研发公司 Faceshift。Faceshift 研发的软件能够实时捕捉人面部的所有表情和变化，并尽可能地复制到虚拟的角色当中，整个过程都是实时完成的，不需要二次渲染。

2016 年 1 月 30 日，苹果再次收购了专注于虚拟现实和增强现实技术的初创企业 Flyby Media，其技术可被用于室内定位和导航、无人机自动导航、无人驾驶汽车及头戴式显示系统追踪等。

在自主研发方面，苹果的布局可以从专利看出来。

最近，美国专利局公布苹果的数项专利，显示出其未来在 AR 领域布局的蛛丝马迹。2019 年 2 月 26 日，成功申请的 Patent # US 10217288 B2，其名为"在移动设备上以真实环境的视角来表示兴趣点的方法"，兴趣点（Point Of Interest，POI），指的是真实环境中的一个位置或真实物体。这项技术可以识别用户环境中的对象，激发潜藏的内容，从而满足不同的玩法需求。举例来说，当用户在未知的地方时，可以用增强现实来获取兴趣点相关的可视化信息。当搜索丢失的对象时，或者试图突出显示房间中某些其他人可能不会注意到的内容时，这个技术会很实用。

同日公布的另一项名为"头戴式显示器的光学系统"的专利，号码为 Patent # US10203489 B2。该专利旨在设计一种更为紧凑、舒适的头戴式显示器。头戴式显示器由

于布置了高倍镜头，戴起来可能笨重又疲惫，而苹果试图通过反射式光学系统来对此加以改进。

2019 年 3 月 7 日，美国专利和商标局又公布了苹果在 AR 领域的两项专利。一项名为"具有调节机制的头戴式显示器"，描述了如何穿戴头显及针对头显调节方式的优化。此外，苹果同时表示，头显系统可以采用眼动追踪来监控透镜和显示组件与用户眼睛之间的距离，有助于检测头显与眼睛的相对运动，从而帮助软件在用户运动时产生更精确的视觉体验，而且同时告知系统头显穿戴是否足够紧密。另一项专利则是和热量调节相关，用以提高设备舒适度。

从 ARKit 到 AR 头显

苹果 CEO 库克频繁在公开场合发言，对 AR 产业表示看好，认为 AR 市场将达到智能手机的规模。

苹果于 2017 年年中发布了带有 iOS11 的 ARKit。ARKit 是一个开发人员工具，开发人员可以为 iOS 移动设备（iPad 和 iPhone）构建 AR 体验，参见图 5-6。它使 AR 应用程序的创建者有访问面部跟踪、动作捕捉和平面检测能力。

效率	娱乐	教育
IKEA Place 呈现家居产品的外观，摆放在家中的效果	我的好饿的毛毛虫 AR模式下，利用毛毛虫帮助儿童识别物体，进行早期教育	Complete Anatomy 通过各种细节形象地展示人体，让学生了解身体的各个部分
GE 工业设备信息的视觉化帮助操作人员提高维修效率	Monster Park 利用增强现实技术游览恐龙世界，进行互动与拍照	WWF Free Rivers 控制河水的流动，探索水道如何影响动植物和人类的生活
American Airlines 把实时资讯显示在用户当前所处的航站楼环境	天天P图 可以将表情等虚拟元素融合到现实场景摄影与拍照中	Froggipedia 探索青蛙身体系统，了解两栖动物的各个生命阶段

资料来源：苹果官网，中信证券研究部

图 5-6 利用带有 iOS11 的 ARKit 工具构建 AR 体验

苹果于 2018 年在苹果开发者大会上发布了 ARKit2，其新平台搭载共享体验、与特定位置绑定的持久增强现实体验、物体检测和图像追踪等功能，帮助开发者打造更加生动的 AR 增强现实应用。

ARKit2 与一代相比，各方面功能都进行了升级，参见图 5-7。另外，增加了以下功能。

保存与加载地图：用于支持持久化与多用户体验的新特性。

环境纹理：用于更逼真地渲染用户的增强现实场景。

图像跟踪：对真实场景中的 2D 图像进行跟踪。

物体检测：对真实场景中的 3D 物体进行跟踪。

人脸跟踪：进一步提升人脸跟踪的速度与性能。

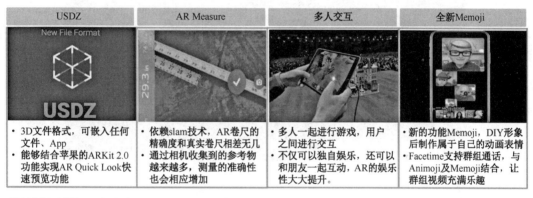

资料来源：邀界VR，新浪财经

图 5-7 ARKit2 功能升级

iOS12 上新增了很多 AR 相关的功能。例如 AR 测量工具、AR 多人互动功能、AR 玩乐高游戏等功能。此外，苹果发布的还有名为 usdz 的开放文件格式，是基于皮克斯 Universal Scene Description（USD）动画工具开发的一种文件格式，能轻松将增强现实体验扩展到整个 iOS 系统。苹果旨在将增强现实技术与 iOS 的方方面面深度整合，让所有的苹果应用都能支持增强现实显示。

2019 年 6 月，在苹果开发者大会上，苹果除了推出 ARKit3 平台外，同时还推出 2 个 AR 开发工具：RealityKit 和 Reality Composer，大大简化了 AR 应用的开发，可以组成苹果 AR 开发工具三剑客。

2019 年 3 月 1 日，在苹果新年第一场大会上，CEO 库克明确提出：未来苹果发展的核心是 AR。

据 The Information 报道，苹果将于 2022 年发布 AR 头显，并在 2023 年推出市场。报道指出，苹果的 AR 头显代号是 N301，类似于 Oculus Quest，支持增强现实和虚拟现实功能。头显采用了时尚的设计，并且重点放在轻巧的面料和材质上，从而确保设备适合长时间穿戴，参见图 5-8。

图片来源：TheSun

图 5-8　苹果的 AR 头显 N301

这款 AR 产品搭载了高分辨率的显示屏和摄像头，可以允许用户"阅读细小文本"。据称，与市场上的其他产品相比，苹果的设备将能以更高的精度绘制房间表面、边缘和尺寸。苹果展示的一个视频演示：其中，一台虚拟咖啡机摆在真实的厨房桌面上，而周围站着真人。画面显示，虚拟咖啡机逼真地遮挡了真人，这表明系统具备出色的遮挡功能。

◎ ┃脸书┃

脸书（Facebook）对 AR/VR 的举措，参见图 5-9。

	2018.01 投资寓言工作室，一个VR内容创作公司(天使投资， Oculus)	
脸书	2016.12 收购了eye tracking软件开发商The Eye Tribe	
	2016.10 收购ILED显示屏开发商InfiniLED	
	2016.05 收购VR空间音频软件提供商Two Big Ear	

图 5-9 脸书对 AR/VR 的举措

VR 眼镜：Oculus

2014 年，脸书斥资 20 亿美元收购了虚拟现实公司 Oculus VR。Oculus VR 是一家位于美国加州的科技公司，以开发 VR 眼镜产品而闻名。脸书的最终计划是使 Oculus 的技术和 VR 普及更多的受众。

2016 年，消费者版的虚拟现实头盔 Oculus Rift 正式发售，随后不断迭代。截至目前，Oculus 推出四款产品：Rift（主机式）、Go（独立式）、Quest（一体式）、Rift S（主机式）。

Oculus VR 销量全球第二。Quest 和 Rift S 均为 2019 年 5 月发布的新产品，Quest 被誉为目前为止最好的 VR 一体机，有 4 个广角镜头；Rift S 有 5 个广角摄像头。

Oculus Quest 较 Oculus Go 全面提升，是真正意义上的"无绳化"独立虚拟现实系统。以 399 美元的价格发布的新款产品 Oculus Quest，体验和 Oculus Rift 类似，采用内向外追踪，做到设备"无绳化"，无须连接计算机和外置摄像头，在六个方向上都有更大的自由度——完整的 6 自由度（6DoF）跟踪，允许使用者在任意空间自由活动。

VR 社交：脸书 Spaces

早在 2016 年 Oculus Connect 大会上，脸书就展示了一些脸书 Spaces 相关内容。用户使用脸书账号登录脸书 Spaces 后，会自动生成一个和自己相似的虚拟形象。一个用户最多可以邀请 3 个朋友在虚拟世界里一起聊天、画画、自拍、观看视频等。另外，值得一提的事，对于用户没有虚拟现实设备的朋友，他们可以通过拨打 Messenger 视频接入自己的虚拟世界，虚拟世界除了可以使用脸书 Spaces 自带的海底世界、外太空等背景外，还可以使用用户脸书账号里的全景照片。

2017 年 4 月 19 日，脸书年度盛会 F8 开发者大会正式开幕。在本次 F8 大会上，脸书正式发布了 VR 社交平台脸书 Spaces 的 Beta 版。

VR 社交应用 Spaces，可在 Oculus Store 上下载，在 Oculus Rift + Touch 上使用。在 Spaces 应用中，用户可以制作自己的阿凡达替身，与千里之外的朋友在共同的虚拟空间中游玩，拍群体自拍照，还可以直接通过 Messenger 视频聊天。VR 社交有可能成为推动 VR 大众化的重要应用，但 Spaces 的功能还较为初级，并且目前只能在 Oculus Rift 上使用。

2019 年，脸书发布了脸书 Horizon，这是一个新的社交 VR 世界，支持 Oculus Quest 和 Rift / Rift S 用户在虚拟空间中聚会和交流，玩游戏，甚至创造自己的体验。

每个玩家通过使用各种脸部和身体选项设计自己的个人头像来开始体验。然后，他们将通过城镇广场进入 VR 社交世界，这是一个起始枢纽。在这里，他们可以更好地体验，并与其他玩家聊天。

脸书 Horizon 体验从广场扩展到一个引人入胜的世界，玩家可以在其中参加活动及创建自己的游戏。在展示过程中，展现的是 *Wingstrikers*，这是一款竞技多人空中游戏，玩家可以像玩玩具一样用手控制飞机。

脸书 Horizon 将于 2020 年正式推出，会替代脸书 Spaces 和 Oculus Rooms，后者将于 2020 年 10 月 25 日起关闭。显然，脸书的目标是通过 Horizon 获得更加集中的社交体验。

AR 开发平台：CameraEffects

2017 年 F8 大会上，脸书 CEO 扎克伯格表示，AR 将是未来脸书发展的重点方向，并且发布了 AR 平台 CameraEffects、工具应用 Frame Studio 和 ARStudio。

Camera Effects 是一款 AR 相机平台，它可以将 2D 画面转化为 3D 场景，并进行互动，CameraEffects 还可以识别实体物体，并在其上叠加虚拟场景。Frame Studio 是一款 AR 在线编辑器，帮助全世界的开发者使用自己设计的素材创建 AR 效果。AR Studio 是一款 AR 动态开发工具，开发者可以使用它在视频、图片上创建 AR 效果，并与用户互动。

随后，脸书又发布了 World Effects，能够通过 3D 对象来增强你的环境。例如，你可以为全景图添加一个指示箭头，或者添加一个可以播放音乐的跳舞机器人。

扎克伯格表示，AR 比 VR 有更大的技术趋势，但是在 AR 眼镜产品成熟之前，轻度的 AR 应用通过手机上的摄像头，将真实世界与虚拟物体交融，就可以全面提升社交体验。公司号称要将摄像头做成第一个 AR 平台。然而，事实上，这一理念并非扎克伯格原创，

Snapchat 早在 2015 年 9 月就推出了动态自拍镜头。2016 年 4 月就推出了 AR Stickers，成为其吸引青少年用户的杀手级功能。

自推出 Camera Effects 平台以来，脸书已经与 2 000 多个品牌进行了合作，双方将共同为这一平台制作 AR 体验。这为 Sponsored World Effects 奠定了基础。

脸书对 AR/VR 的重视显示出 AR/VR 在社交与娱乐领域有巨大应用价值。目前，脸书推出的 AR 产品主要都是基于相机的，这主要是因为 AR 眼镜还不成熟。虽然 AR 眼镜才是未来 AR 硬件产品的发展方向，但 AR 手机应用将基于旧有智能硬件平台，并先于硬件爆发。

AR 眼镜

据外媒报道，代号为猎户座的 AR 眼镜是脸书 CEO 扎克伯格喜欢的项目，他敦促公司硬件主管安德鲁·博斯沃思优先考虑这个项目的研发。

脸书计划在未来的 AR 眼镜中利用 Oculus 的摄像头和跟踪技术，但没有透露硬件将做什么。他们打算利用 AR 头显取代智能手机，让用户可以接听电话，在小屏幕上显示信息，并可以在社交媒体上进行视频直播，但这些功能与目前可用的一些工业增强现实解决方案没有太大的区别。

曾有媒体报道称，脸书将数百名员工从 AR 实验室调到了 AR 产品团队。团队重组是脸书打造 AR 眼镜计划的一部分。猎户座 AR 眼镜最早也要到 2023 年才会推出。如果开发如期进行，那么到 2025 年才会上市销售。据说脸书有"数百名员工"在华盛顿参与这一项目。

◎ | Magic leap |

2014 年 10 月，Magic Leap 以估值 20 亿美元从谷歌、高通、KPCB、A16Z 投资机构那里筹集了 5.42 亿美元现金，一举成名。时至今日，尽管谷歌所投资的 Magic Leap 目前仍然没有具体的产品，但它也同样吸引了国内电商巨头阿里巴巴的投资。

Magic Leap 总部位于美国佛罗里达州，专门从事增强现实技术的开发。2018 年 8 月 8 日，Magic Leap 更新官网，正式发售其 AR 产品——Magic Leap One Creator Edition（开发者版），售价 2 295 美金（约合人民币 15 690 元）。

Magic Leap One 包含一台迷你主机 Lightpack、一个 MR 头戴设备 Lightwear 和一个支持 6DoF 的控制器。Lightpack 采用英伟达 Tegra X2 多核处理器，8GB RAM，存储空间为 128GB（实际可用容量 95GB）。在电源方面，采用内置可充电锂电池，最高可连续使用 3 小时，通过 USB-C 接口充电，也可直接使用交流电源。控制器续航时间 7.5 小时。音频方面，Magic Leap One 配有一个 3.5mm 的耳机接口，同时两侧内置小型扬声器发声。

以价格来说，Magic Leap One 单机价格为 2 295 美金，比 HoloLens 开发者版北美市场 3 000 美金的售价略低，高于 Google Glass 企业版。但以上两款产品定位均是面对企业级市场，对价格敏感度相对消费级市场低。而从目前已经发布的应用来看，Magic Leap One 主要定位在消费级市场，销量受价格影响较大。同时，Magic Leap One 刚刚发布开发者版，现有应用非常有限，有待后期更多的开发者加入。市场预期消费版质量更轻，体验更好，但发布时间目前尚未确定。

◎ ｜三星｜

三星举措参见图 5-10。

三星	2019.05	参与DigiLens 5000万美元的全息光学技术投资(C轮，Samsung Ventures)
	2019.01	Gangel 游戏平台开发公司Exeries的2亿4 500万美元规模的投资参与(C轮，Samsung Ventures)
	2018.10	加入Spatial 800万美元的投资，通过AR、VR头显的远程协作平台(Series VC，Samsung NEXT)
	2018.01	高质量的3D捕获技术开发公司，加入Mantis Vision的5 500万美元规模投资(D轮，Samsung Catalyst Fund)
	2018.05	LoomAi 300万美元投资(Seed VC，Samsung Ventures)，为用户创建3D数字档案的移动平台公司
	2017.03	Samsung C-Labs(Samsung C-Labs)，增强型眼镜系统提供商
	2017.01	参与VR视频录制、观看和流式平台公司Silver.tv 的9 800万美元美元投资(A轮, Samsung NEXT)
	2017.01	投资VR视频实时处理公司2Sens(天使投资)

图 5-10　三星举措

从 Gear VR 到 Odyssey+

三星 Gear VR 是一个移动的虚拟现实器件，由三星电子与 Oculus VR 公司合作开发。三星 Gear VR 最早是在 2014 年 9 月上市，Gear VR 需要配合三星手机来使用，不能单独使用。Gear VR 属于入门款 VR 眼镜，比较贴近一般大众，售价也比较便宜。

SuperData 统计指出，2016 年，VR 装置全球出货量为 630 万组。其中，三星 Gear VR 出货量高达 451 万台，市场占有率达 71%，是市场中畅销的 VR 装置。

从 2017 年以来，三星对于 Gear VR 并没有推出硬体重、大升级的版本，其似乎在 VR 性能的表现上只依赖手机本身。

2019 年，三星在 Galaxy Note10 系列产品的发表会中，确定不再支持 Gear VR，使得目前可以支持 Gear VR 的新手机只有 2019 年 2 月份推出的 Galaxy S10 的四款手机。

Gear VR 的消亡，是因为 VR 一体机的性能好，价格又不断降低，使得依赖手机的 VR 装置的优势变得越来越小。

但是，关闭 Gear VR 并不代表三星放弃了 VR。

2017 年，三星电子推出首部 Windows MR 头戴式装置 Samsung 头显 Odyssey+。Odyssey+ 配合更高规格硬件设备的电子游戏专用笔记本计算机三星 VR，令电子竞技爱好者可以随心所欲地投入 VR 游戏世界，参见图 5-11。

图 5-11　Windows MR 头戴式装置 Samsung 头显 Odyssey+

Odyssey+采用微软混合现实平台（Windows Mixed Reality Platform）设计，呈现更逼真的沉浸式体验，让使用者进入虚拟空间时，能感受到栩栩如生的视觉效果。

Odyssey+ 亦搭载六自由度追踪功能，精准感应所有动作，能够实现更丰富的混合实境体验。6DoF 控制器会侦测使用者的一举一动，并计算在混合实境世界内移动的距离。对于细微动作都能迅速反应，让游戏中的动作更为自然生动，并大幅改善游戏内动作的模糊晕眩感。

移动 AR

从 2018 年起，三星显示出对 AR 的重视。三星构建基于云的 AR 应用，可以对 ARKit 和 ARCore 提供跨平台支持。

在 2019 年，三星展示了新手机 Galaxy S10 5G 版的 AR 潜力。除了 5G 网络之外，Galaxy S10 5G 增加了一个 3D 深度感应摄像头，可以捕获 3D 图像，并测量真实世界空间。

首先，这可以允许用户拍摄更多令人惊叹的照片和视频。例如，你可以实时地为视频添加背景模糊等元素。它能够以惊人的细节和精度映射和测量你周围的世界。通过更快的网络速度和 3D 空间映射，你将能够实时与周围的世界互动，而且感觉会更加真实。

在活动即将结束时，三星提到了本月初展示的一个 AR 概念，再次说明了 5G 对 AR 的意义。作为 1993 年 AT&T 广告的呼应，三星设想了一系列的创新，如一种用于娱乐小朋友的交互式透明显示器，支持服装设计师利用手势设计新服饰的智能魔镜，以及基于 AR 云平台的大型多人 AR 游戏（如三星的 *Project Whare*）。

Galaxy S10 系列同时优化了 AR 表情，包括追踪眼睛、舌头、手臂、双腿和身体的能力。AR 表情的最新版本提供了更多自定义选项、贴纸（包括用户可以自行创建贴纸）、背景和表情等。

最后，三星为 AR 表情增加了一个换脸功能，允许用户通过表情符号替换实际面部。

此外，从专利布局可以看出，三星准备推出 AR 眼镜。

三星已经向美国专利商标局申请了一项名为 PlayGalaxy 的新专利。该专利被描述为"智能手机，可下载的游戏软件，在线游戏比赛服务，在线 AR 和 VR 游戏服务，移动设备可访问的服务"。

同时，三星也有 AR 眼镜专利曝光，叫作"全息透视光学设备"。该专利包含一个微显示屏，一个中继光学系统，至少包括一个波导、一个第一全息光学元件和一个第二全息光学元件，将 AR 和全息投影整合在一起，预计三星 AR 眼镜有望在近期推出。

与虚拟现实相比，增强现实发展前景更优。三星除了跟进 VR 之外，还在研制类似 HoloLens 的 AR 头盔和开发光场引擎。AR 目前已经开始趋向商业化，虽然 AR 设备要比 VR 设备昂贵得多，但是 AR 技术更适合公众环境，更容易被大众所接受。

◎ ｜华为｜

从 2016 年以来，华为开始布局从全产业链切入 AR/VR 领域，涉足的 AR/VR 生态包括：硬件、操作系统、开发工具、开发者（内容）、分发渠道、网络传输、解决方案等。

华为从云、管、端多维度全面发力 5G，万物互联生态中重点发力 VR。身为 5G 管道建设者推动终端更具示范效应，并且看好云 VR+场景发展落地。

华为自 2017 年在年报中提出"把数字世界带入每个人、每个家庭、每个组织，构建万物互联的智能世界"的愿景和使命，云、管、端多维度发力，认为打造智能世界主要分三步走：唤醒万物感知、升级连接、点亮数据智能。

AR/VR 是万物实现连接、感知升级，迈向数字世界中重要一环。据 GIV@2025 报告，2025 年全球可穿戴设备达 80 亿个，AR/VR 个人用户数将达 4.4 亿人。

云 AR/VR

华为从产业链、网络建设、商用部署、场景、产品等多维度持续推进云 VR 延伸渗透。

2017 年，华为发起 VR OpenLab 产业合作计划，聚焦运营商落地、应用场景孵化、解决方案创新，背靠华为 iLab 强大技术资源（1 000 平方米 VR 研发中心、E2E 网络设备、30+高端专家团队）。

目前，云 VR 汇聚的合作伙伴已有 63 家，覆盖云 VR 全产业链环节，打造了业界首个云 VR 渲染云平台、电信级 VR 内容聚合平台、云 VR 一体机，初步构筑了端到端的云 VR 产业生态，推动相关应用数突破 6 000 个、头显价格降至 2 000 元人民币以下，并在 2019 年发布双 G 云 VR 发展倡议，围绕千兆带宽、5G 两大战略机遇进一步推动规模商用。

商业部署实践方面，2018 年，中国电信与华为在深圳试点推出云 VR 业务。网络建设方面，通过千兆"大带宽、低时延、优体验"为云 VR 业务提供了基础保障。

华为无线应用场景实验室自 2019 年 6 月发布 5G 云 VR 全栈服务，已帮助 20 多家开发者完成 VR 云化迁移。该连接服务在广域 IP 网络上，实现头盔和云主机 VR 实例之间交互信息的传递，行业的开发者可基于云 VR 连接服务，构造自己的业务平台（管理节点+资源池），面向多人/多地域开展云 VR 服务。

AR/VR 硬件

硬件方面，华为目前已经迭代三款 VR 设备：2016 年推出第一款 VR；2017 年迭代新品 VR2。2019 年新款为 VR Glass。

对比华为 2017 年 10 月发布的 Huawei VR2，以及行业主流竞争对手的 VR 旗舰机型，此次的 VR Glass 在美观度、分辨率、产品体积和重量等方面，都有显著升级。

（1）折叠式镜腿，更美观易携。

目前市场主流的 VR 头显均为绑带式，笨重且影响美观度。华为新款 VR Glass 让 VR 头显有了传统"眼镜"的形态（折叠式镜腿），符合大众审美潮流，并且更易携带，或将有助于"VR 眼镜"在年轻人群中进一步推广。

（2）两块独立的 LCD 显示屏，分辨率足够清晰。

相比于主流 VR 头显厂家，例如 Oculus、宏达电和 Valve 等的旗舰产品，华为新款 VR Glass 采用左右两块独立的 Fast LCD 显示屏，3 200*1 600 分辨率，PPI（Pixels Per Inch，像素密度）高达 1 058 像素，足够清晰。

（3）超短焦光学系统，形态够薄，体积够小。

Oculus Quest 和 宏达电 Vive Pro 头显的机身厚度分别为 80.1mm 和 73.5mm，华为 VR Glass 采用超短焦光学系统和三段式折叠光路，机身厚度只有 26.6mm。

（4）仅支持 3DoF，但质量足够轻。

VR 眼镜通过惯性测量单元（IMU）进行头部和身体动作的追踪。DoF（自由度）就是描述动作/方向数量的具体单位。3DoF 仅支持用户通过上下、左右和前后回转头部实现沉浸式体验，6DoF 则在 3DoF 的基础上增加了身体的上下、左右和前后动作。例如，可以进一步弯腰探下头来观察地板上的物体。由于众多 PC VR 应用体验要求较高，均支持 6DoF；而手机 VR 应用需求有限，3DoF 是主流配置。华为 VR Glass 内置 3DoF，主要与手机连接，满足 IMAX 观影需求和轻度 VR 游戏应用（如飞行模拟和赛车模拟），同时也可以通过 Nolo 交互套件升级为 6DoF，与 PC 连接，满足更丰富的游戏应用需求。虽然仅内置

3DoF，但是产品质量将下降到 166g，仅为 Oculus Quest 的 30%。

此次华为发布的 VR Glass 很轻，极大地解决了行业痛点问题。虽然市场担心 3DoF 仅支持 IMAX 观影和基本 VR 游戏的功能，应用场景受限，但是，VR Glass 一方面可配合交互套件升级至 6DoF，与 PC 连接，满足更高级的 VR 游戏需求；另一方面，轻薄化和便携化的设计有望在游戏之外拓展更广阔的视频用户人群（健身、直播等）。

在 AR 眼镜方面，2019 年 2 月，华为在世界知识产权组织发布了一项 AR 智能眼镜架的专利。该专利描述了重量轻、分立且相对便宜的 AR 眼镜。眼镜本身并无相机、显示器或麦克风，需要一个智能手表配合使用。眼镜配有适配器和镜子，通过镜子，智能手表显示屏上显示的内容将通过反射进入用户的眼中。安装之后，智能手表还可将摄像头朝向外侧，记录用户的活动。

内容

2015 年，华为与华策影视签订战略合作协议，华策持续积极关注 VR 内容，投资 AR/VR 数字多媒体产品，成立公司兰亭数字、热波科技。2017 年，在 VR2 硬件上与 IMAX 合作，配置虚拟 IMAX 电影院巨幕银屏，引入 IMAX，专供高质量影片内容。同时，储备了丰富的 VR 视频片源，片源时长超过 20 000 小时，合作平台包括优酷、爱奇艺、VIRZOOM、ARROWIZ、3D 播播、牛卡互娱等。

在华为 2019 年举办的 5G 全场景媒体沟通会中，到场参会者置身于高速的 5G 网络环境下，通过 HUAWEI VR Glass 体验 5G VR 二次元直播、5G VR 秀场直播等丰富的娱乐项目。现场体验区为消费者带来了全球首个 5G + VR 二次元偶像直播，该技术将动捕实验室的动捕数据，利用 5G 高带宽、低时延的特性，传输至华为 Mate30 系列 5G 版手机上，借助麒麟 990 5G 的优秀算力，实时渲染，实现与虚拟人物肢体的实时映射，再通过 VR 显示出来，从而将虚拟人物复活，带给消费者前所未有的沉浸式体验。

2017 年，华为开展耀星计划，设立 10 亿元基金，激励开发者和合作伙伴围绕 AR/VR 等领域开发创新应用和内容。截至 2019 年 1 月，华为"耀星计划"已向通过审核的 140 余家合作伙伴及海量开发者发放相应的激励资源，终端全球注册开发者数量已经超过 56 万人。

◎ ▎宏达电 ▎

在最辉煌的 2011 年，宏达电在全球手机市场的份额高达 9.1%，市值一度攀升至 338 亿美元，超过诺基亚，成为仅次于苹果的智能手机品牌。

2015 年，宏达电宣布和游戏公司 Valve 合作推出虚拟现实设备——宏达电 Vive。这台定位高端的 VR 设备，让不少尝鲜者惊呼看到了下一个未来。在相当长的一段时间里，高端 VR 只是小众玩家尝鲜的代名词，但宏达电对 VR 的投入却越来越大。2019 年 10 月 6 日，宏达电新任 CEO，在日前举办的 TCD 活动上坦言，宏达电已经停止了在智能手机领域的硬件创新。

宏达电已经从一家手机公司转型为 VR 公司。作为先行者，宏达电的野心很大，希望打造一个 VR 生态系统。在 2018 世界移动通信大会上，宏达电的 CEO 王雪红提出 "Vive Reality" 的新愿景，即 AR/VR+5G+AI+区块链的结合。

硬件：宏达电 Vive

2015 年 12 月 18 日，宏达电在北京举办 "HTC VIVEUNBOUND 宏达无限开发者峰会"，宣布发出 7 000 套宏达电 Vive 开发者装置套件供开发者使用。

2016 年 2 月 22 日，宏达电在世界行动通信大会上宣布，宏达电 Vive 的售价为 799 美元，正式开放预购。

2017 年年底，宏达电在中国市场推出了 VR 一体机 Vive Focus，这款售价 3 999 元的 VR 设备不需要用线跟计算机相连，所有图形渲染、音频输出和动作追踪等计算任务完全是由机身内置的高通骁龙 835 芯片完成的。

2018 年伊始，宏达电开始了 Vive 硬件的第一次迭代。这款名为宏达电 Vive Pro 的产品，着重改善了佩戴体验和分辨率等问题，增加了内置耳机、双麦克风和双前置摄像头，头显本身看起来比初期产品更加小巧。除此之外，屏幕分辨率也升级到了 2 880×1 600，比之前 Vive 的 2 160×1 200 的清晰度提升了 78%。

更大的惊喜是，宏达电还为 Vive 打造了无线升级套件。这是三年来 VR 体验的真正的革命性技术，它可以减轻当下 VR 体验中线缆对交互的桎梏。

2019 年 1 月，宏达电推出了一款名为 Vive Pro Eye 的宏达电 Vive Pro 升级版。新设备内置眼球追踪功能，可让使用者看到更锐利、更拟真的画面，也能有效减少能耗，懂得针对性地只在使用者看见的地方优化。同时，新的使用体验可以简化操作体验，如同功能表上的导览之类。

同时，还有 Vive Focus Plus，这是 Vive Focus 的升级版，是一种新型的一体式 VR 设备。Vive Focus Plus 采用舒适的人体工学设计，以及双 6DoF 控制器，不仅提供更大的使用弹性，同时也保证完整的互动性、移动性及拟真度。配备全新菲涅尔透镜，为使用者呈现更加清晰的视觉效果。

Vive Focus Plus 提供两个超音波 6DoF 控制器手把，搭载力道感测功能，透过来自压力感测的互动，让使用者可以精准且直觉地控制 VR 中的物品。Vive Focus Plus 头戴显示器及控制器手把都是六自由度，让使用者可以享受为 VR 一体机设计的原创内容，体验与一般计算机设备相同的自由度与虚拟环境中流畅的互动。

5G 云 VR 解决方案

2019 年 6 月 25 日，在 2019 世界移动通信大会举行的"中国移动 5G+发布会"上，宏达电联合中国移动共同推出了宏达电首款端到端 5G 云 VR 解决方案。

宏达电中国区总裁汪丛青表示：5G 时代，AR/VR 领域将率先迎来爆发。此次推出的"宏达电 5G 云 VR 解决方案"，彰显了运营商与 VR 行业携手拓展 5G 产业生态蓝图的决心。

宏达电将为中国移动提供从内容、平台、服务器、云 VR 技术，到终端 VR 设备的 5G 云 VR 全套解决方案。宏达电携手中国移动，将在中国移动部分营业厅落地 5G 云 VR 体验，开创 5G 时代 AR/VR 大规模普及的新气象。

宏达电 5G 云 VR 解决方案是在 5G 实时超高带宽、极低时延网络环境下，由多模式六自由度双手柄高端 VR 一体机宏达电 Vive Focus Plus，通过"中国移动先行者一号"接入 5G 网络，并访问宏达电云端服务器，将 PC VR 内容、一体机定位及交互等信息实时渲染和计算，通过 5G 网络发送回 VR 一体机，实时解码呈现于 VR 一体机上。这也意味着在宏达电 5G 云 VR 解决方案中，云端服务器将取代传统高性能计算机，在六自由度 VR 一体机上也可享受不逊于高端 PC VR 系统的体验。

宏达电 Vive Focus Plus 是宏达电 Vive 最新发布的带有六自由度双手柄的多模式 VR 一体机，旨在满足企业用户和大众消费者的需求，同时保证了完善的交互性、移动性及保真度。凭借其新增的双六自由度手柄及多模式功能，Vive Focus Plus 的用户不仅可以尽享 VR 一体机的原生内容，还可以畅享为 PC VR、PC 及笔记本计算机、智能手机、游戏机、机顶盒、360 度全景相机，以及未来 5G 云 VR 服务器中所有海量应用服务。Vive Focus Plus 是目前市场上最适合演示宏达电5G云VR解决方案的一体机产品。同时，Vive Focus Plus 还配备了全新菲涅耳透镜，极大程度地减少了纱窗效应，让用户可以享受到真实、逼真的视觉效果，并深切感受到 5G 高速网络下 VR 体验的提升。

5G 高速网络保障了 PC VR 及 VR 一体机对于 VR 内容的复杂运算、渲染、存储及交互信息处理的即时传输。宏达电 5G 云 VR 解决方案应用的 "中国移动先行者一号"，是目前中国移动推出的稳定的试商用5G终端，它支持5G网络，速率超过1Gbps，时延小于15ms，支持 WiFi 等接入方式，适配多种 5G 解决方案。

宏达电 Viveport 应用商店中超过 1 800 款优质 VR 内容。随着宏达电 5G 云 VR 解决方案的推出，Viveport 应用商店的内容将根据客户和运营商的需求进行定制。未来，消费者透过 5G 网络，不需要配备高端计算机，无须下载，即可体验优质 VR 内容。

此次与宏达电合作的 5G 云 VR 端到端解决方案，将为用户带来不同以往的 VR 体验，是 5G 在 VR 领域的真实商业落地案例，将进一步推动端到端 5G 产业的成熟，是中国移动 5G+工作的一个重要进展。

宏达电 5G 云 VR 解决方案允许 VR 一体机将内容存储和计算渲染转移至云端，更多轻量化和优质体验的 VR 设备将有机会被加速推出，消费者获得优质沉浸体验的成本将大幅降低。

同样，5G 在 VR 领域的成功落地，也将促使其他 5G 相关应用场景加大对 5G 技术的信任与依赖，加快 5G 商业生态落地步伐，进一步促进 5G 产业走向成熟。宏达电还与阿里巴巴集团旗下的阿里云签署战略合作协议，共同开发利用云技术的虚拟现实技术及相关解决方案。

内容

优质内容的缺乏一定程度上可以解释 VR 在近两年的遇冷。调查公司 Perkins Coie 的调查结果显示，37% 的消费者表示不愿意购买 AR/VR 产品，因为其内容匮乏。

目前，宏达电的 Viveport 应用商店里已经聚集了超过 3 000 款应用，但这还远远不够。

2016 年 4 月，宏达电启动了 Vive X 加速器计划，拉来合作伙伴成立了一个规模超 1 亿美元的基金来投资开发者生产 VR 内容。

为了解决 VR 厂商"各自为阵"、碎片化严重的现状，宏达电还推出了 VR 开发平台 Vive Wave VR，这个平台以安卓 7.1 为底层基础，集开发工具与配套服务于一身，开发者无须重新开发框架或内核，便可以快速移植 VR 游戏或视频。

生态

宏达电希望让 VR 的生态从独乐乐变成众乐乐。他们成立了一个"亚太虚拟现实产业联盟"，拉来了 13 家合作伙伴，涵盖了芯片制造商、内容分发者及销售渠道等 VR 产业链上的各个方面。不久之后，宏达电又宣布将与全球 36 家风投机构合作，成立虚拟现实风投联盟。联盟计划投入超过 120 亿美元的资金来鼓励 VR 相关产品的研发。

2016 年 11 月，宏达电与深圳市人民政府签署《深圳市人民政府与宏达国际电子股份有限公司战略合作协议》。深圳市政府将支持宏达电组建"VR 中国研究院"，并且双方将联合发起总规模达 100 亿元人民币的"深圳 VR 产业基金"。

一方面，双方的合作将充分发挥宏达电在 VR 领域的技术和人才等优势，重点突破传感器、显示屏、图形图像、数据可视化、人机交互等领域的核心技术；建立企业、高校、科研机构和投资机构共同参与、整体发展的创新体系；积极推动 VR 技术在医疗、军事、工程、设计、制造等专业领域的示范应用。

另一方面，由深圳市政府产业引导基金或产业发展基金联合宏达电，按照市场化原则，发起设立"深圳 VR 产业基金"，邀请 VR 产业链的各企业共同参与，并将引入民间及海内外风投资本，初定总规模为人民币 100 亿元，以产业基金的方式进行运作。以此来推动深圳 VR 产业实现跨越式协调发展，力争将深圳建设成为 VR 领域最具影响力的技术先进型、产业集聚型城市，带动国内整个 VR 行业的快速发展。

◎ ┃ 索尼 ┃

自 2016 年发布 PS VR 以来，依托于 PS4 庞大的用户基础，索尼已成为 VR 硬件的头部厂商之一。PS VR 只需要配合一台 PS4 游戏主机就可以使用，而不像 Oculus 和 HTC Vive

一样需要高端的 PC。

截至 2019 年 3 月，PS VR 销量已突破 420 万台，销量全球第一。这在略显低迷的 VR 头显市场中是一个比较喜人的数据。不过，截至 2019 年 2 月，索尼 PlayStation 4 的销量为 9 420 万台，也就是说，自发售以来，只有 4.4% 的 PS4 用户购买了 PS VR 头显设备。

目前，PS VR 平台上已有 340 款游戏。丰富的游戏应用内容和高性能的 PS 游戏机是索尼 VR 的关键优势。

PS VR 的发展依托于 PS4 优质的硬件和内容方面的推动，索尼打算沿着这一趋势继续发展。硬件上，在保证下一代游戏主机性能的基础上，专注于 VR 设备带来的舒适体验。内容上，索尼在融合自身娱乐产业的同时，开始尝试扩大分发渠道，在扩大用户基础的同时，推动整个游戏生态的发展。

索尼研发高级副总裁 Dominic Mallinson 表示，索尼在 VR 方面的投入将不止局限于游戏方面，还包括整个娱乐领域，即 VR 社交、叙事体验等。

在 VR 社交方面，索尼此前推出的 *Theater Room VR* 观影应用正是一款 VR 多人在线观影应用。而为《愤怒的小鸟 2》量身打造的 VR 游戏 *The Angry Birds Movie 2 VR：Under Pressure* 也在多人娱乐方面别出心裁，允许 VR 用户与最多三名非 VR 用户一起游戏。

此外，索尼还充分利用自家 IP，实现 VR 与各大影视作品的联动，让 VR 体验在旗下的娱乐产业中发挥一定作用。例如，此前为《黑衣人：全球追缉》打造的 VR 线下体验 *Men in Black：First Assignment*，以及基于《绝命毒师》制作的非游戏体验 *Breaking Bad VR*。

为了在 VR 领域建立优势地位，索尼还开展了一系列并购。

2015 年，索尼在其官方博客中宣布，已经收购比利时体感技术公司 SoftKinetic。但具体的收购金额没有透露。SoftKinetic 是一家专注于飞行时间技术的厂商，早前还把这种技术授权于英特尔和索尼等。

对于索尼来说，这桩收购案无疑是一件好事。索尼可以把 SoftKinetic 的技术运用于 PlayStation VR 及其他的体感产品。在其官方博客中，索尼表示，该公司将会进一步发展 SoftKinetic 的 TOF 技术，以获得新一代 TOF 传感器。而且这些新的传感器不仅要运用于成像领域，还需要广泛运用于测感领域。对于消费者来说，这桩收购案也将意味着日后我们可以通过索尼的头盔与虚拟物体或人物进行互动，甚至可以用手势直接操控。

2019 年 8 月，索尼正式宣布收购了 VR 游戏工作室 Insomniac Game。Insomniac Game 是一家创办于 1994 年的老牌游戏厂商，曾推出《瑞奇与叮当》《漫威蜘蛛侠》《深渊之歌》

等知名游戏作品。VR 方面，Insomniac Game 曾推出 *The Unspoken*、*Feral Rites* 及 *Edge of Nowhere* 等优质游戏，本次收购将在未来为索尼带来独特的 VR 游戏作品。

企业升级

对于一般企业来说，5G+AR/VR 既会带来机遇，也有挑战。这是一次新科技的浪潮，会深度改变各个行业。如果能够好好利用，企业就可以向上升级，扩大竞争优势。如果不能把握住，就有可能落后，被时代浪潮所淘汰。

企业要正确应对，必须树立对 5G+AR/VR 的深度认知，然后根据自己的情况坚定地付诸行动。5G+AR/VR 是一个新的空间互联网时代。为了更好地实现 5G+AR/VR 的价值，各个垂直行业都应该思考 5G 到底对业务带来怎样的改变，创造怎样的便利，实现怎样的价值。

5G 将带来新一代的产业变革，以及企业的深刻的数字化变革。著名咨询公司埃森哲认为，5G 将掀起新一轮连接浪潮，为创新、商业和经济发展开辟新的道路。三维视频、沉浸式电视、自动驾驶汽车及智慧城市基础设施等领域的发展，将为企业带来难以想象的机遇，并引发重大变革。

5G 带来的，绝不仅仅是速度与容量，5G 更事关它将催生的无限商业可能。5G 变革的，也绝不仅仅是技术，而是新一代的产业变革、企业的数字化转型变革，以及面向消费者的数字生活变革。如果生态参与者忽视了这一系列变革所带来的市场需求的改变，而仅仅选择简单跟随，未能以变御变，那么失去的，将可能是一个时代。

◎ | 产业再造 |

如果说从 2G 到 4G 时代，改变更多来自面向 C 端消费者，面向数字生活的移动互联网创新，那么 5G+AR/VR 技术所催生的空间互联网，则更多是产业互联网加速走向大规模商用的基础。空间互联网催生的，更多是数字技术的产业互联应用。空间互联网不应狭义地理解为新一代互联网，而是它为更多其他前沿数字科技的大规模商用创造的绝佳场景。

产业互联网也并非新生事物，一直以来，垂直行业都在寻求各种数字技术赋能下的创新，但由于行业级应用对连接规模、实时性、稳定性的更高要求，在缺乏 5G 网络支撑下，这些前沿数字技术的应用场景，仍然受到很大限制。5G 的三大技术场景正好切中这一瓶颈，这也为其他前沿数字技术在各种复杂场景下的实时、在线应用，提供了更多可能性。

5G+AR/VR 还将催生多种数字技术面向应用场景的集成式应用，从而发挥数字技术"组合拳"的价值。

综上所述，5G+AR/VR 技术更大的价值是催化了更多数字科技与产业应用间的"化学反应"。活跃的数字技术、广阔的市场需求，以及丰富的应用场景，将从根本上推动各类垂直行业走入"产业再造"的新时代。

◎ ∣ 重塑消费者体验 ∣

● 消费终端将更加多元化、去中心化。

3G 时代，仍然是手机、PC 等数字终端独立存在的年代。进入 4G 时代，开始出现如可穿戴设备、无人机等数字消费终端，但仍主要以智能手机为中心，话筒、摄像头、屏幕和传感器也都还是以零件的形式存在于计算机和移动设备中。随着 5G 驱动泛智能终端的加速普及，它们开始"脱离母体"，不再以智能手机为中心触点，走入数字终端去中心化的"散生"时代。

时刻互联，却又隐身幕后——过去，服务消费者的方式一直受制于我们以智能手机为中心的触点，过分强调通过屏幕带来的数字体验，导致人机互动时间过久，面对面交流严重匮乏。在 5G 时代，消费终端愈加多元化、去中心化趋势下，企业与消费者之间从单一触点，进化到去中心化的全触点，企业与用户的互动也不再是定期通过屏幕交流，而演变为时刻互联的体验。因此，企业开始打破数字屏幕的禁锢，重新回归感官和人性化体验，聚焦通过每一个触点和渠道，打造个性化服务。企业的当务之急成为开发数字和实体深度融合的全新服务。随着 5G、物联网、AR/VR 等技术发展，数字技术将逐渐融入实体世界，但将隐身幕后，成为对消费者"透明"的存在。在空间互联网时代，数字技术无所不在，但又不易察觉。企业要思考一个关键问题：随着数字技术无所不在，却又逐渐隐身的"幕后"，5G 时代的消费者的数字体验旅程是怎样的？如何为他们提供更加沉浸的、无缝的数字生活体验？

- 数字减法与数据主权。

需要注意的是，随着 5G 带来的万物互联与数据的爆炸式增长，消费者也将开始拒绝无孔不入的数字技术，乃至趋于屏蔽数字技术带来的信息过载。并且，消费者对数据主权、数据安全、数据隐私的要求更高。5G+AR/VR 驱动万物互联，消费者数据也呈爆炸式增长，消费者对终端接入及数据的安全、可靠、隐私保护的要求将更加突出，并且消费者将开始觉察并宣告对个人数据的主权，要求企业获取并使用他们的个人数据时更加透明。调研显示，87%的消费者希望更加主动地拥有并管理他们的消费数据。与此同时，越来越多的企业也在重新思考未来如何避免过度打扰消费者。

- 更加智能、随时在线的"生命力产品"。

空间互联网时代，伴随着传感器、物联网、AI 等技术的大规模应用，产品将更加智慧，并且实时互联，成为"生命力产品"。产品将不再是一次性的生产与销售，而是贯穿全生命周期，持续与客户互动，反馈客户个性化需求，持续升级产品设计与功能，为客户提供前所未有的个性化体验，使得为每一位消费者提供定制化的产品与服务体验成为可能，带动产品/服务设计从"客群画像"进阶到"个体画像"的新高度。

◎ |全面数字化转型|

- 数字化转型更加深入企业运营的方方面面。

伴随 5G+AR/VR 加速产业与消费端的颠覆性变革，抓住空间互联网时代带来的创新可能，建立先发优势，将成为企业全面拥抱数字化转型的内生动力。企业数字化转型主要有以下三大驱动力。

①产品与服务的数字化：包括数字化的客户体验设计、生力产品和生力服务，数字化的全渠道设计、数字营销等，从而获得更加以客户为中心的洞察力，带动业务增长；

②企业核心业务运营的数字化：包括智慧研发、智慧制造、智慧物流与供应链、敏捷的员工队伍等，从而全面提升业务运营的效率与敏捷性；

③业务模式创新：通过数字化激发更多产品或商业模式创新的可能，帮助企业在推动传统主业转型之外，开辟创新业务。

换言之，空间互联网时代的企业数字化转型，已不仅仅局限于 IT 架构升级、企业上云等普适性议题，而是与业务深度融合。

● 数字化转型更加深度融合垂直行业。

空间互联网的应用场景将全面覆盖不同垂直行业的不同专业领域，诸如交通出行、城市治理、工厂运营、医疗监控、能源、零售、娱乐、农业……。不同企业的数字化转型服务需求，也更加与所在垂直行业面临的业务需求与痛点相关。

以埃森哲的智慧矿山解决方案为例，综合运用增强现实、大规模传感器、产业物联网平台、数据采集和分析、云服务等技术，直击行业痛点，通过捕获和整合实时设备数据、环境数据，应用特定行业分析模型，生成实时的可执行洞察，并通过移动设备向现场工人提供支持。在此场景下，风险被及时预测，生产吞吐量、资产利用率和运营效率将获得大幅改进。空间互联网时代，越来越多的数字化服务将更加与垂直行业痛点强相关，通过为某一具体应用场景和相关痛点提供解决方案而创造价值。

◎ ▏新的商业模式▕

● 基于流量的商业模式。

5G 早期最先成熟的是增强移动宽带（eMBB）应用场景，该场景主要面向个人消费者（2C）。该场景下，流量经营仍然是运营商的主要商业模式。5G 时代，运营商需要加快用户分级的智能管道升级，实现差异化的流量收费模式。

● 基于连接的商业模式。

对于大连接场景，连接是基本收入来源。该场景下，可以单独提供连接，也可能包括一些终端设备和模组，可以按照物联网设备采用按年按月等收费模式。

● 基于网络切片的商业模式。

5G 时代，运营商能够根据不同垂直行业和特定区域定制化网络切片以支撑相应的业务开展。对于垂直行业用户，可以直接向运营商购买网络切片，一般采用按年计费的方式。

● 基于完整解决方案的商业模式。

对于某些垂直行业，如制造业，当前制造业企业面临数字化、网络化和智能化转型的挑战。运营商可以依托 5G 服务提供商的优势，为工业企业提供包括工厂内外连接、设备终端数字化改造、平台层一整套解决方案，按年度收取服务费。相较于前几种模式，该商业模式的附加值更高，但运营商在垂直行业的专业对手更多，竞争也更加激烈。

◎ | 行动起来 |

企业需要提前做好准备才能获得 5G+AR/VR 革命的全部好处，并且需要立即开始。

① 将 5G+AR/VR 融入公司文化。

根据 Statista 的研究，全球 5G 智能手机用户预计到 2022 年将达到 6.27 亿户。5G 将比 4G 能更快地被普及开来。

培训计划和清晰的沟通策略能够使所有员工参与进来，这一点至关重要。领导者不能假设每个人都会理解 5G+AR/VR 对公司的意义，但是，领导者需要创新成为公司文化的一部分，以确保每个人都能参与到 5G+AR/VR 的创新中。

② 让所有部门员工都参与。

企业业务的各个方面都会受到 5G+AR/VR 的影响。为了应对转变，各个部门之间需要协调，并且必须放弃旧的管理系统和做事方式，以使公司更加敏捷。公司应该建立流程，并确保每个部门做出相应的调整。

③ 做好员工培训。

对于员工而言，适应新技术和业务流程始终会有一条学习曲线。随着 5G+AR/VR 技术开始落地，在这个变革之前、变革进行中、变革后都需要对员工进行及时培训，帮助他们尽快适应。培训是变革的一部分，但员工需要感觉自己像协作者，而不是学生。他们需要机会提供反馈，并帮助制定流程。

5G+AR/VR 技术的广泛采用将在未来三到四年内改变商业世界，因此，公司需要做好准备。公司的未来取决于现在的行动。

读者调查表

尊敬的读者：

  自电子工业出版社工业技术分社开展读者调查活动以来，收到来自全国各地众多读者的积极反馈，他们除了褒奖我们所出版图书的优点外，也很客观地指出需要改进的地方。读者对我们工作的支持与关爱，将促进我们为你提供更优秀的图书。你可以填写下表寄给我们（北京市丰台区金家村 288#华信大厦电子工业出版社工业技术分社 邮编：100036），也可以给我们电话，反馈你的建议。我们将从中评出热心读者若干名，赠送我们出版的图书。谢谢你对我们工作的支持！

姓名：_____   性别：□男 □女

年龄：_____   职业：_____

电话（手机）：_____   E-mail：_____

传真：_____   通信地址：_____

邮编：_____

1．影响你购买同类图书因素（可多选）：

□封面封底   □价格   □内容提要、前言和目录

□书评广告   □出版社名声

□作者名声   □正文内容   □其他_____

2．你对本图书的满意度：

从技术角度	□很满意	□比较满意	
	□一般	□较不满意	□不满意

从文字角度	□很满意	□比较满意	□一般
	□较不满意	□不满意	

从排版、封面设计角度	□很满意	□比较满意	
	□一般	□较不满意	□不满意

3．你选购了我们哪些图书？主要用途？

_____

4．你最喜欢我们出版的哪本图书？请说明理由。

_____

5．目前教学你使用的是哪本教材？（请说明书名、作者、出版年、定价、出版社），有何优缺点？

_____

6．你的相关专业领域中所涉及的新专业、新技术包括：

_____

7．你感兴趣或希望增加的图书选题有：

_____

8．你所教课程主要参考书？请说明书名、作者、出版年、定价、出版社。

_____

邮寄地址：北京市丰台区金家村288#华信大厦电子工业出版社工业技术分社　邮编：100036

电　　话：18614084788　E-mail：lzhmails@phei.com.cn　　　微信 ID：lzhairs

联 系 人：刘志红

电子工业出版社编著书籍推荐表

姓名		性别		出生年月		职称/职务	
单位							
专业				E-mail			
通信地址							
联系电话				研究方向及教学科目			

个人简历（毕业院校、专业、从事过的以及正在从事的项目、发表过的论文）

您近期的写作计划：

您推荐的国外原版图书：

您认为目前市场上最缺乏的图书及类型：

邮寄地址：北京市丰台区金家村 288#华信大厦电子工业出版社工业技术分社　邮编：100036

电　　话：18614084788　E-mail：lzhmails@phei.com.cn　　微信 ID：lzhairs

联 系 人：刘志红

反侵权盗版声明

电子工业出版社依法对本作品享有专有出版权。任何未经权利人书面许可，复制、销售或通过信息网络传播本作品的行为；歪曲、篡改、剽窃本作品的行为，均违反《中华人民共和国著作权法》，其行为人应承担相应的民事责任和行政责任，构成犯罪的，将被依法追究刑事责任。

为了维护市场秩序，保护权利人的合法权益，我社将依法查处和打击侵权盗版的单位和个人。欢迎社会各界人士积极举报侵权盗版行为，本社将奖励举报有功人员，并保证举报人的信息不被泄露。

举报电话：（010）88254396；（010）88258888

传　　真：（010）88254397

E-mail：　dbqq@phei.com.cn

通信地址：北京市万寿路 173 信箱

　　　　　电子工业出版社总编办公室

邮　　编：100036